“十二五”高等职业教育土建类专业规划教材

楼宇智能化技术

宋国富　主　编

胡　波　副主编

中国铁道出版社

CHINA RAILWAY PUBLISHING HOUSE

内 容 简 介

楼宇智能化技术是集现代网络通信技术、计算机技术、自动控制技术、消防与安全防范技术、声频与视频应用技术、综合布线及工业组态技术等于一体的综合性技术。本书以智能楼宇设备的典型技术为对象组织内容，主要介绍了门禁对讲及安防系统、视频监控系统、消防联动控制系统、工业组态及集散型监控系统、DDC监控系统等典型楼宇智能化系统的原理及应用。

全书内容组织以工程应用为主体，打破原有的学科理论体系，注重实践环节，简化原理性描述，以培养高级应用型人才为出发点，密切联系工程实际，针对工程项目的设计、安装施工及运行维护中所需要的知识点展开分析，对工程实践具有很好的指导意义。

本书适合作为高职高专楼宇、土建类专业以及相近专业的教材，也可作为楼宇智能化工程技术人员的参考资料。

图书在版编目（CIP）数据

楼宇智能化技术 / 宋国富主编. —北京 ：中国铁道出版社，2016.3

“十二五”高等职业教育土建类专业规划教材

ISBN 978-7-113-20199-9

Ⅰ. ①楼… Ⅱ. ①宋… Ⅲ. ①智能化建筑－自动化技术－高等职业教育－教材 Ⅳ. ①TU855

中国版本图书馆CIP数据核字(2015)第067687号

书　　名：楼宇智能化技术
作　　者：宋国富　主编

策　　划：何红艳　　**读者热线：**（010）51873659
责任编辑：何红艳　鲍　闻
封面设计：付　巍
封面制作：白　雪
责任校对：汤淑梅
责任印制：郭向伟

出版发行：中国铁道出版社（100054，北京市西城区右安门西街8号）
网　　址：http:// www.51eds.com
印　　刷：北京明恒达印务有限公司
版　　次：2016年3月第1版　2016年3月第1次印刷
开　　本：787 mm×1 092 mm　1/16　**印张：**12.75　**字数：**293千
书　　号：ISBN 978-7-113-20199-9
定　　价：28.00元

FOREWORD

前 言

"楼宇智能化技术"是楼宇智能化、自动化、网络工程等专业的一门专业课程，是一门新的、交叉性的、多学科性的应用技术学科，是近年来建筑业和信息技术产业飞速发展的综合性产物，是"建筑电气"学科的最新发展方向。"楼宇智能化技术"作为专业课程，着重研究国内外"智能楼宇"这一高科技产业的最新的、成熟的技术成果，以及当前这一领域的研究动向。

为贯彻以注重技能培养为主导的高职教育理念，力求突出职业教育的特色，注重全面培养学生的职业素质与职业能力，体现高职高专教育"以就业为导向，能力为本位"的特点。本书按照楼宇智能化技术领域技能型紧缺人才培养方案的要求，以岗位职业能力为基础来构建教材体系，实现楼宇专业人才零距离上岗。

本书在编写过程中，本着理论知识够用的原则，以国家职业技能大赛指定的典型楼宇智能化技术装备为载体，以单元的形式组织内容，注重工程实践，简化理论教学。为了便于教学和学生自学，除第1单元外每个单元都安排了技能实训，且附有复习思考题。通过对本书的学习，使学生具备一定的楼宇智能化技术方面的应用能力，可从事一般楼宇智能化系统的设计和施工管理等工作。

本书根据教育部高等职业技术学院建筑类紧缺人才培养方案编写而成。全书共分6个单元：单元1 概论，主要介绍了智能建筑的概念、设计原则及基本应用；单元2 门禁对讲及安防系统，主要介绍了可视对讲门禁与室内安防子系统的原理及功能、典型设备的安装及调试方法、上位监控软件的应用等；单元3 视频监控系统，分别对典型设备如摄像机、云台、矩阵控制器、硬盘录像机等原理及使用方法做了介绍，并对远程监控软件PSS的使用方法也做了详细的说明；单元4 消防联动控制系统，主要介绍了消防的原理及典型传感器的应用，主要对消防联动的设备调试、联动编程及系统维护做了详尽的说明；单元5 工业组态及集散型监控系统，主要以力控组态软件为对象，介绍了组态的基本过程；单元6 DDC监控系统，主要对智能楼宇中的照明系统所用的DDC编程技术做了详细的介绍，并对上位组态与现场DDC的网络编程过程做了重点说明。

本书的教学建议安排60学时。教学过程可以借鉴近年来"全国职业院校技能大赛"所采用的典型设备，以"教学做一体化"的形式在实训室展开教学活动；也可以由教学组织者按书中所选设备自行构造实训模块组织教学。

本书由安徽职业技术学院宋国富副教授任主编，并编写单元2、单元6；安徽工业经济职业技术学院胡波任副主编，并编写单元1、单元4；单元3、单元5由合肥若鱼有限公司秦连好编写。在编写过程中，得到了安徽职业技术学院、安徽工商职业技术学院、浙江天煌科技实业有限公司、中国铁道出版社等单位的大力支持，在此一并表示衷心的感谢！

本书适合作为高职高专楼宇、土建类专业以及相近专业的教材，也可作为楼宇智能化工程技术人员的参考资料。

由于编者水平有限，加之时间仓促，难免有疏漏和不妥之处，恳请专家和读者批评指正。

编 者
2016年1月

CONTENTS | 目 录

单元1 概论

学习目标

（1）了解本书的学习内容、智能建筑的基本概念及智能建筑的发展前景；

（2）掌握智能建筑的系统集成和等级标准；

（3）能运用所学知识，完成项目的论证和方案的实施。

1.1 智能建筑概述

智能建筑诞生于1984年，它是信息时代的产物，是一个国家综合国力和科技水平的具体体现，是建筑业发展的主流，在世界上被誉为世纪性建筑。智能建筑是综合性科技产业，涉及的行业有电力、电子、仪表、钢铁、建材、机械、自动化、计算机、通信等，有很大的发展潜力。

自1984年智能建筑理念提出至今，因其发展历史较短，目前尚无统一的概念。世界上对楼宇智能化的提法很多，欧洲、美国、日本、新加坡及国际智能工程学会的提法各有不同，其中，日本的国情与我国较为相近，其提法可以参考。日本电机工业协会楼宇智能化分会把智能化楼宇定义为：综合计算机、信息通信等方面最先进的技术，使建筑物内的电力、空调、照明、防灾、防盗、运输设备等协调工作，实现建筑物自动化（BA）、通信自动化（CA）、办公自动化（OA）、安全保卫自动化系统（SAS）和消防自动化系统（FAS），将这5种功能结合起来的建筑，外加结构化综合布线系统（SCS）、结构化综合网络系统（SNS）、智能楼宇综合信息管理自动化系统（MAS）组成。

国际智能建筑物研究机构认为："智能楼宇可以通过对建筑物的结构、系统、服务和管理等方面的功能及其内在联系的研究，以最优化的设计，为使用者提供一个投资合理又拥有高效率的优雅舒适、便利快捷、高度安全的环境空间。智能楼宇能够帮助楼宇的主人、财产的管理者和拥有者等意识到，他们在诸如费用开支、生活舒适、商务活动和人身安全等方面将得到最大的利益回报。"

据此，智能楼宇应具有如下基本功能：

（1）智能楼宇通过其结构、系统、服务和管理的最佳组合提供一种高效和经济的环境。

（2）智能楼宇能在上述环境下为管理者实现从最小的代价获得最有效的资源管理效果。

（3）智能楼宇能够帮助业主、管理者和住户实现造价、舒适、便捷、安全、灵活性及市场效应等目标。

1.2　智能建筑的3S系统

1. 楼宇自动化系统（BAS）

实施对建筑内所有实时监控系统的集成监控、联动和管理，建立先进的科学综合管理机制，降低能耗与成本，实现服务、管理、节能的高效益。

BAS的实现技术主要涉及自动控制、计算机管理及其系统集成技术。

（1）楼宇设备空调系统。这类系统按其自动化程度可以分为三种情况：

① 单机自动化；

② 分系统自动化；

③ 综合自动化。

（2）楼宇运营管理系统。对于出租型智能楼宇，楼宇运营管理系统是不可缺少的，这种系统其功能可以分为：

① 柜台业务处理，包括各种房间和设施的预约、分配、计费等面向客户的服务。

② 面向楼宇管理者的功能，楼宇管理机构的人事、财务、经营决策等一般管理信息系统的功能。

③ 综合楼宇自动化系统，主要由环境设备监控系统、能源设备监控系统、消防自动化系统（FAS）、安全保卫自动化系统（SAS）四部分组成。

2. 楼宇办公自动化系统（OAS）

智能办公大楼，通常在楼内设置有楼宇共用办公自动化设备与设施。就其实现技术可以分为两类：

（1）基于文字和数据的办公自动化系统；

（2）基于声像的办公自动化系统。

它对事物层办公、管理层办公、决策支持层办公等实施自动化管理，把基于不同技术的办公设备用联网的方式集成为一体，建立信息的采集、加工、传输、保存和资源共享，提高办公效率。

3. 楼宇通信自动化系统（CAS）

它是实现各种信息交流和通信的网络机构，提供各功能子系统之间高速和多样化的通信方式，提高智能建筑整体的效率。

适用于智能楼宇的通信自动化系统，目前主要有三种技术：

（1）程控用户交换机（PABX）；

（2）局域网（LAN）；

（3）程控用户交换机和局域网的综合以及综合业务数字网（integrated services digital network，ISDN）。为了综合PABX网与LAN的优点，可以在建筑物内同时安装PABX网和LAN，并且实现两者的互连，即通过LAN上的网关与PABX连接。

1.3 智能建筑的设计标准

国家标准（GB/T 50314—2006）《智能建筑设计标准》对智能建筑的规定如下：

（1）强调节约资源、环保、绿色，并以实现绿色建筑的建筑目标为主线，带动智能建筑总体功效提升。

（2）强调建筑业务需求及信息化、智能化的综合平台应用功效，并在各类建筑的系统配置中予以体现。

（3）提出智能建筑设计标准分级及系统配置，更强调智能建筑的实用性，避免盲目追求高标准。

（4）设计要素增加“智能建筑工程整体构架规划”，可根据实际需求统筹规划、总体平衡，避免脱离实际，追求不适用的先进性系统。

（5）强调选择技术和系统设备的适宜性（技术适时），不特别强调先进性。

（6）提出系统设计与运营管理模式密切结合，对设计提出更高要求，增加了难度（目前运营管理模式尚无规范，《建设工程设计文件编制深度规定》（2008 版）也未修订，因此设计交付物尚无须做相应变更）。

（7）增加“信息设施运行管理系统”。对建筑内各类信息设施的资源配置、技术性能、运行状态等相关信息进行监测、分析、处理和维护等。

（8）引进物联网的层级概念，特别提出了“智能建筑工程整体构架规划”编制的层级要求。

（9）引进智慧建筑概念。

（10）淘汰落后技术。

1．智能建筑与传统建筑的区别

在大厦中实施“智能化”管理，是智能建筑和传统建筑的根本区别。智能建筑在结构上保留了传统建筑的功能，但比传统建筑更具有“人性化”的管理。其主要区别为：

（1）具有传递、处理感知信号或信息的能力。

（2）具有对现场进行远程监控和数据库管理的能力。

（3）具有综合分析、判断的能力。

（4）具有事故预警和实时处理的能力。

（5）具有安全、舒适、服务便捷的功能。

（6）具有节约能源和人性化管理的功能。

2. 我国智能建筑的设计标准

我国大中型城市的智能建筑正在不断地升温，智能建筑的发展已成为城市建设的一个亮点。智能建筑的设计目标应以实际需求为原则，综合考虑经济条件、人文环境等。智能建筑的设计原则应具有足够的应变能力，要有适当的预见性和超前性，考虑建筑今后的发展和升级。智能建筑的系统集成要在设计上协调一致，同步进行，并贯彻于设计工作的全过程，集成在同一个计算机网络平台上。

在 GB/T 50314—2006 中，把智能建筑设计规范为三级标准：

（1）智能建筑物管理系统（甲级）设计标准。

（2）智能建筑物管理系统（乙级）设计标准。

（3）智能建筑物管理系统（丙级）设计标准。

3．甲级标准应符合下列条件

（1）将公用通信网上光缆线路系统或光缆数字传输系统引入建筑物内，并可根据用户的实际需求，将光缆延伸至用户的工作区。

（2）光缆宜从两个不同的路由接入建筑物。

（3）接入网及其配置的通信系统对于光缆数字传输系统设备容量的需求，应满足承载各种信息业务所需的数字电路、专用电路及其传输线路，并由 2 048 kbit/s 端口的通路数确定。设计时应按 200 个插口的信息插座配置一个 2 048 kbit/s 数据传输速率的一次群接口。

（4）应根据用户的需求和实际情况，选择配置相应的通信设施。

（5）建筑物内电话用户线对数的配置应满足实际需求，并预留足够的裕量。

（6）建筑物中的微小蜂窝数字无绳电话系统，应在建筑物内设置一定数量的收发基站，确保用户在任何地点都能进行双向通信。

（7）建筑物地下层及上部其他区域由于屏蔽效应出现移动通信盲区时，应设置移动通信中继收发通信设备，供楼内各层移动通信用户与外界进行通信。

（8）VAST 卫星通信系统在满足用户业务需求的情况下，可设置多个端站和设备机房，或预留端站天线安装的空间和设备机房位置，供用户接收和传输单向或双向的数据和话音业务。

（9）有线电视系统（含闭路电视系统）应向收看用户提供当地多套开路电视和多套自制电视节目，并可与广播电视卫星系统连通，向用户提供卫星电视节目，同时预留与当地有线电视网互联的接口。

（10）建筑物内有线电视系统应采用电视图像双向传输的方式。

（11）建筑物内应设置一间会议电视室，配置双向传输的会议电视系统设备。

（12）建筑物内应设置一间或一间以上的多功能会议室和多间商务会议室，并相应地选择配置多语种同声传译扩音系统、桌面型会议扩声系统及带有与计算机接口互连的大屏幕投影电视系统。

（13）公共广播系统应设置独立的、多音源的播音柜，向建筑物内公共场所提供音乐节目和公共广播信息，并应和紧急广播系统相连。

（14）底层大厅等公共部位，应设置多部公用的直线电话和内线电话。

（15）应设置综合布线系统。

4．乙级标准应符合下列条件

（1）将公用通信网上光缆、电缆线路系统或光缆数字传输系统引入建筑物内，并可根据用户的实际需求，将光缆延伸至用户的工作区。

（2）光缆、电缆宜从两个不同的路由接入建筑物。

（3）接入网及其配置的通信系统对于光缆数字传输系统设备容量的需求，应满足承载各种信息业务所需的数字电路、专用电路及其传输线路，并由 2 048 kbit/s 端口的通路数确定。

设计时应按 250个插口的信息插座配置一个 2 048 kbit/s 数据传输速率的一次群接口。

（4）应根据用户的需求和实际情况，选配相对应的通信设施。

（5）建筑物内电话用户线对数的配置应满足实际需求，并预留足够的裕量。

（6）建筑物地下层及上部其他区域由于屏幕效应出现移动通信盲区时，应设置移动通信中继收发通信设备，供楼内各层移动通信用户与外界进行通信。

（7）VAST 卫星通信系统在满足用户业务需求的情况下，可设置多个端站和提供设备机房，或预留端站天线安装的空间和设备机房位置，供用户接收和传输单向或双向的数据和话音业务。

（8）有线电视系统（含闭路电视系统）应向收看用户提供当地多套开路电视和多套自制电视节目，并可与广播电视卫星系统连通，以向用户提供卫星电视节目，同时预留与当地有线电视网互连的接口。

（9）建筑物内有线电视系统宜采用电视图像双向传输的方式。

（10）建筑物内应设置一间多功能会议室和多间商务会议室，相应地选择配置多语种同声传译扩音系统、桌面型会议扩声系统及带有与计算机接口互连的大屏幕投影电视系统。

（11）公共广播系统应设置独立的、多音源的播音柜，向建筑物内公共场所提供音乐节目和公共广播信息，并应和紧急广播系统相连。

（12）底层大厅等公共部位，应设置多部公用的直线电话和内线电话。

（13）应设置综合布线系统。

5．丙级标准应符合下列条件

（1）将公用通信网上光缆、电缆线路系统或光缆数字传输系统引入建筑物内。

（2）光缆、电缆可从一个路由接入建筑物。

（3）接入网及其配置的通信系统对于光缆数字传输系统设备容量的需求，应满足承载各种信息业务所需的数字电路、专用电路及其传输线路，并由 2 048 kbit/s 端口的通路数确定。设计时应按 300 个插口的信息插座配置一个 2 048 kbit/s 数据传输速率的一次群接口。

（4）应根据用户的需求和实际情况，选择配置相对应的通信设施。

（5）建筑物内电话用户线对数的配置应满足实际需求。

（6）预留多个 VAST 卫星通信系统接收天线的基底及安装的空间，供日后发展使用。

（7）有线电视系统应向收看用户提供当地多套开路电视节目，同时预留与当地有线电视网互连的接口。

（8）建筑物内宜设置多功能会议室，选配会议扩声系统及带有与计算机接口互连的大屏幕投影电视系统。

（9）应设置公共广播系统，可兼作紧急广播系统。

1.4 楼宇智能化技术的应用及发展

1．在管理监控上的应用

管理监控系统是智能化小区的重要组成部分，它主要负责管理与日常生活紧密相关的问题。未来的智能建筑在管理监控上将更加智能化和人性化，主要体现在：

（1）智能多表远程抄收计量的普及；

（2）智能设备监控系统；

（3）智能停车管理系统；

（4）紧急广播与背景音乐。

智能小区中比较常见的管理监控系统如图 1.4.1 所示。

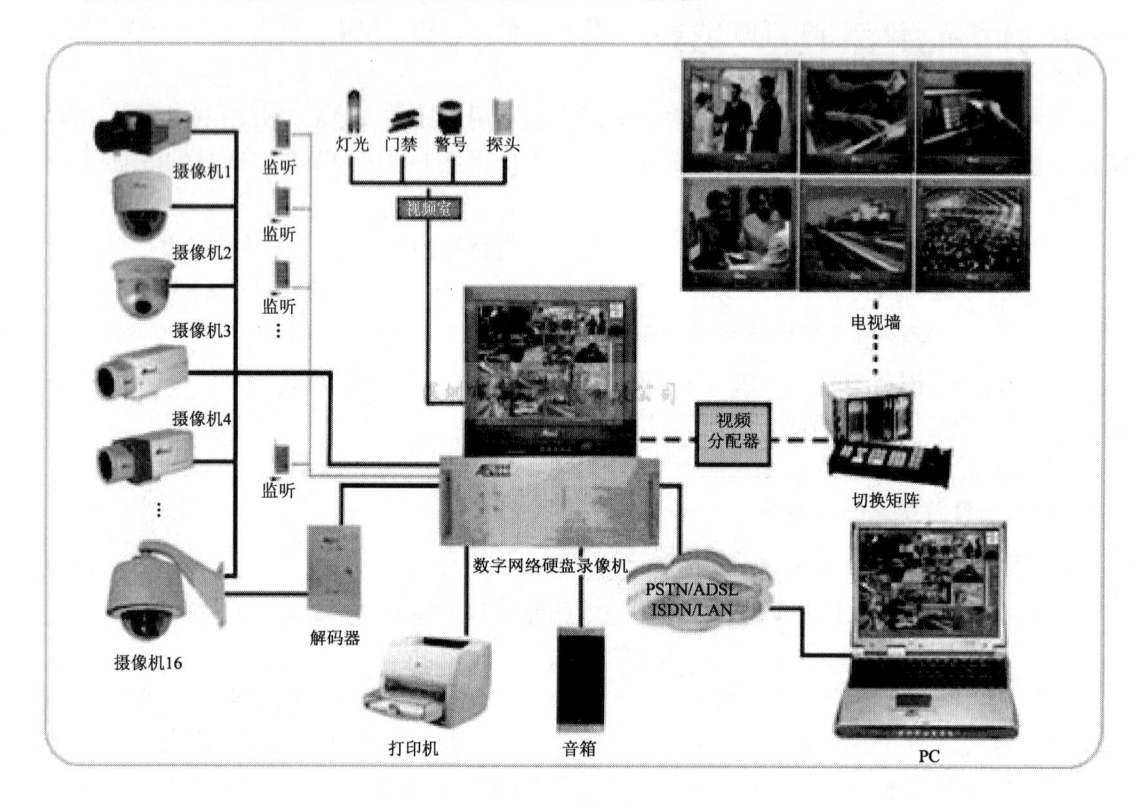

图 1.4.1　智能小区的管理监控系统

2．在安全防范上的应用

小区和住宅的安全是智能小区首先要解决的问题。主要通过科技手段和有效的物业管理，改变“自我保护”这一自闭模式，从被动型安全防范模式向多元化、综合化、电控化及主动报警处理发展。可以预见，数字化、网络化、智能化、集成化、规范化必将是安全防范技术的发展方向。

3．在通信网络上的应用

信息化的建筑将进一步推进智能化建筑的发展，因此，采用最新的通信网络技术进一步发展智能建筑是必然趋势。

4．在智能家居上的应用

智能化住宅界定为具有适应性、预测性的智能服务系统，其将来的实现目标是将家庭中各种与信息有关的通信设备、电器和家庭保安装置等设施以及网络连接，进行集中的或异地的监视、控制和家庭事务管理，并保持这些家庭设施与住宅环境的和谐与协调。常见的典型智能家居系统如图 1.4.2 所示。

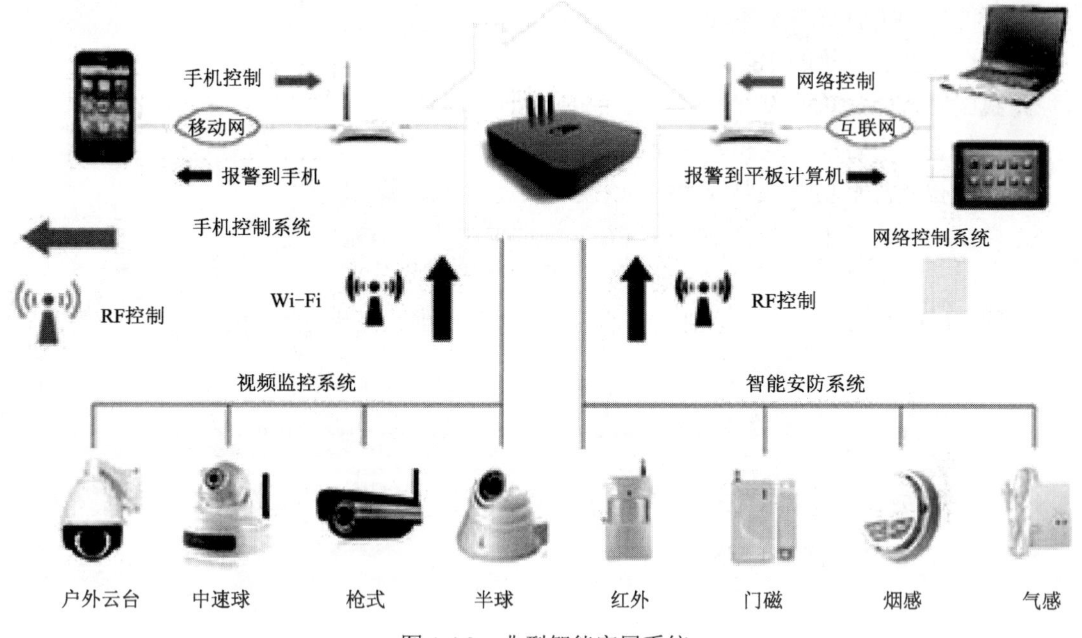

图 1.4.2　典型智能家居系统

5. 楼宇智能化的发展

从智能楼宇的功能来看，实现智能楼宇功能主要依赖于计算机技术、自动控制技术和通信技术（即所谓“3C”技术）以及集成技术，并以它们为主构成了楼宇智能化技术。

美国、日本最早的智能楼宇为日后兴起的智能建筑勾画了基本的特征。随后智能楼宇便蓬勃发展，以美国和日本兴建得最多。此外在法国、瑞典、英国、新加坡、马来西亚等国家和地区的智能建筑也方兴未艾。据有关方面统计，美国的智能建筑超过万幢，日本新建的大楼中 60%是智能建筑。

我国内地智能建筑的起步较晚，直到 20 世纪末才有较大的发展。近几年，在北京、上海、广州等大城市，相继建成了若干具有相当水平的智能楼宇。

楼宇智能化技术是随着智能楼宇的发展而进步的，一方面，它对智能化技术提出了更多更高的要求；另一方面，它也需要智能化技术的全面支持。可以预料，随着智能楼宇的发展，除了对“3A”有进一步要求外，对效率、舒适、便捷等方面的要求也将更高，将有更多学科的高新技术应用到智能楼宇中。

我们已经进入了 21 世纪。可以相信，今后随着科学技术的不断发展和人民群众物质文化水平的日益提高，我国楼宇智能化技术将会有更大的发展空间。新一代的我们应该适应信息时代的要求，充分利用各种新技术，不断发展和完善楼宇自动化技术，去创建一个智能、便利的新世纪。

思考题

1．智能化楼宇有哪些基本功能？

2．什么是智能建筑的 3S 系统？

3．我国对智能建筑的设计标准规范有哪几类？各有何特点？

4．试叙述一下智能建筑和传统建筑的主要区别。

5．实现智能楼宇功能主要依赖的 3C 技术具体指的是哪些技术？

6．楼宇智能化技术主要有哪些应用？试举例说明。

7．我国楼宇智能化技术的发展前景如何？你有什么体会？

8．国家标准（GB/T 50314—2006）《智能建筑设计标准》对智能建筑的规定有哪些特点？

单元2 门禁对讲及安防系统

学习目标

（1）掌握可视对讲门禁与室内安防子系统的原理及功能；

（2）掌握系统设备的工作原理及安装方法；

（3）掌握系统设备的参数设置方法；

（4）掌握操作系统设备实现系统功能的方法。

2.1 系统概述

2.1.1 门禁对讲系统及安全防范概述

住宅小区门禁对讲系统有可视型与非可视型两种基本形式。对讲系统把楼宇的入口、住户及小区物业管理部门三方面的通信包含在同一网络中，形成防止非法入侵的重要防线，有效地保护了住户的人身和财产安全。

门禁对讲系统是采用计算机技术、通信技术、CCD（电荷耦合器件）摄像及视频显像技术而设计的一种访客识别的智能信息管理系统。

楼门平时总处于闭锁状态，避免非本楼人员未经允许进入楼内。本楼内的住户可以用钥匙或密码开门，自由出入。当有客人来访时，需在楼门外的对讲主机键盘上按出被访住户的房间号，呼叫被访住户的对讲分机，接通后与被访住户的主人进行双向通话或可视通话。通过对话或图像确认来访者的身份后，住户主人允许来访者进入，就用对讲分机上的开锁按键打开大楼入口门上的电控门锁，来访客人便可进入楼内。

住宅小区的物业管理部门通过小区对讲管理主机，对小区内各住宅门禁对讲系统的工作情况进行监视。如有住宅楼入口门被非法打开或对讲系统出现故障，小区对讲管理主机会发出报警信号并显示出报警的内容和地点。

2.1.2 常见的门禁类型

1. 单户型结构

单户型结构如图 2.1.1 所示。

2. 单元型结构

单元型结构如图 2.1.2 所示。

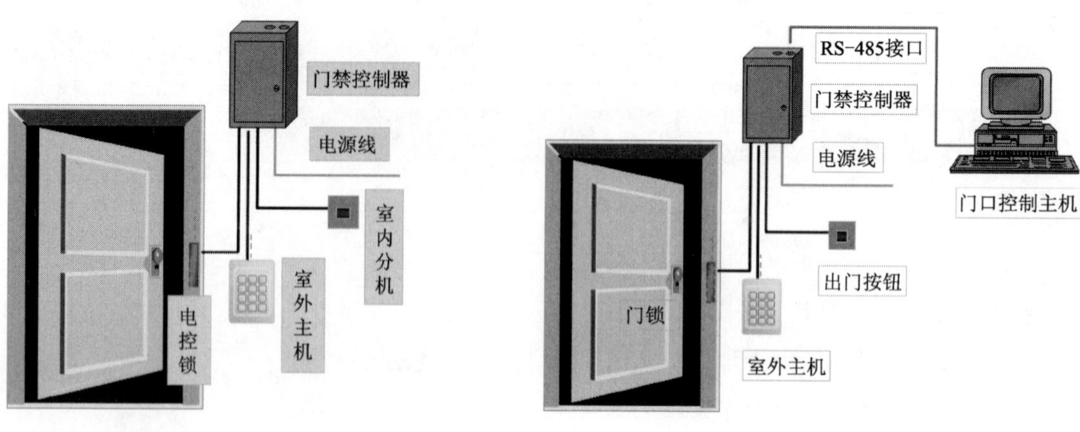

图 2.1.1　单户型结构　　　　图 2.1.2　单元型结构

3. 联网型结构

联网型结构如图 2.1.3 所示。

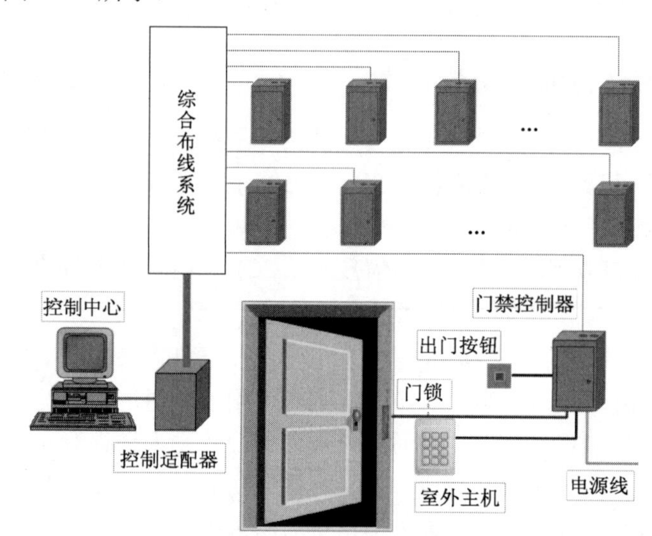

图 2.1.3　联网型结构

2.2　可视对讲门禁系统

2.2.1　认识可视对讲门禁系统

对讲门禁系统通常是指：采用现代电子与信息技术，在出入口对人或物这两类目标的进出，进行放行、拒绝、记录和报警等操作的控制系统。主要设备及功能有以下几项：

（1）管理主机可实现与室内分机及门口主机的通话，并能观看到门口主机传过来的视频图像。

（2）室内分机能够将单元门上的电磁锁打开，能够实现住户间的通话，能够向管理主机发出求助信号。

（3）住户可凭 IC 卡自由出入，如果忘记带门禁卡，还可通过门口主机与管理主机向保安求助，让保安在控制室将门打开。

对讲门禁系统组成示意图如图 2.2.1 所示。

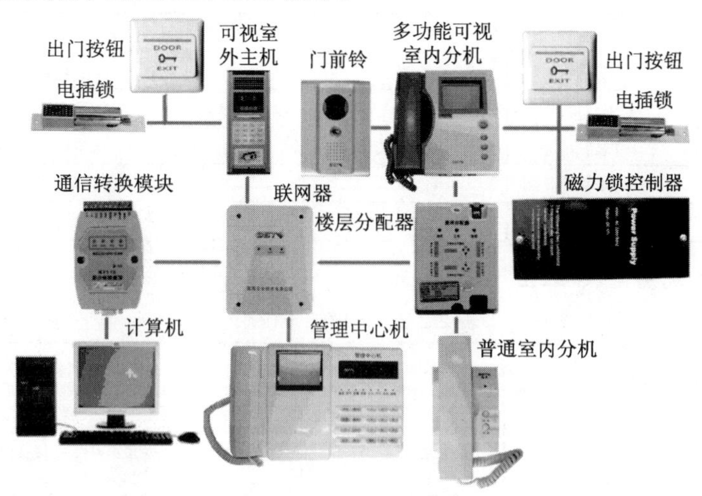

图 2.2.1 对讲门禁系统组成示意图

2.2.2 出入口目标识别设备

1. 认识联网式可视可视室外主机

联网式可视室外主机如图 2.2.2 所示，是安装在单元楼防盗门入口处的选通、对讲控制装置。联网式可视室外主机一般安装在单元楼门口的防盗门上或附近的墙上，具有呼叫住户、呼叫管理中心机、密码开门和刷卡开门等功能。联网式可视室外主机包括面板、底盒、操作部分、音频部分、视频部分、控制部分。

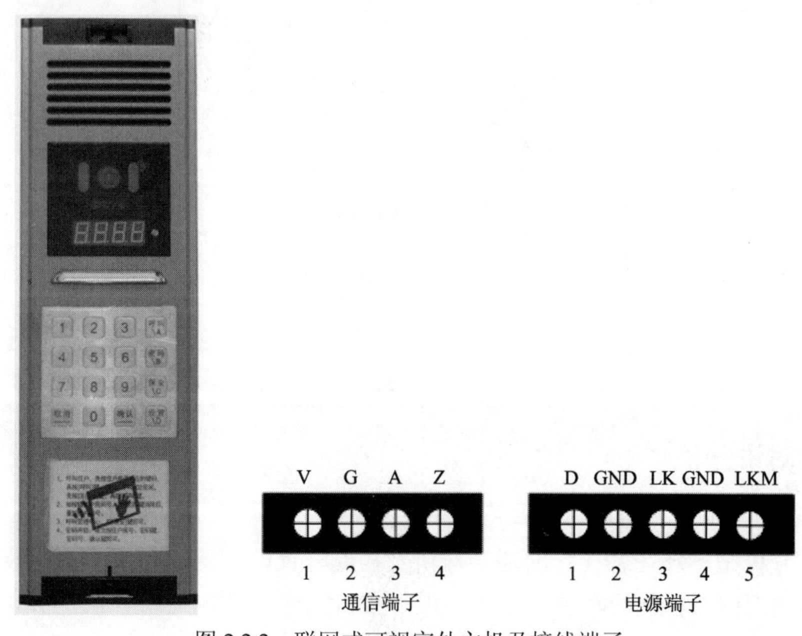

图 2.2.2 联网式可视室外主机及接线端子

2. 室外主机接线端子说明

（1）电源端子说明见表 2.2.1 所示。

表 2.2.1 电源端子说明

端子序号	标　识	名　称	与总线层间分配器连接关系
1	D	电源	电源+18V
2	G	地	电源端子 GND
3	LK	电控锁	接电控锁正极
4	G	地	接锁地线
5	LKM	电磁锁	接电磁锁正极

（2）通信端子说明见表 2.2.2 所示。

表 2.2.2 通信端子说明

端子序号	标　识	名　称	连 接 关 系
1	V	视频	接联网器室外主机端子 V
2	G	地	接联网器室外主机端子 G
3	A	音频	接联网器室外主机端子 A
4	Z	总线	接联网器室外主机端子 Z

3. 室外主机的接线图

图 2.2.3 是室外主机与联网器接线示意图。

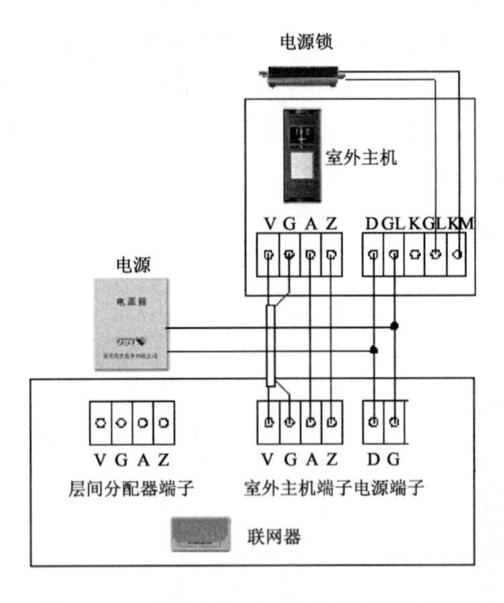

图 2.2.3 室外主机与联网器接线示意图

2.2.3 室内对讲分机

1. 认识多功能室内分机及普通室内分机

室内对讲分机是安装在各住户的通话对讲及控制开锁的装置。可以分成可视室内对讲分机和非可视室内对讲分机两种，如图 2.2.4 和图 2.2.5 所示。室内对讲分机由分机底座及分机手柄组成。最基本的功能按键有开锁按键和呼叫按键。开锁按键的主要功能是在主机呼叫分机后，分机通过此按键开启门口电控锁；呼叫按键主要用在数字式联网系统中，当住户按动分机的呼叫按键时，管理中心可以显示住户房间号码。

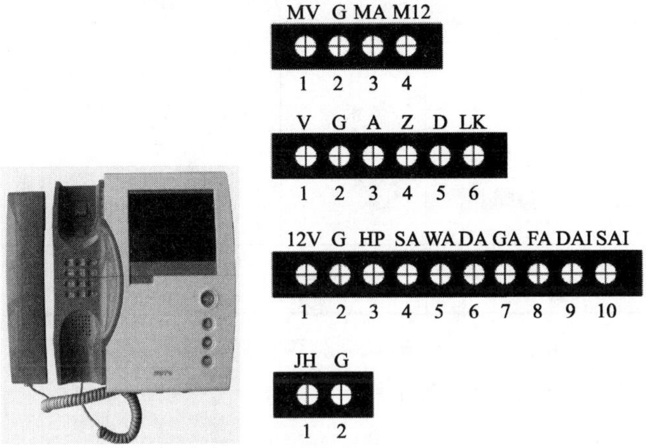

MV G MA M12
1 2 3 4
V G A Z D LK
1 2 3 4 5 6
12V G HP SA WA DA GA FA DAI SAI
1 2 3 4 5 6 7 8 9 10
JH G
1 2
图 2.2.4 可视室内对讲分机

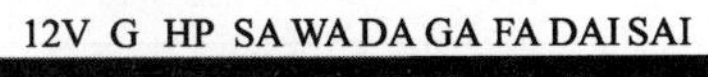

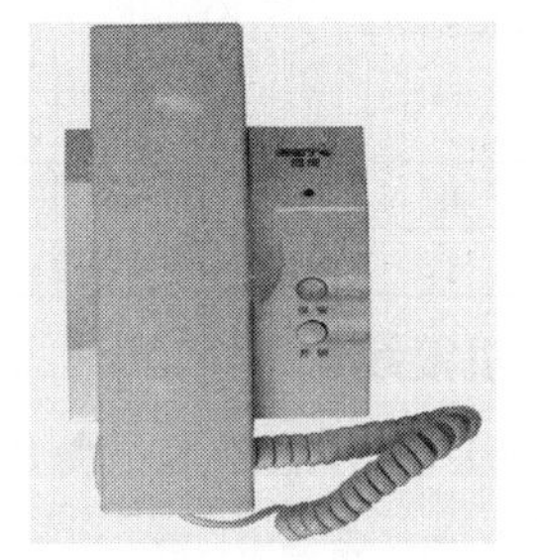

D Z A G
图 2.2.5 非可视室内对讲分机

2. 多功能室内分机接线端子说明

表 2.2.3 是多功能室内分机接线端子说明。

表 2.2.3 多功能室内分机接线端子说明

端口	端子序号	端子标识	端子名称	连接设备名称	连接设备端口	连接设备端子	说明
主干端口	1	V	视频	层间分配器/门前铃分配器	层间分配器分支端子/门前铃分配器主干端子	1	单元视频/门前铃分配器主干视频
	2	G	地			2	地
	3	A	音频			3	单元音频/门前铃分配器主干音频
	4	Z	总线			4	层间分配器分支总线/门前铃分配器主干总线
	5	D	电源	层间分配器	层间分配器分支端子	5	室内分机供电端子
	6	LK	开锁	住户门锁		6	对于多门前铃，有多住户门锁，此端子可空置
门前铃端口	1	MV	视频	门前铃	门前铃端子	1	门前铃视频
	2	G	地			2	门前铃地
	3	MA	音频			3	门前铃音频
	4	M12	电源			4	门前铃电源
安防端口	1	12V	安防电源	室内报警设备	外接报警器、探测器电源端子	各报警前端设备的相应端子	给报警器、探测器供电，供电电流≤100 mA
	2	G	地				地
	3	HP	求助		求助按扭端子		紧急求助按钮接入口常开端子
	4	SA	防盗		红外探测器端子		接与撤布防相关的门、窗磁传感器，防盗探测器的常闭端子
	5	WA	窗磁		窗磁端子		
	6	DA	门磁		门磁端子		

续表

端　口	端子序号	端子标识	端子名称	连接设备名称	连接设备端口	连接设备端子	说　明
安防端口	7	GA	燃气探测	室内报警设备	燃气泄漏端子	各报警前端设备的相应端子	接与撤布防无关的烟感、燃气探测器的常开端子
	8	FA	感烟探测		火警端子		
	9	DAI	立即报警门磁		门磁端子		接与撤布防相关门磁传感器、红外探测器的常闭端子
	10	SAI	立即报警防盗		红外探测器端子		
警铃端口	1	JH	警铃		警铃电源端子	外接警铃	电压：DC 14.5~18.5V 电流≤50mA
	2	G	地				

3. 室内分机接线

室内分机与层间分配器及报警传感器接线如图 2.2.6 所示。

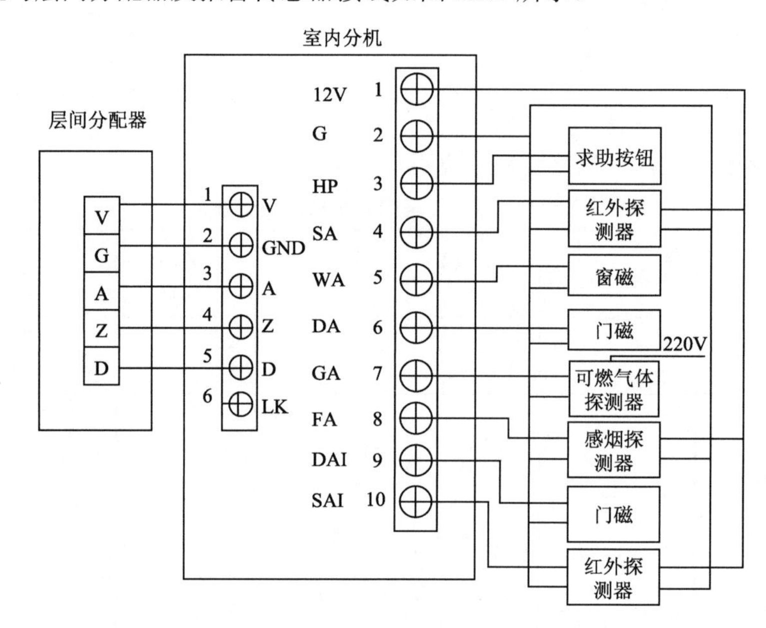

图 2.2.6　室内分机与层间分配器及报警传感器接线示意图

2.2.4　出入口控制执行机构

出入口控制执行机构执行从出入口管理子系统发来的控制命令，在出入口作出相应的动作，实现出入口控制系统的拒绝与放行操作。

常见的出入口控制执行机构主要有：电控锁和门前铃，分别如图 2.2.7 和图 2.2.8 所示。

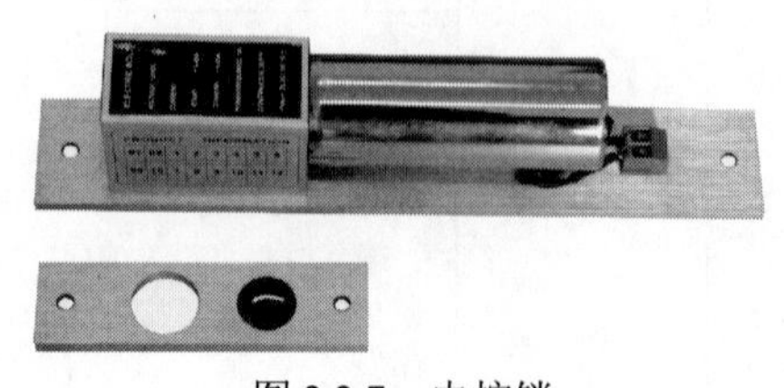

图 2.2.7　电控锁

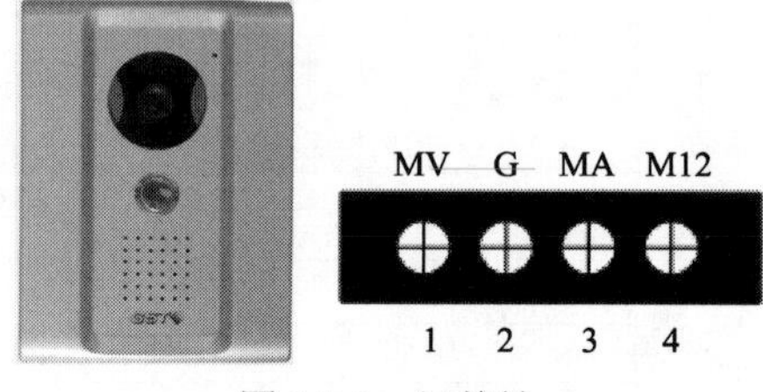

图 2.2.8　门前铃

2.2.5 管理中心机

管理中心机是安装在小区管理中心的通话对讲设备，可控制各单元防盗门电控锁的开启。小区安保管理中心是系统的神经中枢，管理人员通过设置在小区安保管理中心的管理中心机管理各子系统的终端，各子系统的终端只有在小区安保管理中心的统一协调管理控制下，才能正常有效地工作。管理中心机的主要功能是接收住户呼叫、与住户对讲、报警提示、开单元门、呼叫住户、监视单元门口、记录系统各种运行状态等。

1. 认识管理中心机外形及结构

管理中心机外形及其接线端子如图 2.2.9 所示。

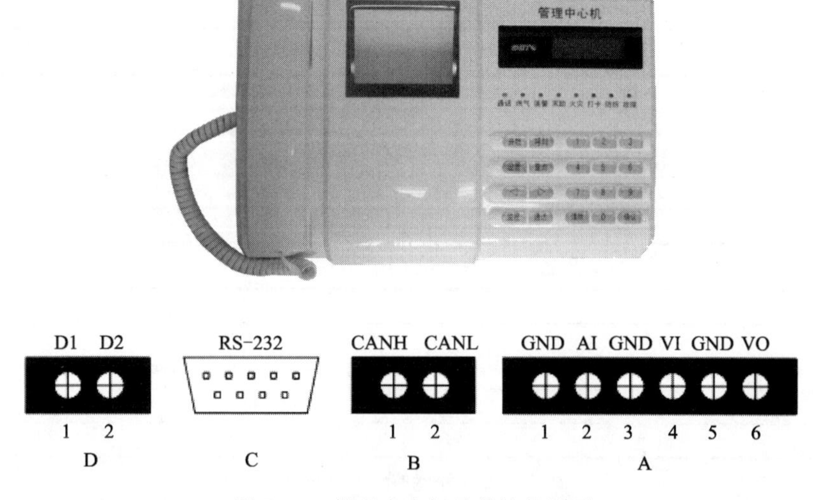

图 2.2.9 管理中心机及其接线端子

2. 管理中心机接线端子接线说明

管理中心机接线端子接线说明如表 2.2.4 所示。

表 2.2.4 管理中心机接线说明

端 口 号	序 号	端子标识	端子名称	连接设备名称	注 释
端口 A	1	GND	地	室外主机或矩阵切换器	音频信号输入端口
	2	AI	音频入		
	3	GND	地		视频信号输入端口
	4	VI	视频入		
	5	GND	地	监视器	视频信号输出端
	6	VO	视频出		
端口 B	1	CANH	CAN+	室外主机或矩阵切换器	CAN 总线接口
	2	CANL	CAN−		
端口 C	1~9	—	RS232	计算机	RS-232 接口
端口 D	1	D1	18V 电源	电源箱	供电源，18V 无极性
	2	D2			

注意：当管理中心机处于 CAN 总线的末端，需要在 CAN 总线接线端子处并接一只 120 Ω，0.25 W 的电阻（即并接在 CANH 与 CANL 之间）。

2.2.6 中继设备

1. 联网器

（1）认识联网器。联网器如图 2.2.10 所示。

（2）联网器的接线端子。对外接线端子说明如表 2.2.5~表 2.2.8 所示。

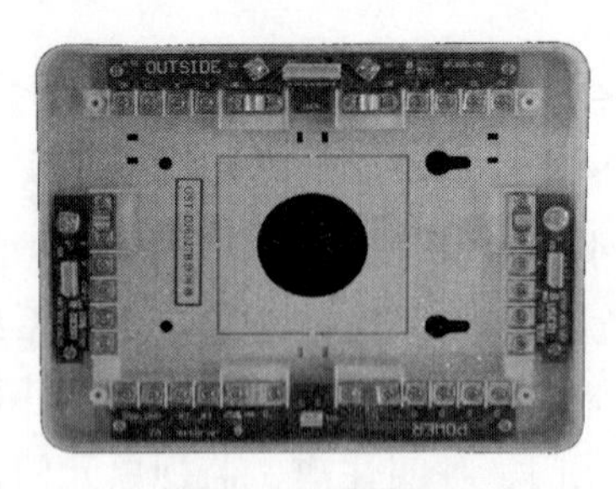

图 2.2.10 联网器

表 2.2.5 电源端子（XS4）

端子序	标识	名称	连接关系（POWER）
1	D+	电源	电源 D
2	D−	地	电源 G

表 2.2.6 室内方向端子（XS2）

端子序	标识	名称	连接关系（USER1）
1	V	视频	接单元通信端子 V（1）
2	G	地	接单元通信端子 G（2）
3	A	音频	接单元通信端子 A（3）
4	Z	总线	接单元通信端子 Z（4）

表 2.2.7 室外方向端子（XS3）

端子序	标识	名称	连接关系（USER2）
1	V	视频	接室外主机通信接线端子 V（1）
2	G	地	接室外主机通信接线端子 G（2）
3	A	音频	接室外主机通信接线端子 A（3）
4	Z/M12	总线	接室外主机通信接线端子 Z（4）或门前铃电源端子 M12

表 2.2.8 外网端子（XS1）

端子序	标识	名称	连接关系（OUTSIDE）
1	V1	视频 1	接外网通信接线端子 V1（1）
2	V2	视频 2	接外网通信接线端子 V2（2）
3	G	地	接外网通信接线端子 G（3）
4	A	音频	接外网通信接线端子 A（4）
5	CL	CAN 总线	接外网通信接线端子 CL（5）
6	CH	CAN 总线	接外网通信接线端子 CH（6）

（3）联网器的设置。可以根据有无室外主机设置联网器功能，具体设置见表 2.2.9。

表 2.2.9 联网器类型设置

室外方向端子（XS3）	矩阵切换器	X2（连接）	X3（连接）	X1、X5、X6
室外主机	有	状态 0	状态 0	开路
	无	状态 1		

设置说明：

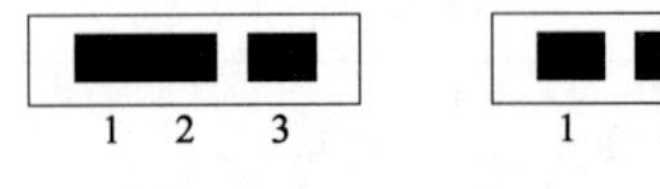

设置为：状态 0　　设置为：状态 1

X7 短接为：接入 CAN 总线终端匹配电阻器

（4）联网器的接线。图 2.2.11 是联网器接线示意图。

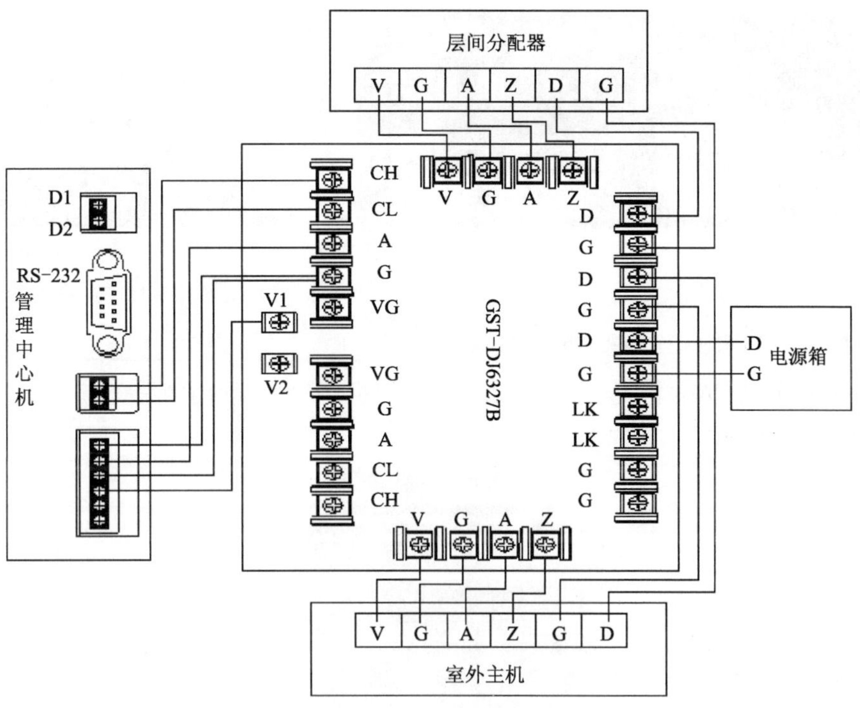

图 2.2.11 联网器接线示意图

2. 层间分配器

层间分配器如图 2.2.12 所示。

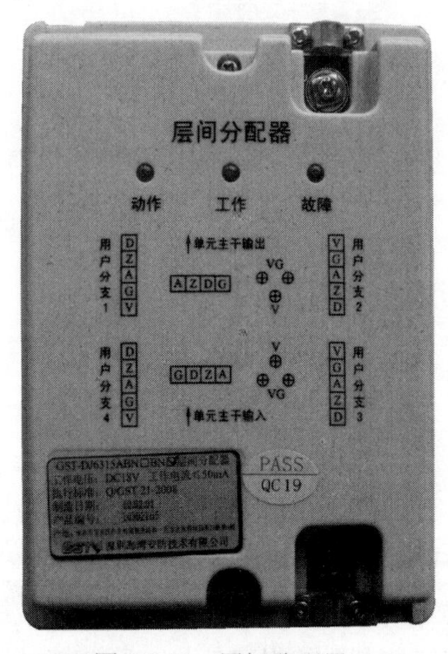

图 2.2.12 层间分配器

3. 磁力锁控制器

磁力锁控制器用于将接收的开锁信号转化成驱动信号，实现对电磁锁的衔铁吸合，如图 2.2.13 所示。

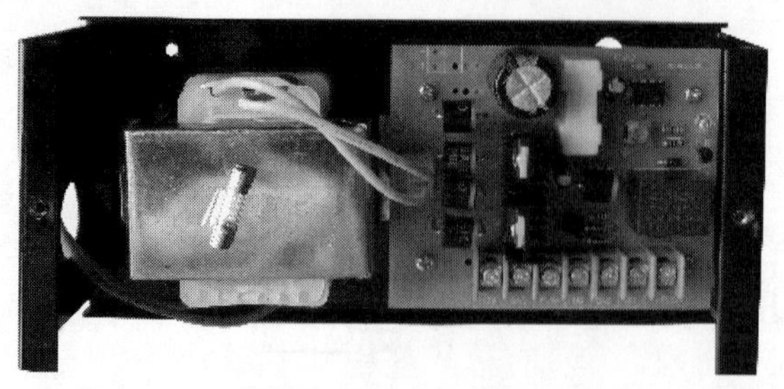

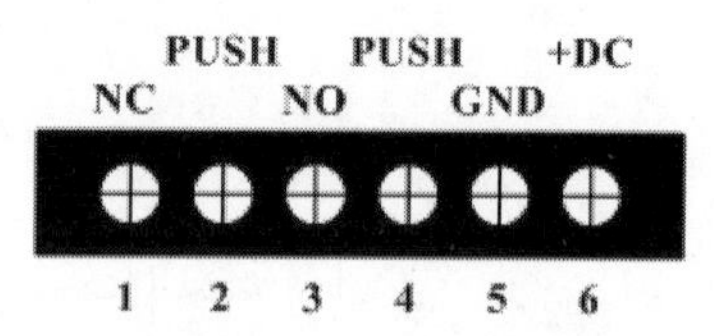

图 2.2.13　磁力锁控制器

4. CAN 总线与 RS-232 总线转换模块

该模块主要实现 CAN 总线与 RS-232 总线的转换，从而实现门禁系统与上位计算机间的联网，如图 2.2.14 所示。

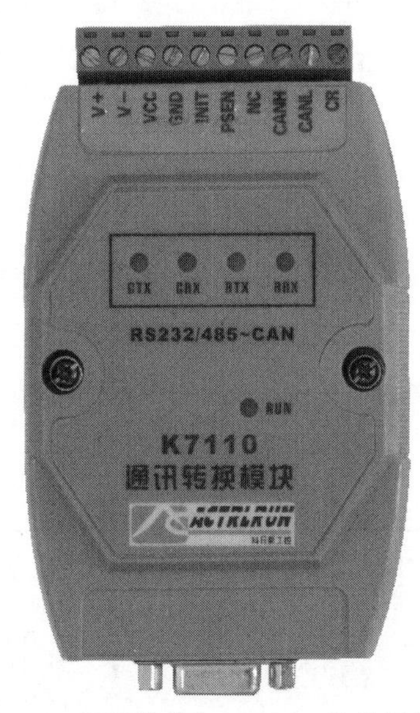

图 2.2.14　CAN 总线与 RS-232 总线转换模块

2.3　室内安防系统

2.3.1　认识室内安防系统

当有人非法入侵住户家或发生如煤气泄漏、火灾、急病等紧急事件时，通过安装在室内的各种电子探测器自动报警，以便及时采取行动。可燃气体泄漏探测器室内火灾报警系统采用烟感探测器为主的消防报警联动控制，并与消防局联网。防盗报警系统采用常规门磁开关、双鉴探测器、玻璃破碎报警器等。可在可燃气体浓度大于正常标准时报警。设在小区控制中心的监控主机接收来自家庭智能控制器的报警信号，系统能及时识别报警类型及所在单元，并产生报警信号。

室内安防系统工作原理示意如图 2.3.1 所示。系统中配置的室内安防系统能够实现可燃气体泄漏报警、火灾报警、入侵报警及人工报警，并在报警信号发出时启动可视对讲分机并令安装在室内的警号发出响声，以提醒室内人员。同时，报警信号也会经过系统传输到管理主机，通知控制室的保安人员采取相应措施。

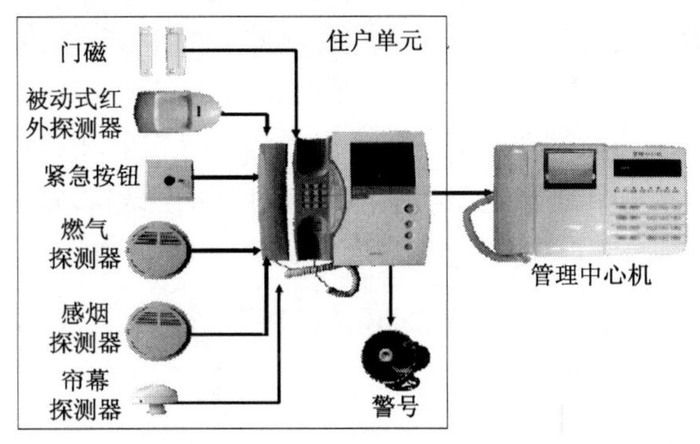

图 2.3.1 室内安防系统工作示意图

2.3.2 室内安防报警系统设备

1. 被动式红外入侵探测器

被动式红外探测器又称热感式红外探测器。它的特点是不需要附加红外辐射光源，本身不向外界发射任何能量，而是探测器直接探测来自移动目标的红外辐射，因此才有被动式之称。任何物体，包括生物和矿物，因表面温度不同，都会发出强弱不同的红外线。各种不同物体辐射的红外线波长也不同，人体辐射的红外线波长在 10μm 左右，而被动式红外探测器的探测波长范围为 8～14μm，因此，它能较好地探测到活动的物体跨入禁区段，从而发出警戒报警信号。被动式红外探测器按结构、警戒范围及探测距离的不同，可分为单波束型和多波束型两种。单波束型采用反射聚焦式光学系统，其警戒视角较窄，一般小于 5°，但作用距离较远（可达百米）。多波束型采用透镜聚集式光学系统，用于大视角警戒，可达 90°，作用距离只有几米到十几米。被动式红外空间探测器一般用于对重要出入口入侵警戒及区域防护，如图 2.3.2 所示。

2. 幕帘探测器

幕帘探测器一般采用红外双向脉冲记数的工作方式，即 A 方向到 B 方向报警，B 方向到 A 方向不报警，因幕帘探测器的报警方式具有方向性，所以又称方向幕帘探测器。幕帘探测器具有入侵方向识别能力，用户从内到外进入警戒区，不会报警，在一定时间内返回不会报警，只有非法入侵者从外界侵入才会报警，这极大地方便了用户在设防的警戒区域内活动，同时又不触发报警系统，如图 2.3.3 所示。

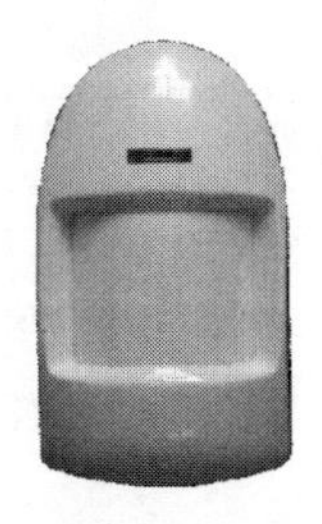

图 2.3.2 被动式红外空间探测器

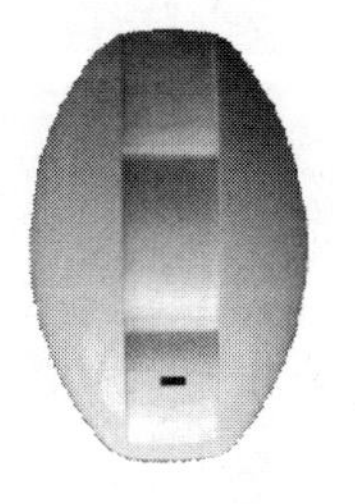

图 2.3.3 幕帘探测器

3. 主动红外对射探测器

主动红外对射探测器安装于院墙上，当有入侵者闯入时，红外对射探测器随即向报警主机发出信号，报警主机随即报警。主动红外入侵探测器一般由单独的发射机和接收机组成，收、发机分置安装，性能上要求发射机的红外辐射光谱在可见光光谱之外。为防止外界干扰，发射机所发出的红外辐射必须经过调制，当接收机收到接近辐射波长的不同调制频率的信号时，就认定是报警信号，否则即认为是干扰信号。红外对射探测器如图 2.3.4 所示。

4. 紧急求助按钮

当业主有紧急帮助需求时，按下紧急求助按钮，报警主机即可按设定好的方式发出报警信号。紧急求助按钮如图 2.3.5 所示。

图 2.3.4　红外对射探测器

图 2.3.5　紧急求助按钮

5. 燃气探测器

燃气探测器如图 2.3.6 所示，主要用于检测可燃气体的泄漏。当燃气探测器感应到厨房中的燃气泄漏后，随即向报警主机发出报警信号，报警主机随即发出报警。可以感应的气体包括煤气、天燃气、液化气。燃气探测器适用于家庭、宾馆、公寓等存在可燃气体的场所，可与火灾报警控制器组网连接。可燃气体探测器采用半导体气敏元件，具有工作稳定，使用寿命长，安装简单等特点。

本探测器采用长寿命气敏传感器，具有传感器失效自检功能 。

感应气体：煤气、天然气、液化石油气。

电 源：DC 12 V 直流电源。

报警浓度：15%。

恢复浓度：8%。

工作温度：-10～+40℃。

相对湿度：≤90%。

报警浓度误差：≤±5%。

6. 烟雾探测器

烟雾探测器也被称为感烟式火灾探测器、烟感探测器和感烟探测器等，如图 2.3.7 所示，主要应用于消防系统，在安防系统建设中也有应用。感烟火灾探测器采用特殊结构设计的光电传感器，由 SMD 贴片加工工艺生产，具有灵敏度高、稳定可靠、功耗低、美观耐用、使用方便等特点。

图 2.3.6 燃气探测器

图 2.3.7 烟雾探测器

感烟探测器是一种响应燃烧或热解产生的固体或液体微粒的火灾探测器，能探测物质燃烧初期所产生的气溶胶或烟雾粒子浓度，因此把它称为早期火灾探测器。

7．门磁

门磁是由永久磁铁及干簧管（又称磁簧管或磁控管）两部分组成的。干簧管是一个内部充有惰性气体（如氦气）的玻璃管，内装有两个金属簧片，形成触点。固定端和活动端分别安装在门禁的门框和门扇上。门磁如图 2.3.8 所示。

8．警号

警号是由多功能室内分机控制的输出部件，主要用于对室内安防异常时进行声音报警，如图 2.3.9 所示。

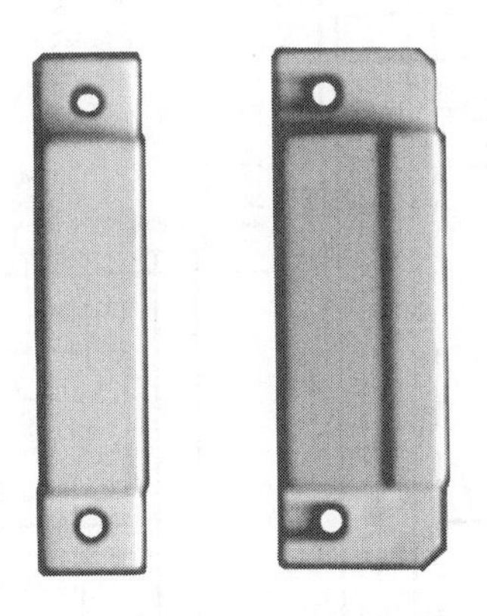

图 2.3.8 门磁

图 2.3.9 警号

2.3.3 可视对讲门禁与室内安防系统的构成

典型可视对讲门禁与室内安防系统接线图如图 2.3.10 所示，主要由智能门禁及室内安防两部分构成。

智能门禁系统主要由门前室外主机、电磁门锁、可视室内分机、普通室内分机、管理中心机、层间分配器、联网器等部件构成。

室内安防系统主要由可视室内分机、红外探测器、幕帘探测器、燃气探测器、烟雾探测器、警号等部件组成。

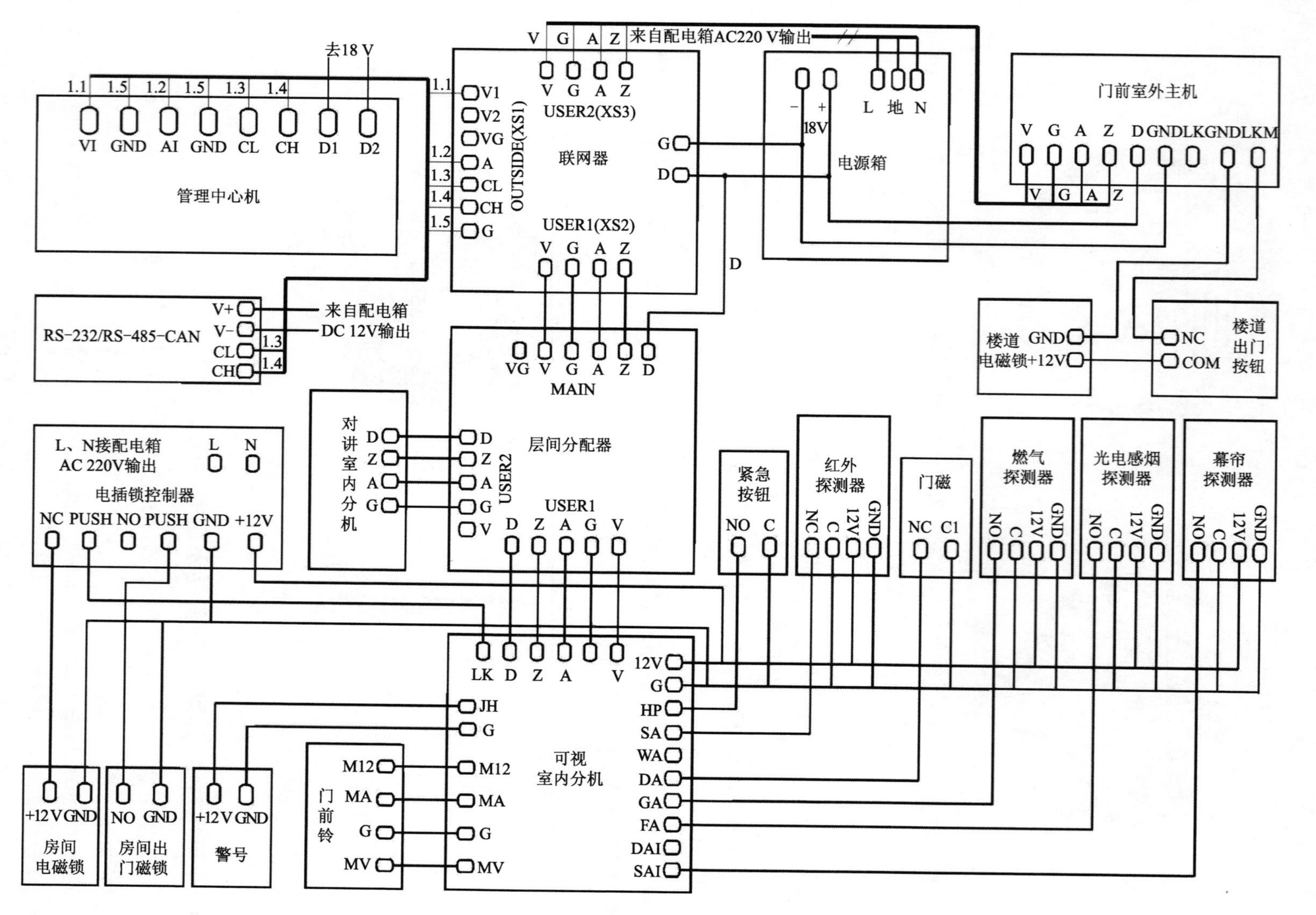

图 2.3.10　可视对讲门禁与室内安防系统接线图

2.4 可视对讲系统典型设备的调试与应用

2.4.1 多功能室内机的调试与使用

1. 调试状态下的设置

（1）按下室内分机上的“#”键，听到一短声提示音后松开，按“0”键，“◁×”（工作灯）红绿闪亮、“⌂”（布防灯）闪亮，提示输入超级密码。输入超级密码后，按“#”键确认。

（2）若输入密码正确，“⌂”（布防灯）灭，有两声短音提示，进入调试状态；若输入密码错误，则“◁×”（工作灯）恢复为原来状态、“⌂”（布防灯）闪亮且有快节奏的声音提示错误，若此时想进入调试状态，须按“*”键退出当前状态，再次按（1）步骤重新操作。

进入调试状态后，若室内分机被设置为接受呼叫只振铃不显示图像模式，“✉”（短信灯）亮。按照下列步骤进行调试。

步骤 1：按“1”键，更改自身地址。地址必须为 4 位，由“0”～“9”数字键组合。若输入的是有效地址，按“#”键有一声长音提示室内分机更改为新地址；若输入的地址无效或小于 4 位，按“#”键，则有快节奏的声音提示错误；若想继续更改地址，须再按一下“1”键，然后重新进行此步骤的操作。

步骤 2：按“2”键，设置显示模式。按一次，显示模式改变一次。“✉”（短信灯）亮时，室内分机设置为接收呼叫只振铃不显示图像模式；“✉”（短信灯）不亮时，室内分机为正常显示模式。

步骤 3：按“3”键，与一号室外主机可视对讲。要进行此项调试时，须先退出步骤 4 状态。如正在步骤 4 状态可按“6”键退出，再按“3”键进入此项调试。

步骤 4：按“4”键，与一号门前铃可视对讲。要进行此项调试时，须先退出步骤 3 状态。如正在步骤 3 状态可按“6”键退出，再按“4”键进入此项调试。

步骤 5：按“5”键，恢复出厂撤防密码。

步骤 6：按“6”键，正在可视对讲时，结束可视对讲。

按“*”键，退出调试状态。

默认超级密码为 620818。

2. 使用

1）呼叫、通话及开锁

在室外主机、门前铃、小区门口机或管理中心机呼叫室内分机时，室内分机振铃且“◁×”（工作灯）绿色、“✉”（短信灯）闪亮，摘机后可与室外主机、门前铃、小区门口机或管理中心机通话，如果是多室内分机，其他室内分机自动挂断。

室外主机、门前铃呼叫室内分机，室内分机响振铃（或通话）时，直接按“⚿”（开锁）键，可打开对应的电锁，室内分机停止响铃，摘机后可正常通话。

若按室内分机“⚿”（开锁）键后，室内分机振铃，其时间大于 5 s，但只延时 5 s 就关闭业务。通话过程中挂机，结束通话。室内分机接受呼叫时，可显示来访者的图像。

2）监视

摘机/挂机时，按“”（监视）键，显示本单元室外主机的图像，若本单元有多个入口，可依次监视各个入口的图像。15 s 内按“”（监视）键，室内分机会监视下一室外主机的图像。

若室内分机带有门前铃，按下“”（监视）键 2 s（有一短声提示音），监视门前铃图像；如接有多个门前铃，再按一下“”（监视）键，可依次监视各个门前铃的图像。15 s 内按“”（监视）键，室内分机会监视下一个门前铃的图像。

监视过程中摘机，可与被监视的设备通话。（监视单门前铃时，监视 4 s 后，摘机才可与门前铃通话）。

3）呼叫室外主机

室内分机摘机后，按“”（开锁）键 2 s（有一短声提示音），室内分机呼叫室外主机。

4）呼叫管理中心

室内分机摘机后，按“”（呼叫）键，呼叫管理中心机。管理中心机响铃并显示室内分机的号码，管理中心摘机可与室内分机通话，通话完毕，挂机。若通话时间到，管理中心机和室内分机自动挂机。

5）户户对讲

直接呼叫（适用于 GST-DJ6815/15C/25/25C）

室内分机摘机，按小键盘上“#”键，“”（工作灯）亮；输入房间号，按下“#”键，可呼叫本单元住户；输入栋号单元号房间号，按下“＃”键，呼叫联网其他单元的室内分机。

6）设置功能

室内分机挂机时，按“”（短信）键 2 s（有一短声提示音），室内分机进入设置状态，“”（短信灯）快闪。

在设置状态下

按“”（呼叫）键，进入设置铃声状态；

按“”（监视）键，进入设置是否免打扰状态。

按“”（短信）键，退出设置状态。

（1）铃声设置。进入设置铃声状态后，可听到当前设定的被呼叫时的铃声。

按下“”（开锁）键，会听到上一首音乐铃声，按下“”（监视）键，将听到下一首音乐铃声，依次循环，共有 30 种音乐铃声。当听到自己满意的音乐铃声时，按下“”（短信）键，响一声长嘟音，确认保存设置后，退出设置状态。若 15 s 内不按“”（短信）键退出设置模式，不作任何保存，则铃声为原来的铃声。

（2）免打扰设置。进入设置是否免打扰状态后，若“免扰”灯“”（工作灯）呈红色，则为免扰状态；若“免扰”灯“”（工作灯）呈绿色，则为退出免扰状态。

按一次“”（监视）键，状态改变一次。按“”（短信）键退出。

7）撤布防操作（适用于 GST-DJ6815/15C/25/25C）

（1）布防。室内分机可设置“外出布防”和“居家布防”两种布防模式。按“外出布防”键，进入外出预布防状态，“🏠”（布防灯）快闪，延时 60 s 进入外出布防状态，此时“🏠”（布防灯）亮。

按“居家布防”键，进入居家布防状态，“🏠”（布防灯）亮。在居家布防状态，若按“外出布防”键，则进入外出预布防状态。

在外出布防状态，按“居家布防”键须输入撤防密码，输入密码正确，则进入居家布防状态。

外出布防状态，响应红外探测器、门磁、窗磁、光电烟感探测器、燃气探测器报警；居家布防状态响应门磁、窗磁、光电烟感探测器、燃气探测器报警。

（2）撤防。在“布防”状态，按“撤防”键进入撤防状态，“🏠”（布防灯）慢闪，输入撤防密码并按“#”键，若听到一声长音提示，则表示已退出当前的布防状态；若听到快节奏的声音提示错误，则表示输入撤防密码错误，若三次输入撤防密码错误，则向管理中心传送防拆报警信号，并有本地报警提示。

（3）撤防密码更改。待机状态，按下“撤防”键 2 s（有一短声提示音），进入撤防密码更改状态，“🏠”（布防灯）慢闪。输入原密码并按“#”键，若密码正确，听到两声短音提示后，可输入新密码并按“#”键，听到两声短音提示再次输入新密码。若两次输入的新密码一致，再按“#”键，会听到一声长音提示，表示密码修改成功，启用新的撤防密码。若两次输入的新密码不一致，按“#”键，会听到快节奏的声音提示错误，此时密码仍为原密码。若想继续修改密码，输入新密码并按“#”键，听到两声短音提示，再次输入新密码，若两次输入的新密码一致，按“#”键，会听到一声长音提示密码修改成功，启用新的撤防密码。

注意：请牢记密码，以备撤防时使用。密码由“0”～“9”10 个数字键构成，密码可以是 0～6 位。出厂默认没有密码。

8）紧急求助功能

按下室内分机扩带的紧急求助按钮，求助信号可上传到管理中心机，管理中心机报求助警并显示紧急求助的室内分机号，“🔇”（工作灯）红绿色闪亮 2 min。

9）安防报警（适用于 GST-DJ6815/15C/25/25C）

室内分机具有报警接口，支持光电感烟探测器、红外探测器、门磁、窗磁和可燃气探测器的报警。当检测到报警信号时，室内分机会向管理中心报告相应的警情，对应的指示灯变亮，响报警音 3 min。

防盗探测器包括红外探测器、窗磁、门磁等，它们只有在布防状态时才起作用。在外出布防状态，全部可以报警；在居家布防状态，只有窗磁、门磁起作用。红外探测器和门磁报警按接口分为立即报警和延时报警，窗磁只有立即报警接口。延时报警设备的延时时间为 45 s。

当检测到火警报警时，“🔥”（火警灯）亮；检测到燃气报警时，“🧯”（燃气灯）亮；检测到盗警报警时，“🔔”（盗警灯）亮。报警状态报警端子 JH 口有 DC 14.5～18.5 V 的电压输出。

清除报警声音、警铃声音操作如下：

① 未布防时，按“*”键，报警声音、警铃声音停止。

② 布防时，室内分机撤防后，报警声音、警铃声音停止。

10）密码、地址初始化

设置方法：按住“🔔”（呼叫）键后，给可视室内机重新上电，听到提示音后按住“🔑”（开锁）键 2 s（有一短声提示音），室内分机地址恢复为默认地址 101，撤防密码初始化为默认密码（适用于 GST-DJ6815/15C/25/25C）。

进行此项设置后，密码、地址初始化为默认值。

2.4.2 普通室内机的安装连接与使用

1. 普通室内机地址设置

操作系统室外主机处于室内分机地址设置状态，室内分机摘机呼叫地址为 9501 的室外主机或室外主机呼叫室内分机摘机通话后，在室外主机上输入欲设置的室内分机地址，按室外主机上的“确认”键，当室外主机闪烁显示室内分机新设地址时，表明地址设置成功。

2. 使用及操作

1）呼叫及通话

在室外主机或管理中心机或同户室内分机呼叫室内分机时，室内分机振铃（免打扰状态下不振铃，仅指示灯闪亮），一台室内分机摘机可与室外主机、管理中心机或同户室内分机通话，同户的其他室内分机停止振铃，摘挂机无响应。室内分机振铃或通话时，按“开锁”键可打开对应单元门的电锁，室内分机振铃时按下“开锁”键，室内分机停止振铃，摘机可正常通话。室内分机振铃时间为 45 s，通话时间为 45 s。

2）呼叫室外主机

对讲室内分机待机状态下，摘机 3 s 后，自动呼叫地址为 9501 的室外主机，可与室外主机对讲，通话时间为 45 s。

3）呼叫管理中心机

摘机后若按“保安”键，则呼叫管理中心机。管理中心机响铃，并显示室内分机的号码，管理中心摘机可与室内分机通话。通话完毕，挂机。若通话时间超过 45 s，管理中心机和室内分机自动挂机。

4）模组显示方式设置及地址初始化

设置方法：按住“保安”键后，对讲室内机重新上电，听到提示音后，按住“开锁”键 3 s，当听到提示音后松开“开锁”键，室内分机地址便恢复为默认地址 101。

注意：对 GST-DJ6209 室内分机，设置过程中必须是处于挂机状态，才会有声音提示。

2.4.3 室外主机的安装连接与使用

1. 调试

1）室外主机设置状态

给室外主机上电，若数码管有滚动显示的数字或字母，则说明室外主机工作正常。系统正常使用前应对室外主机地址、室内分机地址进行设置，联网型的还要对联网器地址进行设置。按“设置” 键，进入设置模式状态，设置模式分为 F1 ～ F12。每按一下“设置” 键，设置项切换一次。即按一次“设置”键进入设置模式[F1]，按两次“设置” 键进入设置模式[F2]，依此类推。室外主机处于设置状态（数码显示屏显示[F1]~[F12]）时，可按“取消”键或延时自动退出到正常工作状态。F1~F12 的设置见表 2.4.1。

表 2.4.1 室外主机设置

F1	住户开门密码	F7	设置锁控时间
F2	设置室内分机地址	F8	注册 IC 卡
F3	设置室外主机地址	F9	删除 IC 卡
F4	设置联网器地址	F10	恢复 IC 卡
F5	修改系统密码	F11	视频及音频设置
F6	修改公用密码	F12	设置短信层间分配器地址范围

2）室外主机地址设置

按“设置”键，直到数码显示屏显示[F3]，按“确认”键，显示[----]，正确输入系统密码后显示[---]，输入室外主机新地址（1～9），然后按“确认”键，即可设置新的室外主机地址。

注意：一个单元只有一台室外主机时，室外主机地址设置为 1。如果同一个单元安装了多个室外主机，则地址应按照 1～9 的顺序进行设置。

3）室内分机地址设置

按“设置”键，直到数码显示屏显示[F2]，按“确认”键，显示[----]，正确输入系统密码后显示[S_On]，进入室内分机地址设置状态。此时室内分机摘机等待 3 秒后可与室外主机通话（或室外主机直接呼叫室内分机，室内分机摘机与室外主机通话），数码显示屏显示室内分机当前的地址。然后按“设置”键，显示[----]，按数字键，输入室内分机地址，按“确认”键，显示[LISn]，等待室内分机应答。15 s 内接到应答则闪烁显示新的地址码，否则显示[nt-SP]，表示室内分机没有响应。2 s 后，数码显示屏显示[S_On]，可继续进行分机地址的设置。

注意：在室内分机地址设置状态下，若不进行按键操作，数码显示屏将始终保持显示[S_On]，不自动退出。连续按下“取消”键，可退出室内分机地址的设置状态。

4）联网器楼号、单元号设置

按“设置”键，直到数码显示屏显示[F4]，按“确认”键，显示[----]，正确输入系统密码后，先显示[AddH]，再显示联网器当前地址（在未接联网器的情况下一直显示[AddH]）。然后按“设置”键，显示[----]，输入 3 位楼号，按“确认”键，显示[----]，输入两位单元号，按“确认”键，显示[LISn]，等待联网器的应答。15 s 内接到应答，则显示[SUCC]，否则显示[nt-SP]，表示联网器没有响应。2 s 后返回至[F4]状态。在有矩阵切换器存在的情况下，设置楼号、单元号时须配合矩阵切换器学习的操作，即当矩阵切换器处于学习状态下时，再进行楼号单元号的设置，具体操作参照《GST-DJ6708/8/16 矩阵切换器安装使用说明书》。

注意：

（1）在设置楼号时，可以输入字母 A、B、C、D。按“呼叫”键输入 A，按“密码”键输入 B，按“保安”键输入 C，按“设置”键输入 D。

（2）楼号单元号不应设置为楼号“999”单元号“99”和楼号“999”单元号“88”，这些号码均为系统保留号码。

2．使用及操作

1）室外主机呼叫室内分机

输入“门牌号”+“呼叫”键或“确认”键或等待 4 s，可呼叫室内分机。

现以呼叫“102”号住户为例来进行说明。输入“102”，按“呼叫”键或“确认”键或等待 4 s，数码显示屏显示[CALL]，等待被呼叫方的应答。接到对方应答后，显示[CHAT]，此时室内分机已经接通，双方可以进行通话。通话期间，室外主机会显示剩余的通话时间。在呼叫或通话期间室内分机挂机或按下正在通话的室外主机的“取消”键可退出呼叫或通话状态。如果双方都没有主动发出终止通话命令，室外主机会在呼叫/通话到时后自动挂断。

2）室外主机呼叫管理中心机

按“保安”键，数码显示屏显示[CALL]，等待管理中心机应答，接收到管理中心机的应答后显示[CHAT]，此时管理中心机已经接通，双方可以进行通话。室外主机与管理中心机之间的通话可由管理中心机中断或在通话时间到达 45 s 后自动挂断。

3）住户开锁密码设置

按“设置”键，直到数码显示屏显示[F1]，按“确认”键，显示[----]，输入门牌号，按“确认”键，显示[----]，等待输入系统密码或原始开锁密码（无原始开锁密码时只能输入系统密码），按“确认”键，正确输入系统密码或原始开锁密码后，显示[P1]，按任意键或 2 s 后，显示[----]，输入新密码。

按“确认”键，显示[P2]，按任意键或 2 s 后显示[----]，再次输入新密码，按“确认”键，如果两次输入的密码相同，保存新密码，并且显示[SUCC]，开锁密码设置成功，2 s 后显示[F1]；若两次新密码输入不一致则显示[Err.]，并返回至[F1]状态。若原始开锁密码输入不正确则显示[Err.]，并返回至[F1]状态，可重新执行上述操作。

注意：

系统正常运行时，同一单元若存在多个室外主机，只需在一台室外主机上设置用户密码。门牌号由 4 位组成，用户可以输入 1~8999 之间的任意数。如果输入的门牌号大于 8999 或为 0，均被视为无效号码，显示[Err.]，并有声音提示，2 s 后显示[----]，示意重新输入门牌号。开锁密码长度可以为 1~4 位。每个住户只能设置一个开锁密码。用户密码初始为空。

4）公用开门密码修改

按“设置”键，直到数码显示屏显示[F6]，按“确认”键，显示[----]，正确输入系统密码后显示[P1]，按任意键或 2 s 后显示[----]，输入新的公用密码，按“确认”键，显示[P2]，按任意键或 2 s 后显示[----]，再次输入新密码，按“确认”键。如果两次输入的新密码相同，则显示[SUCC]，表示公用密码已成功修改；若两次输入的新密码不同则显示[Err.]，表示密码修改失败，退出设置状态，返回至[F6]状态。

5）系统密码修改

按“设置”键，直到数码显示屏显示[F5]，按“确认”键，显示[----]，正确输入系统密码后显示[P1]，按任意键或 2 s 后显示[----]，然后输入新密码，按“确认”键，显示[P2]，按任意键或 2 s 后显示[----]，再次输入新密码，按“确认”键。如果两次输入的新密码相同，显示SUCC，表示系统密码已成功修改；若两次输入的新密码不同则显示Err.，表示密码修改失败，退出设置状态，返回至F5状态。

注意：原始系统密码为“200406”，系统密码长度可为 1~6 位，输入系统密码多于 6 位时，前 6 位有效。更改系统密码时，不要将系统密码更改为“123456”，以免与公用密码发生混淆。在通信正常的情况下，在室外主机上可设置系统的密码，只须设置一次。

6）注册 IC 卡

按“设置”键，直到数码显示屏显示F8，按“确认”键，显示----，正确输入系统密码后显示Fn1，按“设置”键，可以在Fn1~Fn4间进行选择，具体说明如下：

Fn1：注册的卡在小区门口和单元内有效。输入房间号+“确认”键+卡的序号（即卡的编号，允许范围 1～99）+“确认”键，显示rEG后，刷卡注册。

Fn2：注册巡更时开门的卡。输入卡的序号（即巡更人员编号，允许范围 1～99）+“确认”键，显示rEG后，刷卡注册。

Fn3：注册巡更时不开门的卡。输入卡的序号（即巡更人员编号，允许范围 1～99）+“确认”键，显示rEG后，刷卡注册。

Fn4：管理员卡注册。输入卡的序号（即管理人员编号，允许范围 1～99）+“确认”键，显示rEG后，刷卡注册。

注意：注册卡成功提示“嘀嘀”两声，注册卡失败提示“嘀嘀嘀”三声；当超过 15 s 没有卡注册时，自动退出卡注册状态。

7）删除 IC 卡

按“设置”键，直到数码显示屏显示F9，按“确认”键，显示----，正确输入系统密码后显示Fn1，按“设置”键，可以在Fn1~Fn4间进行选择，具体对应如下：

Fn1：进行刷卡删除。按“确认”键，显示CArd，进入刷卡删除状态，进行刷卡删除。

Fn2：删除指定用户的指定卡。输入房间号+“确认”键+卡的序号+“确认”键，显示dEL，删除成功提示“嘀嘀”两声，然后返回Fn2状态。

删除指定巡更卡：进入Fn2，输入“9968”+“确认”键+卡的序号+“确认”键，显示dEL，删除成功提示“嘀嘀”两声，然后返回Fn2状态。

删除指定巡更开门卡：进入Fn2，输入“9969”+“确认”键+卡的序号+“确认”键，显示dEL，删除成功提示“嘀嘀”两声，然后返回Fn2状态。

删除指定管理员卡：进入Fn2，输入“9966”+“确认”键+卡的序号+“确认”键，显示dEL，删除成功提示“嘀嘀”两声，然后返回Fn2状态。

Fn3：删除某户所有卡片。输入房间号+“确认”键，显示dEL，删除成功提示“嘀嘀”两声，然后返回Fn3状态。

删除所有巡更卡：进入Fn3，输入“9968”+“确认”键，显示dEL，删除成功提示“嘀嘀”两声，然后返回Fn3状态。

删除所有巡更开门卡：进入Fn3，输入“9969”+“确认”键，显示dEL，删除成功提示“嘀嘀”两声，然后返回Fn3状态。

删除所有管理员卡：进入Fn3，输入“9966”+“确认”键，显示dEL，删除成功提示“嘀嘀”两声，然后返回FN3状态。

FN4：删除本单元所有卡片。按“确认”键，显示----，正确输入系统密码后，按“确认”键显示dEL，删除成功提示急促的“嘀嘀”声2 s，然后返回FN4状态。

8）恢复删除的本单元所有卡

由于误操作将本单元的所有注册卡片删除后，在没有进行注册和其他删除之前可以恢复原注册卡片。操作方法是进入设置状态，在显示F10时，按“确认”键，显示----，正确输入系统密码后，按“确认”键则显示rECO，3 s后返回到F10，撤销成功会听到提示“嘀嘀”两声。

9）住户密码开门

输入“门牌号”+“密码”键+“开锁密码”+“确认”键。

门打开时，数码显示屏显示OPEN并有声音提示。若开锁密码输入错误显示----，示意重新输入。如果密码连续三次输入不正确，自动呼叫管理中心机，显示CALL。输入密码多于4位时，取前4位有效。按“取消”键，可以清除新键入的数，如果在显示----的时候，再次按下“取消”键，便会退出操作。

10）胁迫密码开门

如果住户在被胁迫之下开门，该用户可在输入密码的末位数加1（如果末位为9，加1后为0，不进位），则作为胁迫密码处理：

（1）与正常开门时的情形相同，门被打开；

（2）有声音及显示给予提示；

（3）向管理中心发出胁迫报警信号。

11）公用密码开门

按下“密码”键+“公用密码”+“确认”键。系统默认的公用密码为“123456”。

门打开时，数码显示屏显示OPEN并伴有声音提示。如果密码连续三次输入不正确，自动呼叫管理中心机，显示CALL。

12）IC卡开门

将IC卡放到读卡窗感应区内，会听到“嘀”的一声后，即可进行开门。

注意：住户卡开单元门时，室外主机会对该住户的室内分机发送撤防命令。

13）设置锁控时间

按“设置”键，直到数码显示屏显示F7，按“确认”键，显示----，正确输入系统密码后显示----，输入要设置的锁控时间（单位：秒），按“确认”键，设置成功显示SUCC，设置失败显示Err.，3 s后返回到F7。出厂默认锁控时间为3 s。

14）恢复系统密码

使用过程中系统的密码可能会丢失，此时有些设置操作就无法进行，须提供一种恢复系统密码的方法。按住“8”键后，给室外主机重新加电，直至显示SUCC，表明系统密码已恢复成功。

15）恢复出厂设置

提供一种恢复出厂设置的方法，按住“设置”键后，给室外主机重新加电，直至显示bUSY，松开按键，等待显示消失，表示恢复出厂设置。出厂设置的恢复，包括恢复系统密码、删除用户开门密码、恢复室外主机的默认地址（默认地址为 1）等，应慎用。

16）防拆报警功能

当室外主机在通电期间被非正常拆卸时，会向管理中心机发送防拆报警信号。

2.4.4 管理中心机的调试与使用

1. 自检及设置

1）自检

正确连接电源、CAN 总线和音视频信号线，按住“确认”键上电，进入自检程序。此时，电源指示灯应点亮，液晶屏显示如图 2.4.1 所示。

按“确认”键系统进入自检状态，按其他任意键退出自检。首先进行 SRAM 和 EEPROM 的检验，如 SRAM 或 EEPROM 有错误，分别如图 2.4.2 和图 2.4.3 所示。

系统自检：
确认？

图 2.4.1　自检界面

SRAM 错误：
请检查电路！

图 2.4.2　SRAM 错误提示图

EEPROM 错误：
请检查电路！

图 2.4.3　EEPROM 错误提示

若 SRAM 和 EEPROM 检测通过则进入键盘检测。依次按键“0~9”“清除”“确认”以及“呼叫”“开锁”等所有功能键，显示屏应该显示输入键值。例如按“0”键，液晶屏显示如图 2.4.4 所示。

键盘检测通过后，按住“设置”键，再按“0”键，进入报警声音及振铃音检验，液晶屏显示如图 2.4.5 所示。

显示的同时播放警车声，按任意键播放下一种声音，播放顺序如下：

（1）急促的嘀嘀声；

（2）消防车声；

（3）救护车声；

（4）振铃声；

（5）回铃声；

（6）忙音。

播放忙音时按任意键进入音视频部分的检测，液晶屏显示如图 2.4.6 所示。

键盘检测：
您按了“0”键！

图 2.4.4　按键提示

声音检测：
请按键!

图 2.4.5　声音检测提示

音视频检测：
按键退出!

图 2.4.6　音视频检测提示

图像监示器应该被点亮。按“清除”键进入指示灯检测，最左边的指示灯点亮，此时液晶屏显示如图 2.4.7 所示。

按任意键熄灭当前点亮的指示灯，点亮下一个指示灯，如此重复直到最右边的指示灯点亮，此时按任意键，进入液晶对比度调节部分的检测，液晶屏显示如图 2.4.8 所示。

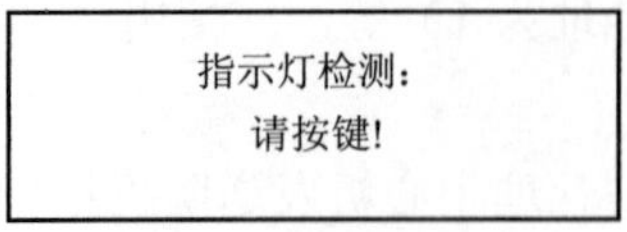

指示灯检测：
请按键！

图 2.4.7　指示灯检测

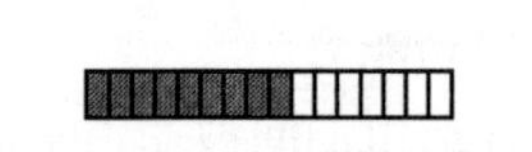

图 2.4.8　对比度检测

按“◂”和“▸”键，调节液晶屏的对比度，按“◂”键减小对比度，按“▸”键增大对比度，将对比度调节到合适的位置。按“确认”或“清除”键，退出检测。

退出检测程序后，按任意键，背光灯点亮。如果上述所有检测都通过，说明此管理机基本功能良好。

注意：自检过程中若在 30 s 内没有按键操作，则自动退出自检状态。

2）设置管理中心机地址

GST-DJ6000 可视对讲系统最多可以支持 9 台管理中心机，地址为 1~9。如果系统中有多台管理中心机，管理中心机应该设置不同地址，地址从 1 开始连续设置，具体设置方法如下：

在待机状态下按“设置”键，进入系统设置菜单，按“◂”或“▸”键选择“设置地址？”菜单，液晶屏显示如图 2.4.9 所示。

按“确认”键，要求输入系统密码，液晶屏显示如图 2.4.10 所示。

正确输入系统密码，液晶屏显示如图 2.4.11 所示。

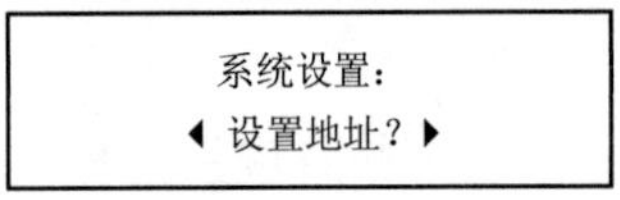

系统设置：
◂ 设置地址？▸

图 2.4.9　地址设置界面

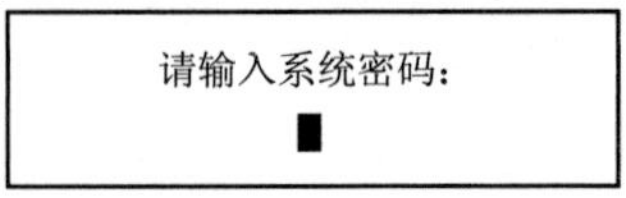

请输入系统密码：
█

图 2.4.10　输入密码提示

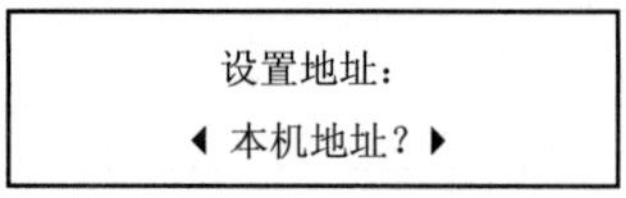

设置地址：
◂ 本机地址？▸

图 2.4.11　密码通过提示

按“确认”键进入管理中心机地址设置，液晶屏显示如图 2.4.12 所示。

输入需要设置的地址值“1~9”，按“确认”键，管理中心机存储地址，恢复音视频网络连接模式为手拉手模式，设置完成退出地址设置菜单。若系统密码三次输入错误则退出地址设置菜单。

注意：管理中心机出厂时默认系统密码为“1234”，管理中心机出厂地址设置为 1。

3）联调

完成系统的配置以后可以进行系统的联调。

摘机，输入“楼号＋‘确认’＋单元号＋‘确认’＋950X＋‘呼叫’”，呼叫指定单元的室外主机，与该机进行可视对讲。如果能接通音视频，且图像和话音清晰，那么表示系统正常，调试通过。如果不能很快接通音视频，管理中心机发出回铃音，液晶屏显示如图 2.4.13 所示。

请输入地址：
█

图 2.4.12　设置地址提示

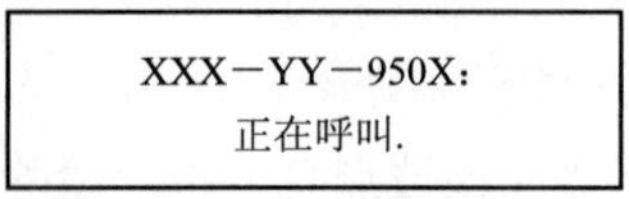

XXX－YY－950X：
正在呼叫.

图 2.4.13　呼叫提示

等待一定时间后，液晶屏显示如图 2.4.14 所示。如果出现上述现象表示 CAN 总线通信不正常，请检查 CAN 通信线的连接情况和通信线的末端是否并接终端电阻器。

若液晶屏显示如图 2.4.15 所示。

通信错误… 请检查通信线路！

图 2.4.14 通信异常提示

XXX－YY－950X： 正在通话.

图 2.4.15 通信正常提示

此时看不到图像，或者听不到声音，或者既看不到图像，也听不到声音，说明 CAN 总线通信正常，音视频信号不正常，请检查音视频信号线连接是否正确。

说明：GST-DJ6406/08 的监视图像为黑白，GST-DJ6406C/08C 的监视图像为彩色，GST-DJ6405/07 只有监听功能，不能监视到图像。

2．管理中心机的使用及操作

1）系统设置

系统设置采用菜单逐级展开的方式，主要包括密码管理、地址、日期时间、液晶对比度调节、自动监视、矩阵、中英文界面的设置等。在待机状态下，按“设置”键进入系统设置菜单。

2）菜单操作说明

菜单的显示操作采用统一的模式，显示屏的第一行显示主菜单名称，第二行显示子菜单名称，按“◂”或“▸”键，在同级菜单间进行切换；按“确认”键选中当前的菜单，进入下一级菜单；按“清除”键返回上一级菜单。

当有光标显示时，提示可以输入字符或数字。字符以及数字的输入采用覆盖方式，不支持插入方式。在字符或数字的输入过程中，按“◂”或“▸”键可左移或右移光标，每按下一次移动一位。当光标不在首位时，“清除”键做退格键使用；当光标处在首位时，按“清除”键不存储输入数据。在输入过程中，按“确认”键，存储输入内容并退出。

3）密码管理

管理中心机设置两级操作权限，系统操作员可以进行所有操作，普通管理员只能进行日常操作。一台管理中心机只能有一个系统操作员，最多可以有 99 个普通管理员，即一台管理中心机可以设置一个系统密码和 99 个管理员密码。设置多组管理员密码的目的是针对不同的管理员分配不同的密码，从而可以在运行记录里详细记录值班管理人员所进行的操作，便于分清责任。

普通管理员可以由系统操作员进行添加和删除。输入管理员密码时要求输入“管理员号＋‘确认’＋密码＋‘确认’”。若三次系统密码输入错误，退出。

注意：系统密码是长度为 4~6 位的任意数字组合，出厂时默认系统密码为“1234”。管理员密码由管理员号和密码两部分构成，管理员号可以是 1~99，密码是长度为 0~6 位的任意数字组合。

（1）增加管理员：

① 在待机状态下按“设置”键，进入系统设置菜单，按“◂”或“▸”键选择“密码管

理？”菜单，液晶屏显示如图 2.4.16 所示。

② 按“确认”键进入密码管理菜单，按“◀”或“▶”键选择“增加管理员？”菜单，液晶屏显示如图 2.4.17 所示。

③ 按“确认”键，提示输入系统密码，液晶屏显示如图 2.4.18 所示。

系统设置： ◀ 密码管理？▶

图 2.4.16　密码管理菜单

密码管理： ◀ 增加管理员？▶

图 2.4.17　增加管理员提示

请输入系统密码： █

图 2.4.18　输入密码提示

若密码正确，液晶屏显示如图 2.4.19 所示。

④ 输入“管理员号＋‘确认’＋密码＋‘确认’”。例如现在需要增加 1 号管理员，密码为 123，则应该输入“‘1’＋‘确认’＋‘1’＋‘2’＋‘3’＋‘确认’”（单引号内表示一次按键）。此时，管理中心机要求进行再次输入确认，液晶屏显示如图 2.4.20 所示。如果两次输入不同，要求重新输入；如果两次输入完全相同，保存设置。

（2）删除管理员：

① 在待机状态下按“设置”键，进入系统设置菜单，按“◀”或“▶”键选择“密码管理？”菜单。

② 按“确认”键进入密码管理菜单，按“◀”或“▶”键选择“删除管理员？”菜单，液晶屏显示如图 2.4.21 所示。

请输入管理员号 # *****

图 2.4.19　输入管理员密码提示

请再输入一次： *****

图 2.4.20　再次输入密码提示

密码管理： ◀ 删除管理员？ ▶

图 2.4.21　删除管理员密码提示

③ 按“确认”键，输入系统密码，液晶屏显示如图 2.4.22 所示。

正确输入密码后，输入需要删除的管理员号并按“确认”键，系统提示确认删除操作。再次按下“确认”键完成管理员删除操作。

例如现在需要删除 5 号管理员，则应该输入“5”，液晶屏显示如图 2.4.23 所示。按下“确认”键液晶屏提示确认删除的管理员号，确认现在要删除 5 号管理员，液晶屏显示如图 2.4.24 所示。

请输入系统密码： █

图 2.4.22　系统密码输入提示

请输入管理员号： 5

图 2.4.23　删除管理员密码提示

删除 05 管理员： 确认?

图 2.4.24　删除确认提示

再次按下“确认”键，完成 5 号管理员的删除操作。

（3）修改系统密码或管理员密码：

① 在待机状态下按“设置”键，进入系统设置菜单，按“◀”或“▶”键选择“密码管理？”菜单，液晶屏显示如图 2.4.25 所示。

② 按“确认”键进入密码管理菜单，按“◂”或“▸”键选择“修改密码？”菜单，液晶屏显示如图 2.4.26 所示。

系统设置： ◂ 密码管理？▸

图 2.4.25 密码管理提示

密码管理： ◂ 修改密码？▸

图 2.4.26 修改密码提示

③ 按“确认”键，液晶屏每隔 2 s 循环显示“请输入系统密码”和“或管理员#密码：”，液晶屏显示如图 2.4.27 所示。

请输入系统密码 *****

或管理员＃密码： ***** *****

图 2.4.27 确认提示

④ 输入原系统密码或管理员密码并按“确认”键，系统要求输入新密码，液晶屏显示如图 2.4.28 所示。

⑤ 按“确认”键，再输入一次，确认输入无误，液晶屏显示如图 2.4.29 所示。

请输入管理员号： *****

管理员新密码： *****

图 2.4.28 原密码输入提示

请再输入一次： *****

图 2.4.29 再次输入密码提示

⑥ 按“确认”键，若两次输入不同，要求重新输入，若两次输入完全相同，保存并完成设置，新密码生效。

4）设置日期时间

管理中心机的日期和时间在每次重新上电后要求进行校准，并且在以后的使用过程中，也应该进行定期校准。

（1）设置日期：

① 在待机状态下按“设置”键，进入系统设置菜单；按“◂”或“▸”键，选择“设置日期时间？”菜单，液晶屏显示如图 2.4.30 所示。

② 按“确认”键，进入设置日期时间菜单；按“◂”或“▸”键，选择“设置日期？”菜单，液晶屏显示如图 2.4.31 所示。

③ 按“确认”键，输入系统密码或管理员密码，液晶屏显示如图 2.4.32 所示。

系统设置： ◂ 设置日期时间？▸

图 2.4.30 时间设置提示

设置日期时间： ◂ 设置日期？▸

图 2.4.31 日期设置提示

请输入系统密码 *****

图 2.4.32 密码输入提示

如果密码正确，进入日期设置菜单，液晶屏显示如图 2.4.33 所示。

④ 输入正确日期后，按“确认”键存储，并进入星期修改菜单，液晶屏显示如图 2.4.34 所示。

星期修改时，输入 0 表示星期天，1～6 表示星期一至星期六。修改完成后，按“确认”键存储修改后的星期；按“清除”键，不进行修改直接退出。

（2）设置时间：

① 在待机状态下按“设置”键，进入系统设置菜单，按“◀”或“▶”键，选择“设置日期时间？”菜单，液晶屏显示如图 2.4.35 所示。

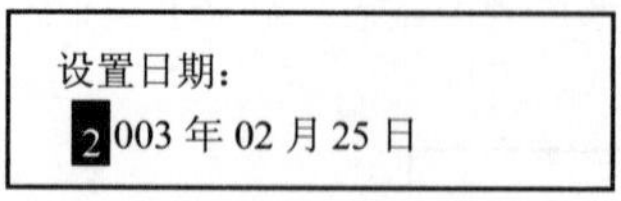

设置日期：
2003 年 02 月 25 日

图 2.4.33　日期输入提示

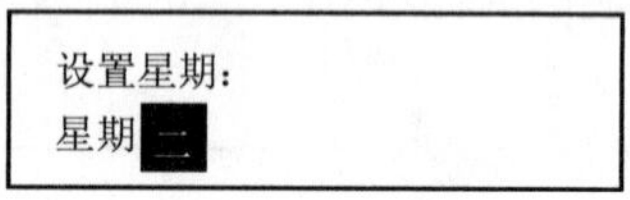

设置星期：
星期二

图 2.4.34　星期设置提示

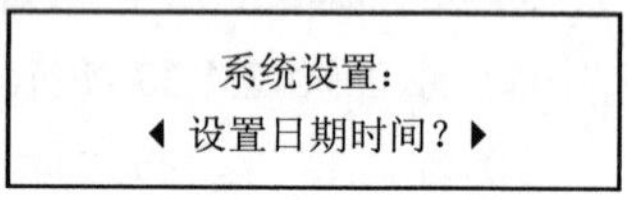

系统设置：
◀ 设置日期时间？▶

图 2.4.35　时间设置提示

② 按“确认”键，进入设置日期时间菜单；按“◀”或“▶”键，选择“设置时间？”菜单，液晶屏显示如图 2.4.36 所示。

③ 按“确认”键，输入系统密码或管理员密码，液晶屏显示如图 2.4.37 所示。

如果密码正确，进入设置时间菜单，输入正确的时间，液晶屏显示如图 2.4.38 所示。

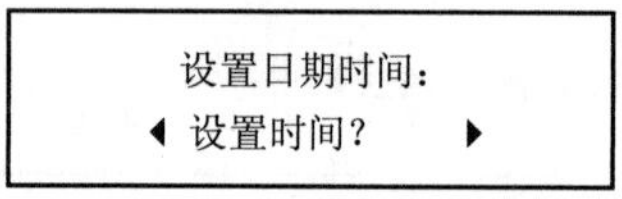

设置日期时间：
◀ 设置时间？ ▶

图 2.4.36　时间设置提示

请输入系统密码
*****

图 2.4.37　密码输入提示

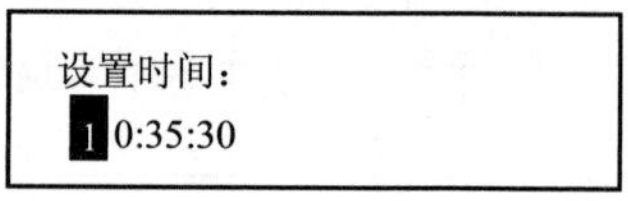

设置时间：
10:35:30

图 2.4.38　时间输入提示

④ 修改完成后，按“确认”键，存储修改后的时间；按“清除”键不进行修改直接退出。

5）调节明暗对比度

管理中心机的液晶显示屏明暗对比度采用数字控制，可以按程序调节。调节方法如下：

（1）在待机状态下按“设置”键，进入系统设置菜单，按“◀”或“▶”键，选择“调节对比度？”菜单。

（2）按“确认”键，进入对比度调节菜单；按“◀”或“▶”键，调节对比度；按“◀”键，减小液晶对比度，按“▶”键增大液晶对比度。

调节好后按“确认”或“清除”键，退出对比度调节菜单。

6）设置自动监视

管理中心机可以自动循环监视单元门口，每个门口监视 30 s。自动监视前需要设置起始楼号、终止楼号、每栋楼最大单元数和每单元最大门口数等参数。

（1）起始楼号。起始楼号指需要自动监视的第一栋楼，为“0”时，从小区门口机开始。步骤：

① 在待机状态下按“设置”键，进入系统设置菜单，按“◀”或“▶”键，选择“设置自动监视？”菜单，液晶屏显示如图 2.4.39 所示。

② 按“确认”键，进入自动监视参数设置菜单，按“◀”或“▶”键，选择“起始楼号？”菜单，液晶屏显示如图 2.4.40 所示。

③ 按“确认”键，提示输入起始楼号，液晶屏显示如图 2.4.41 所示。

④ 输入楼号，按“确认”键，存储起始楼号并退出，设置完成。

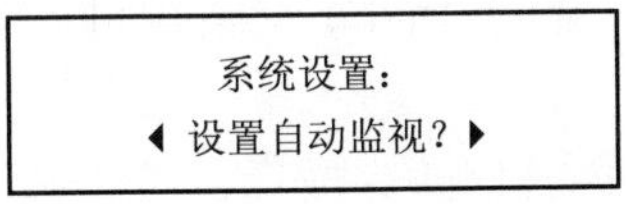

系统设置：
◀ 设置自动监视？▶

图 2.4.39　自动监视设置提示

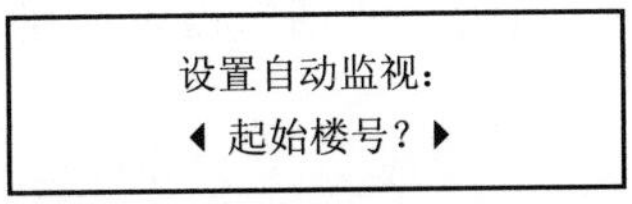

设置自动监视：
◀ 起始楼号？▶

图 2.4.40　起始楼号设置提示

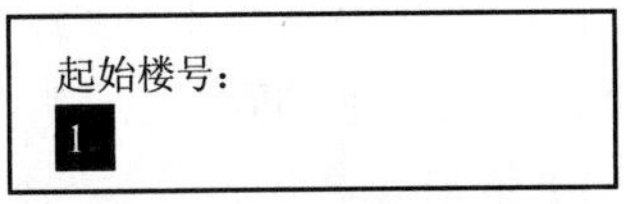

起始楼号：
1

图 2.4.41　起始楼号设置

（2）终止楼号。终止楼号指需要自动监视的最后一栋楼。步骤：

① 在待机状态下进入“设置自动监视：”菜单，按“◀”或“▶”键，选择“终止楼号？”菜单，液晶屏显示如图 2.4.42 所示。

② 按“确认”键，提示输入终止楼号，液晶屏显示如图 2.4.43 所示。

③ 输入楼号，按“确认”键，存储终止楼号，退出，设置完成。

（3）每楼单元数。每楼单元数指需要自动监视的所有楼中的最大单元数。步骤：

① 在待机状态下进入自动监视参数设置菜单。按“◀”或“▶”键，选择“每楼单元数？”菜单，液晶屏显示如图 2.4.44 所示。

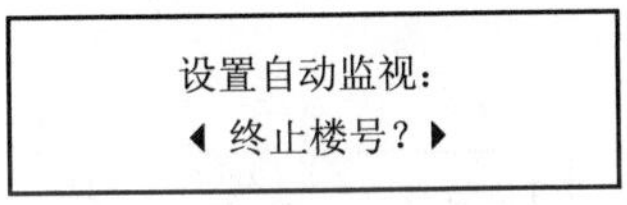

设置自动监视：
◀ 终止楼号？▶

图 2.4.42　设置终止楼号

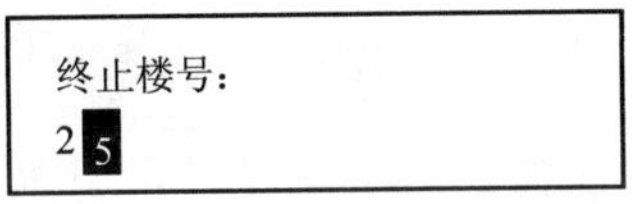

终止楼号：
25

图 2.4.43　终止楼号设置

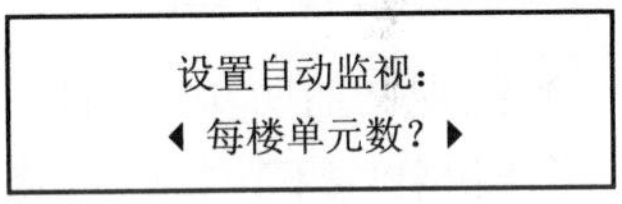

设置自动监视：
◀ 每楼单元数？▶

图 2.4.44　每楼单元号设置

② 按“确认”键，提示输入最大单元数，此时液晶屏显示如 2.4.45 所示。

③ 输入最大单元数，按“确认”键，存储最大单元数，退出，设置完成。

（4）每单元门数。每单元门数是指需要自动监视的所有楼中一单元的最大门数。步骤：

① 在待机状态下，进入自动监视参数设置菜单。按“◀”或“▶”键，选择“每单元门数？”菜单，此时液晶屏显示如图 2.4.46 所示。

② 按“确认”键，提示输入最大门数，液晶屏显示如图 2.4.47 所示。

每楼单元数：
4

图 2.4.45　每楼单元号设置

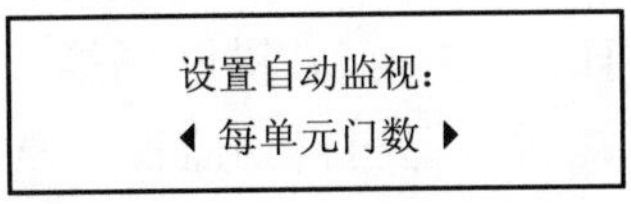

设置自动监视：
◀ 每单元门数 ▶

图 2.4.46　每单元门数

每单元门数：
1

图 2.4.47　每单元门数设置

③ 输入所有楼中一单元的最大门数，按“确认”键，存储退出，设置完成。

（5）设置人机接口界面语言。管理中心机支持中文和英文显示界面，进入语言设置菜单，选中相应的语言，按“确认”键完成设置。

3．呼叫功能调试

1）呼叫单元住户

在待机状态摘机，输入“楼号＋‘确认’＋单元号＋‘确认’＋房间号＋‘呼叫’”键，呼叫指定房间。其中房间号最多为 4 位，首位的 0 可以省略不输，例如 502 房间，可以输入“502”或“0502”。当房间号为“950X”时，表示呼叫该单元“X”号的室外主机。挂机结束通话，通话时间超过 45 s，系统自动挂断。通话过程中有呼叫请求进入，管理机响“叮咚”

提示音，闪烁显示呼入号码，用户可以按“通话”键、“确认”键或“清除”键，挂断当前的通话，接听新的呼叫。

2）回呼

管理中心机最多可以存储32条被呼记录，在待机状态按“通话”键，进入被呼记录查询状态，按“◀”或“▶”键，可以逐条查看记录信息，此过程中按“呼叫”键或者“确认”键，回呼当前记录的号码。在查看记录过程中，按数字键，输入“楼号＋‘确认’＋单元号＋‘确认’＋房间号＋‘呼叫’”键，可以直接呼叫指定的房间。

3）接听呼叫

听到振铃声后，摘机与小区门口、室外主机或室内分机进行通话，其中与小区门口或室外主机通话过程中，按“开锁”键，可以打开相应的门。挂机结束通话。通话过程中有呼叫请求进入，管理机响“叮咚”提示音，闪烁显示呼入号码，用户可以按“通话”键、“确认”键或“清除”键，挂断当前通话，接听新的呼叫。

4. 手动监视、监听

1）监视、监听单元门口

在待机状态下，输入“楼号＋‘确认’＋单元号＋‘确认’＋门号＋‘监视’”进行监视，监视指定单元门口的情况。监视、监听结束后，按“清除”键挂断。监视、监听时间超过30 s自动挂断。

或者输入“楼号＋‘确认’＋单元号＋‘确认’＋950X＋‘监视’”，监视、监听相应门口的情况。

2）自动监视、监听（GST-DJ6405/07只有监听功能）

在设置菜单中设置好自动监视、监听参数，在待机状态下，按“监视”键，管理中心机可以轮流监视、监听小区门和各单元门口。监视、监听按照楼号从小到大，先小区后单元的顺序进行，每个门口约30 s。在监视、监听过程中，按“监视”或“▶”键监视、监听下一个门口，按“◀”键监视、监听上一个门口，按“确认”键回到第一个小区门口，按“清除”键退出自动监视、监听状态，按“其他”键暂时退出自动监视、监听状态，执行相应的操作，操作完成后回到自动监视、监听状态，重新从第一个小区门口开始监视。

5. 远程打开单元门室外主机

在待机状态下，按“‘开锁’+管理员号（1）+‘确认’+管理员密码（123）+楼号+‘确认’+单元号+9501+‘确认’”或“‘开锁’+系统密码+‘确认’+楼号+‘确认’+单元号+9501+‘确认’”，均可以打开指定的单元门。

6. 报警提示

在待机状态下，室外主机或室内分机若采集到传感器的异常信号，广播发送报警信息。管理中心机接到该报警信号，立即显示报警信息。报警显示时显示屏上行显示报警序号和报警种类，序号按照报警发生时间的先后排序，即1号警情为最晚发生的报警，下行循环显示报警的房间号和警情发生的时间。当有多个警情发生时，各个报警轮流显示，每个报警显示大约5 s。

报警显示的同时伴有声音提示。不同的报警对应不同的声音提示：火警为消防车声，匪警为警车声，求助为救护车声，燃气泄漏为急促的“嘀嘀”声。

在报警过程中，按任意键取消声音提示，按“◀”或“▶”键可以手动浏览报警信息，摘机按“呼叫”键，输入“管理员号＋‘确认’＋操作密码或直接输入系统密码＋‘确认’”，如果密码正确，清除报警显示，呼叫报警房间，通话结束后清除当前报警，如果三次密码输入错误，则退回报警显示状态。按除“呼叫”键的任意一个键，输入“管理员号＋‘确认’＋操作密码或直接输入系统密码＋‘确认’”进入报警复位菜单，液晶屏显示“请输入密码”。

按“◀”或“▶”键可以在菜单“清除当前报警?”和“清除全部报警?”之间切换，以选择要进行的操作，按“确认”键，执行指定操作。例如要清除当前报警，那么选择“清除当前报警?”菜单，按“确认”键，液晶屏显示：“报警已清除”。

7. 故障提示

在待机状态下，室外主机或室内分机发生故障，通信控制器广播发送故障信息，管理中心机接到该故障信号，立即显示故障提示的信息。此时显示屏上行显示故障的序号和故障类型，序号按照故障发生时间的先后排序，即 1 号故障为最晚发生的故障，下行循环显示故障模块的楼号、单元号、房间号和故障发生的时间。当有多个故障发生时，各个故障轮流显示，每个故障显示大约 5 s。故障显示的同时伴有声音提示，声音为急促的“嘀嘀”声。

在故障显示过程中，按任意键取消声音提示，按“◀”或“▶”键，可以手动浏览故障信息，按其他任意一个键，可输入“管理员号＋‘确认’＋操作密码或系统密码＋‘确认’”，如果密码正确，清除故障显示，如果三次密码输入错误，则退回故障显示状态。

8. 巡更打卡提示

在待机状态下，管理中心机接到巡更员打卡信息，显示巡更打卡信息。巡更显示时显示屏上行显示巡更人员的编号，下行显示为当前巡更到的楼号、单元号和门号和刷卡时间，例如 2 号巡更员于 23 点 15 分巡视 1 楼 1 单元 2 门，则显示巡更提示信息，液晶屏显示如图 2.4.48 所示。

在巡更提示过程中，按任意键退出巡更提示状态，或者时间超过 1 min，则自动退出。

9. 历史记录查询

历史记录查询和系统设置类似，也是采用菜单逐级展开的方式，包括报警记录、开门记录、巡更记录、运行记录、故障记录、呼入记录和呼出记录等子菜单。在待机状态下，按“查询”键进入历史记录查询菜单。

历史记录查询菜单结构如图 2.4.49 所示。

1）查询报警记录

管理中心机最多可以存储 99 条历史报警记录，存储采用循环覆盖的方式，不能人为删除。存储的报警信息主要包括报警类型、报警房间和报警时间。每条报警信息分两屏显示：第一屏显示报警类型和报警房间号；第二屏显示报警类型和报警时间。

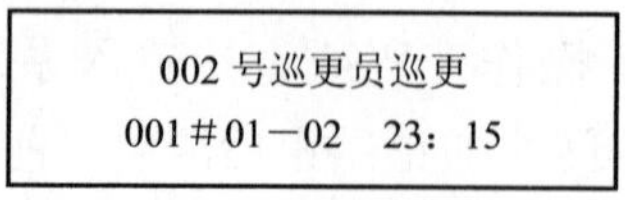

002 号巡更员巡更
001#01－02　23：15

图 2.4.48　巡更提示显示

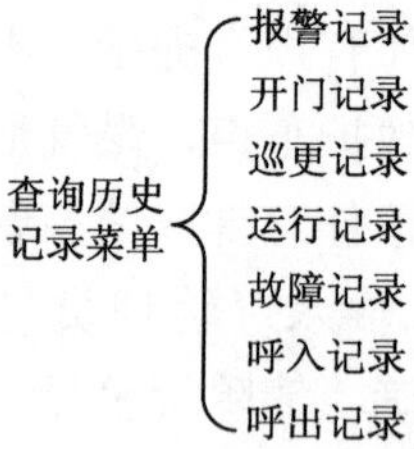

查询历史记录菜单：报警记录、开门记录、巡更记录、运行记录、故障记录、呼入记录、呼出记录

图 2.4.49　历史记录查询菜单结构图

查询报警记录操作方法为：在待机状态下按“查询”键，进入查询历史记录菜单，按“◂”或“▸”键选择“查询报警记录？”菜单，液晶屏显示“查询报警记录？”，按“确认”键进入报警记录查询菜单，按“◂”或“▸”键选择查看报警记录信息，按“▸”键查看下一屏信息，按“◂”键查看上一屏信息，按“清除”键退出。

2）查询开门记录

管理中心机最多可以存储 99 条历史开门记录，开门记录的存储采用循环覆盖的方式，不能人为删除。存储的信息主要包括楼号、单元号、开门类型和开门时间。每条开门信息分两屏显示：第一屏显示楼号、单元号和开门类型；第二屏显示楼号、单元号和开门时间。开门类型主要包括住户密码开门、公共密码开门、管理中心开门，室内分机开门、IC 卡开门和胁迫开门等。

查询开门记录的操作方法与查询报警记录的方法相类似，请参阅报警记录的查询方法。

3）查询巡更记录

管理中心机最多可以存储 99 条历史巡更记录，巡更记录的存储也是采用循环覆盖的存储方式，不能人为删除。存储的信息主要包括巡更地点、巡更员编号和巡更时间（月、日、时、分）。每条巡更记录分两屏显示：第一屏显示巡更地点和巡更员编号；第二屏显示巡更地点和巡更时间。

查询巡更记录的操作方法和查询报警记录的方法相类似，请参阅报警记录的查询方法。

4）查询运行记录

管理中心机最多可以存储 99 条历史运行记录，运行记录的存储也是采用循环覆盖的存储方式，不能人为删除。存储的信息主要包括事件类型、实施操作的管理员号和事件发生的时间。每条运行记录分两屏显示：第一屏显示事件类型和操作人员号码；第二屏显示事件类型和事件发生时间。事件类型主要包括报警复位、故障复位、增加管理员、删除管理员、修改密码、日期设置、时间设置、设置地址、配置矩阵和开单元门等等。

查询运行记录的操作方法和查询报警记录的方法相类似，请参阅报警记录的查询方法。

5）查询故障记录

管理中心机最多可以存储 99 条历史故障记录，故障记录的存储和报警记录一样都采用循环覆盖的方式，不能人为删除。存储的信息主要包括故障类型、故障地点和故障发生时间。每条故障记录分两屏显示：第一屏显示故障类型和故障地点；第二屏显示故障类型和故障发生时间。

查询故障记录的操作方法和查询报警记录的方法类似，请参阅报警记录的查询方法。

2.5 技能实训

◎ 实训目的

（1）学会利用 GST-DJ6000 软件对楼宇设备进行智能监控；

（2）学会设置楼宇各单元的分配；

（3）掌握开门 IC 卡的配置技术。

◎ 实训内容

智能监控上位机软件的安装与使用。

◎ 实训步骤

1．通信连接

将通信线的一端接“K7110 通信转换模块”，另一端连接计算机的串口“COM1”。之后给系统上电。

2．启动软件

按照“开始/程序/可视对讲应用系统”的路径，打开“可视对讲应用系统”应用软件，启动用户登录界面。

在软件系统运行后，您首先看到启动界面，然后显示系统登录界面，首次登录的用户名和密码均为系统默认值（用户名：1；密码：1），以系统管理员身份登录，如图 2.5.1 所示。

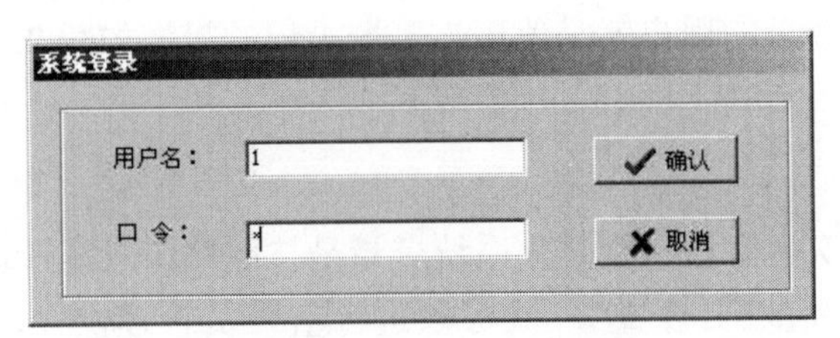

图 2.5.1 用户登录界面

登录后，首先进入值班员的设置界面，添加、删除用户及更改密码，并保存到数据库中。下一次登录，就可以按照设定的用户登录。

本系统可以设置三个级别的用户：系统管理员、一般管理员和一般操作员。系统管理员能够操作软件的所有功能，用于系统安装调试。一般管理员除了系统设置部分的功能不能使用外，大部分的功能可以使用。一般操作员不可以对用户管理和系统设置功能进行操作。

用户登录成功后，进入系统主界面，如图 2.5.2 所示。

主界面分为电子地图监控区和信息显示区。电子地图监控区包括楼盘添加、配置、保存；显示区包括当前报警信息、最新监控信息和当前信息列表。

监控信息的内容包括监控信息的位置描述、信息产生的时间以及信息的确认状态。

图 2.5.2　系统主界面

监控信息夹包括的内容：电子地图、报警信息、巡更信息、对讲信息、开门信息、锁状态信息和消息列表等。

用户登录系统后，登录的用户就是值班人。登录后的界面如图 2.5.2 所示。

3．系统配置

1）值班员管理

前面说过，当第一次运行该系统时，系统登录是按照默认系统管理员登录。登录后，单击主菜单的“系统设置/值班员设置”，就可以进行值班员管理操作，即可以添加值班员、删除值班员和更改值班员的密码，密码的合法字符有：0~9、a~z，以及查看值班员的级别，系统会在值班员管理界面的标题上显示选中值班员的级别和名称。用户管理的操作界面如图 2.5.3 所示。

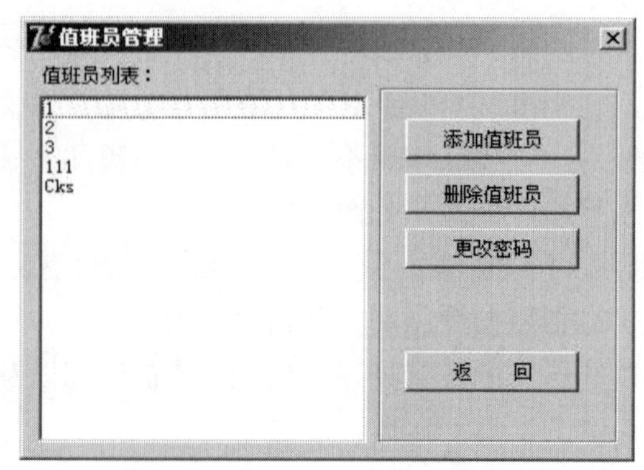

图 2.5.3　用户管理的操作界面

添加值班员：单击“添加值班员”按钮，输入用户名，密码及选择级别权限，确认即可。用户名长度最多为 20 个字符或 10 个汉字，密码长度最多为 10 个字符；权限分为 3 级，分别是系统管理员、一般管理员和一般操作员。系统管理员具有对软件操作的所有权限；一般管理员除了通信设置、矩阵设置外，其他功能均能操作；一般操作员不能对系统设置、卡片管理和信息发布等进行操作。

删除值班员：从列表中选择要删除的值班员，单击“删除值班员”按钮，确认即可，但不能删除当前登录的用户及最后一名系统管理员。

更改密码：从列表中选中要更改密码的值班员，单击“更改密码”按钮；输入原密码及新密码，新密码要输入两次。

2）用户登录

用户登录有两种情况：

启动登录：启动该系统时，要进行身份认证，需要输入用户信息登录系统。

值班员交接：系统已经运行，由于操作人员的更换或一般操作员的权力不足需要更换为系统管理员，则需要重新登录，单击快捷栏中的“值班员交接”，这样不必重新启动系统，避免造成数据丢失和操作不便。登录界面如图 2.5.4 所示。

3）通信设置

要实现数据接收（报警、巡更、对讲、开门等信息的监控）和发送（卡片的下载等），就必须正确配置 CAN/RS-232 通信模块和发卡器的配置参数，单击系统设置菜单下的“通信设置”，CAN/RS-232 通信模块和发卡器的配置界面如图 2.5.5 所示。

图 2.5.4 登录界面

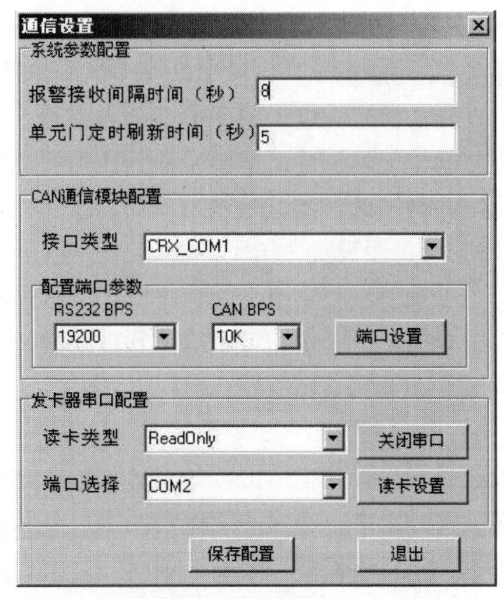

图 2.5.5 配置界面

系统配置的功能是完成系统参数配置、CAN 通信模块的参数配置和发卡器的参数配置。

（1）系统参数配置。报警接收间隔时间是当有同一个报警连续发生时，系统软件经过设定的时间，才对该报警信息再次处理。

单元门定时刷新时间是经过设定的时间查询单元门的状态。（目前硬件不支持该功能）

（2）CAN 通信模块配置。CAN 通信模块的配置是完成选择计算机串口，对计算机串口的初始化和 CAN 通信模块的配置（CAN 的 RS-232 的设置和 CAN 的比特率配置）。选择输入要设置的串口和 CAN 端口的波特率，单击“端口设置”按钮，完成 CAN 通信模块的参数配置。

（3）发卡器串口配置。发卡器的配置是设置发卡器的读卡类型、发卡器端口选择的设置。发卡器比特率默认为 9600 bit/s。读卡类型有 ReadOnly 和 Mifare_1 类型，ReadOnly 代表只读感应式 ID 卡，Mifare_1 代表可擦写感应式 IC 卡；端口包括 COM1、COM2。

注意：

当设置完 CAN 通信模块的配置信息，这时还是原来的配置参数，要使用新的配置信息，必须给 CAN 通信模块断电后再加电，这样，才能使用新的配置。

发卡器和 CAN 通信模块分别用不同的串口，如果设置为同一个串口，将会出现串口占用冲突，则应关闭读卡器占用的串口，重新设置或正确设置 CAN 通信模块的串口。当发卡器设置新的读卡类型时，请重新选择类型和端口的再设置。

4）楼盘配置

楼盘配置主要用于批量添加楼号、单元及房间的节点，在监控界面形成电子地图。在监控界面右击并选择“批量添加节点”命令，出现批量添加节点界面，如图 2.5.6 所示。

根据需要填入相应的对象数、起始编号及位数。确定后，则产生所需要的楼号、单元号、楼层号及房间号。对象数是指每级对象产生的数目，比如第一级（楼）：对象数为 3，起始编号为 5，位数为 3，则产生的楼号为 005、006、007；其余同理。如果选中“同层所有单元顺序排号” 复选框则产生的房间号在同一栋楼里不同单元同一层是按顺序排号的。

产生的楼号在电子地图中是放置在左上角的，右击并选中“楼盘配置选项”命令，这时可以移动楼号的位置，把楼号移到适当的位置。右击并选中“保存楼盘配置”即可保存楼号的位置并自动退出楼盘配置。

5）背景图设置

单击系统设置菜单下的背景图设置，进入背景图选择窗体，通过该窗体可以选择不同的监控背景图。该背景图可由绘图软件绘制，可以是 BMP、JPEG、JPG、WMF 等格式；应至少为 800×600 像素，如图 2.5.7 所示。

6）退出系统

在系统设置菜单单击“退出系统”或在快捷栏单击“退出系统”，均可退出可视对讲应用系统软件；退出时应输入值班员的用户名和密码。

4. 卡片管理

系统配置完成后，需要注册卡片，以便在卡片管理界面中为人员分配卡片，单击主菜单或快捷栏上的卡片管理进入卡片管理界面，如图 2.5.8 所示。

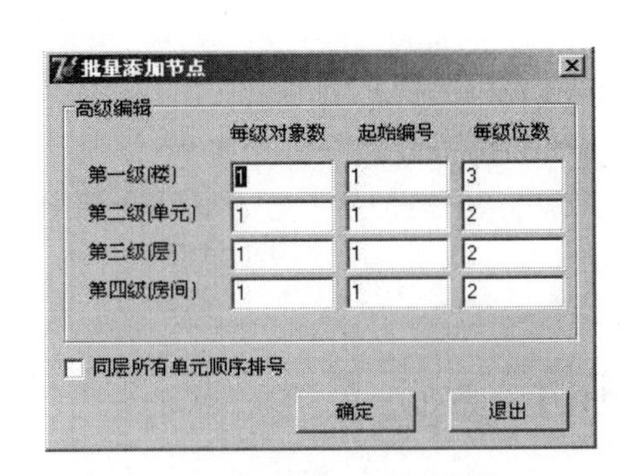

图 2.5.6 批量添加节点界面

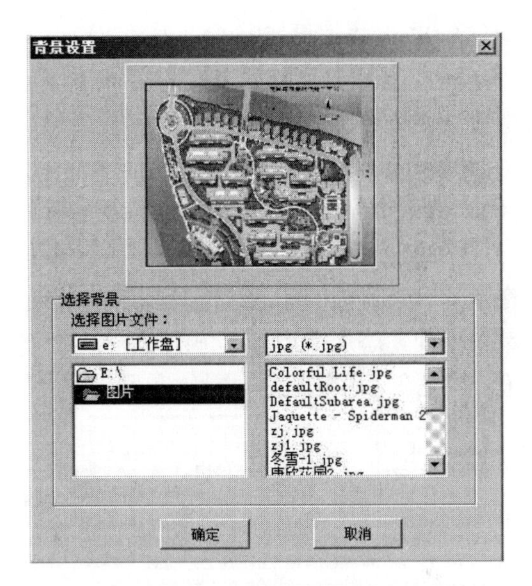

图 2.5.7 背景设置

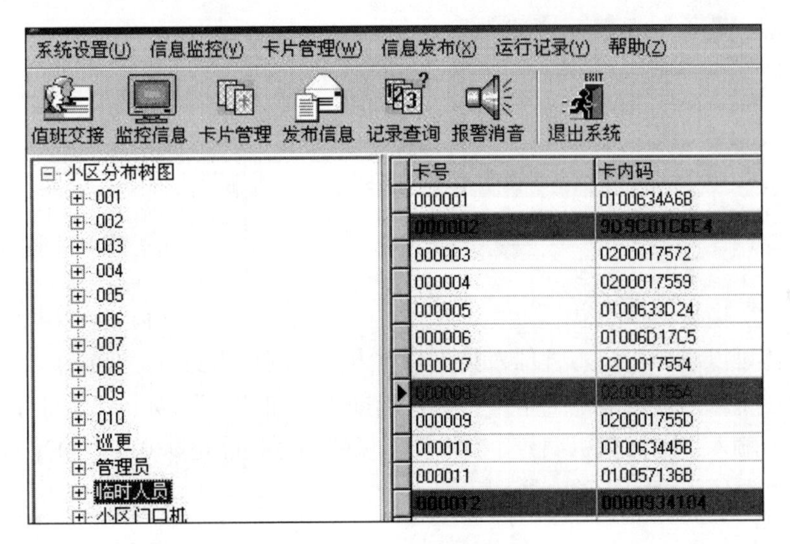

图 2.5.8 卡片管理界面

从卡片管理界面可以了解卡片的信息，卡片的信息包括卡号、卡内码、是否分配、是否挂失、分配房间号及读卡时间。详述如下：

（1）“卡号”是卡片注册时的编号。

（2）“卡内码”是卡片具有的内在固有的编码。

（3）“是否分配”表示卡片是否分配给用户，“True”表示该卡片已分配，“False”表示该卡片还未分配，卡片分配后其背景色不再为绿色。

（4）“是否挂失”表示该卡片是否挂失，“True”表示该卡片已挂失，“False”表示该卡片没有挂失，卡片挂失后其背景色为红色。

（5）“分配房间号”表示该卡片分配给的用户，（如：“001-01-0101”“管理员”“临时人员”“巡更-9969”“巡更-9968”“小区门口机-9801”，其中：“001-01-0101”只能开本单元的门；“管理员”可以开所有的单元门；“临时人员”只能开其分配所在的单元门；“巡更-9969”具有巡更功能外还可以开所有的单元门；“巡更-9968”只具有巡更功能不能开任何的单元门；“小区门口机-9801”只能开小区的门口机单元门）没有分配则为空。

（6）“读卡时间”则为卡片注册时间。

1）添加节点

在卡片管理界面的左边栏选择要添加节点的位置，右击并选择“添加节点”命令，进入添加节点界面，添加节点有 3 种；

第一种是在小区分布图、楼号、单元号节点上单击右键选择“添加节点”，节点添加如图 2.5.9 所示。

该窗体和楼盘配置是一样的；具体操作参见楼盘配置。

第二种是在房间号、开门巡更卡、独立巡更卡、管理员、临时人员节点上右击并选择“添加节点”命令，节点添加如图 2.5.10 所示。

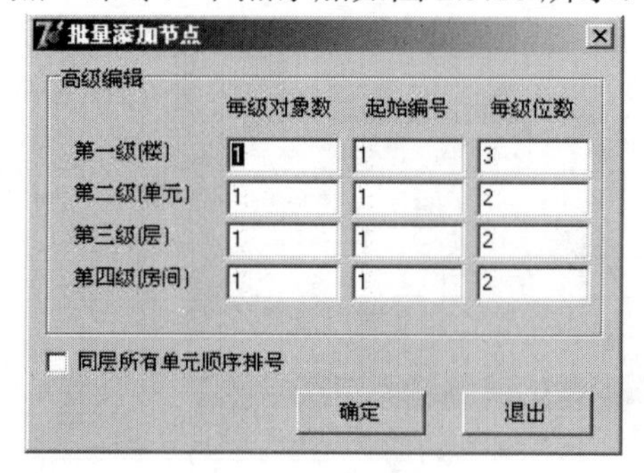

图 2.5.9　添加节点

图 2.5.10　输入节点名（1）

通过该窗体可以添加住户、管理人员、临时人员及巡更人员；

第三种是在小区门口机节点上单击右键，选择“添加节点”，如图 2.5.11 所示。

在输入框内输入小区门口机编号，小区门口机的编号只能是 9801～9809；如 9801 表示 1 号小区门口机，对应地址为 1 的小区门口机。

2）注册卡片

在卡片管理界面的左边栏右击并选择“注册卡片”命令，进入“注册卡片”界面，如图 2.5.12 所示。

图 2.5.11　输入节点名（2）

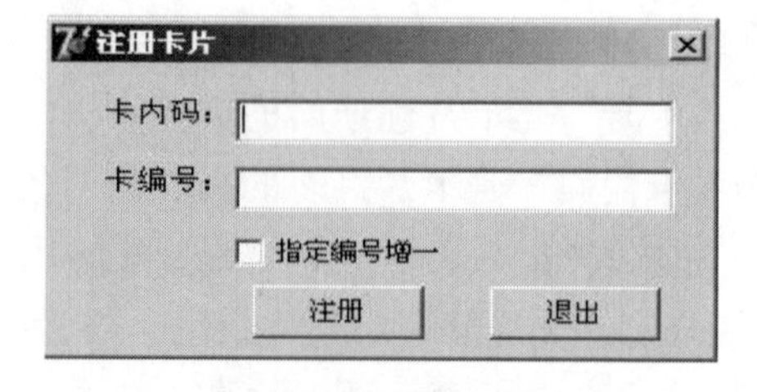

图 2.5.12　注册卡片

注册卡片的功能是读取卡片，并把读取的卡片保存到卡片信息库中，同时对读取的卡片分配一个序号，以便供给住户或巡更、管理人员分配卡片时使用。

目前，系统支持对两种卡片的读取：Mifare One 感应卡和只读 ID 感应卡。界面中有一个复选框“指定编号增一”。

用户刷卡后，系统会自动注册卡片，分配一个卡片编号（编号不能重复），并把卡片信息写入数据库中；此外，也可以手动输入信息，使之保存到数据库中。如果该卡片已注册，则箭头指向该卡片所在的位置。

如果选中“指定编号增一”复选框“√”，用户可以输入一个指定卡的起始编号，当注册下一张卡片时，系统会按照指定的编号自动增一。如果没有选中“指定编号增一”复选框，系统会自动分配数据库中没有的编号。

3）读卡分配

读卡分配是注册卡片的同时把卡片分配给用户，在卡片管理界面的左边栏选择住户、巡更人员、管理人员、临时人员。右击，弹出菜单，在菜单中选择“读卡分配”，弹出读卡分配窗体，如图 2.5.13 所示。

用户可以通过刷卡或手动输入卡内码，单击“注册”后，系统会分配一个编号，也可指定编号，同时把该卡片分配给住户。

4）卡片分配

每一人员只能拥有一张卡片，每一张卡片也只能分配给一位人员；把已注册但未分配的卡片拖动到左边栏的人员节点上，即可为该人员分配卡片。

5）撤销分配

撤销分配是撤销人员的卡片分配，可以一个个撤销，也可以成批撤销。成批撤销是在人员的上一级节点进行撤销分配，就会把该节点下的人员卡片撤销；撤销分配时，系统会提示该卡片是否从控制器中删除。

6）下载卡片

下载卡片的功能是把已经分配的卡片下载到控制器中，下载时系统会自动地按照卡片内码排序后再下载。下载时，可根据选择的节点确定下载的卡片。例如：如果选择一个人员的卡片，则只下载当前卡片；如果选择一个房间，则下载一个房间的卡片；依此类推，可以到一个单元下载单元的全部卡片。下载单元全部卡片时，系统将先删除单元控制器的所有卡片，然后将上位机分配的所有卡片下载到单元的控制器中。

下载临时卡片时必须选择要下载到的楼号-单元号；只对下载到的单元刷卡有效，如图 2.5.14 所示。

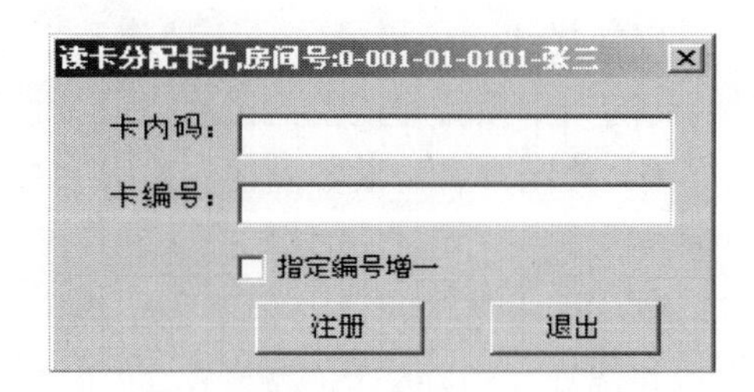

图 2.5.13 读卡分配

图 2.5.14 下载临时卡片

7）读取卡片

从单元控制器中读取卡片信息，根据卡片信息，比较下位机与上位机卡片情况，对于上位机不存在的卡片记录，自动写入数据库中，对于下位机不存在的卡片记录，或卡片的编号和卡片下载的位置不一致的卡片，系统将进行合并；在读完卡片后，用户可以选择对当前单元控制器进行卡片下载，以达到上位机与下位机卡片相一致。

8）节点更名

节点更名是更改节点的名称，可以更改楼号、单元号、房间号、人员名称，更改楼号、单元号及房间号时要慎重，更改完后，要重新下载卡片；不能更改巡更、开门巡更卡、独立巡更卡、管理员、临时人员、小区门口机节点的名称，其节点下的人员节点名称可以更改；更改后需要刷新显示。

9）删除节点

删除节点是删除选中节点的配置信息，但不能把已经下载的卡片从控制器中删除，只是删除该节点；如果要删除该节点，最好先撤销其卡片分配，然后再执行删除节点。

10）卡片挂失

卡片挂失是挂失选中节点的配置信息，并把已经分配的卡片从单元控制器中删除；同时使卡片信息显示呈红色。

11）撤销挂失

撤销挂失是恢复挂失的卡片信息，并重新下载卡片信息。

12）刷新显示

刷新显示是重新载入数据信息。

13）删除卡片

删除卡片是删除已注册但还未分配的卡片。选中未分配的卡片，按“Delete”键，经确认后即可删除该卡片。对于已分配的卡片不能随便删除，若要删除，必须先撤销分配；如操作员一定要删除卡片，可采用组合键（Ctrl+Delete）方式删除。

5. 监控信息

可视对讲软件启动后，就可以监控可视对讲的报警、巡更和开门等信息。

1）报警信息

报警信息主要包括：防拆报警、胁迫报警、门磁报警、红外报警、燃气报警、烟感报警及求助报警。

报警发生时，在电子地图相应的楼号和单元显示交替的红色，如果外接了喇叭，则发出相应的报警声；同时在监控信息栏显示报警的图标、报警描述、分机号、是否处理及报警时间；同一个报警信息再次出现时，只更新报警的时间，同一个报警时间的间隔在“通信设置”里设定。报警处理后，单击图标前的方框即可复位报警，关闭声音。报警描述的内容有楼号、单元号、室外机或房间号（室内机）及报警类型。

报警消音：单击快捷栏上的“报警消音”按钮，将关闭报警的声音，但不复位报警。

清除记录：当信息栏上的记录越来越多时，右击并选择“清除记录”命令，即可把该栏下的信息清空，而不会删除数据库的记录。

2）对讲信息

对讲信息是当发生对讲业务时显示的信息，包括图标、发起方、响应方、对讲类型、发生时间；发起方和响应方的内容包括室外机、室内机、管理机、小区门口机。

对讲类型包括：对讲呼叫、对讲等待、对讲通话、对讲挂机。

3）开门信息

开门信息是管理中心机开门、用户刷卡开门、用户密码开门、室内机开门的信息；包括图标、房间号、分机号、开门类型、开门时间。

房间号是指被开门的设备：小区门口机、室外机；

分机号是指被开门的设备的分机号；

开门类型是指开门的方式：用户卡开门、用户卡开门（巡更-01）、管理中心开门、分机开门、用户密码开门、公用密码开门、胁迫密码开门。

6．运行记录

运行记录包含了系统运行时的各种信息。主要包括：报警、巡更、开门、对讲、消息、故障。这些信息都保存在数据库中，用户可以进行查询、数据导出及打印等操作。

当用户要查找所需信息时，单击快捷栏上的“记录查询”，打开“记录查询”对话框，如图 2.5.15 所示。

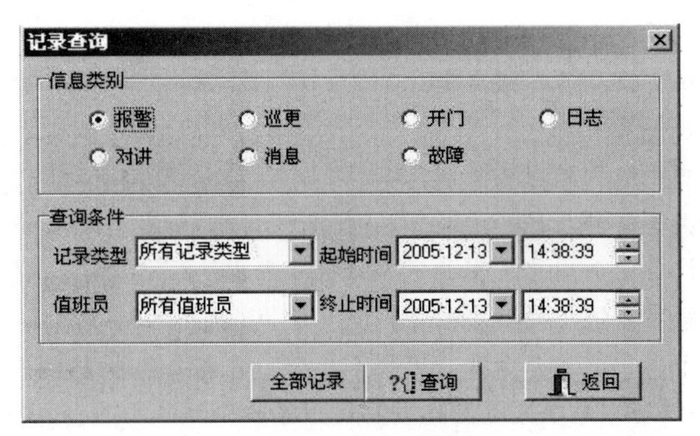

图 2.5.15　记录查询

查询信息可以按照信息类别分类，即分为报警、巡更、开门、日志、对讲、消息和故障。用户可以根据要求输入查询条件，即记录类型、值班员、起始时间、终止时间。

全部记录：单击“全部记录”按钮则显示所有记录信息。

7．系统数据恢复

系统数据恢复是从数据安全性考虑，如果系统在使用的过程中出现问题，在重新安装系统时需要恢复原来的数据，对此可以从已经备份的数据库中导入数据。数据恢复系统会提示操作员是否备份当前的数据，备份后导入数据，如图 2.5.16 所示。

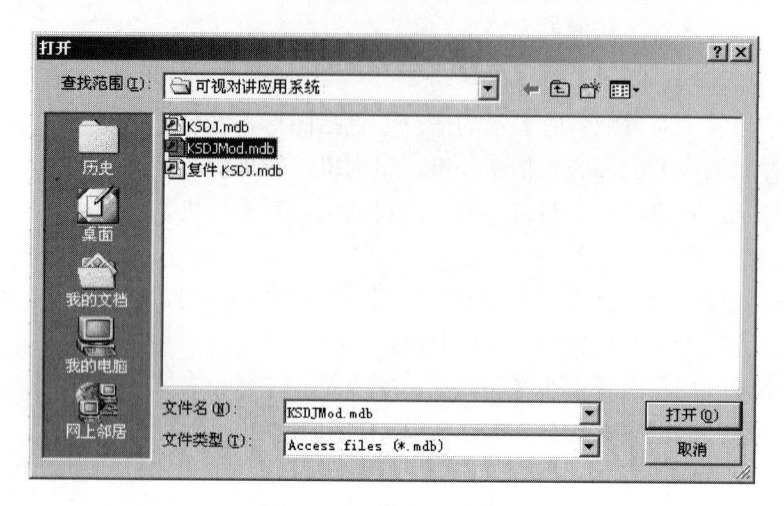

图 2.5.16　数据导入提示

选择备份数据库，单击打开按钮，系统会提示“系统数据恢复成功，建议重新启动该系统”。

思　考　题

1. 简述智能建筑安全防范系统的组成及功能。
2. 智能门禁控制系统由哪些部分组成？具有哪些主要功能？
3. 室内安防系统有哪些基本组成部分？
4. 常用的探测报警器有哪些？
5. 简述电子巡更系统的组成及功能。
6. 常见的门禁类型有哪几种？
7. 在智能楼宇设备中，用户常用的室内分机有哪几种？
8. 如何将智能楼宇系统中的单元门主机地址设为 6?
9. 试叙述将某个用户设为 7 号楼 2 单元 503 房间的方法。
10. 试叙述楼宇设备中的层间分配器的功能。
11. 如何将室内安防设为延时布防状态？
12. 管理中心机在智能楼宇系统中起什么作用？

单元 3 视频监控系统

学习目标

（1）掌握系统中主要设备的功能及使用方式；

（2）掌握视频监控及周边防范子系统的系统原理图；

（3）了解视频监控及周边防范子系统技能训练要求；

（4）掌握系统功能的调试方法；

（5）掌握排除故障的一般方法。

3.1 系统概述

远程视频监控系统，就是通过标准电话线、网络、移动宽带等进行连接，可监控楼宇任何角落，并能够控制云台/镜头、存储视频监控图像。远程视频监控系统是基于数字视频监控系统的远程应用系统，通常有基于 PC 技术、基于网络摄像机和基于嵌入式 Web 服务器等几种远程监控系统的实现方式。

智能安防监控系统是指采用图像处理、模式识别和计算机视觉技术，通过在监控系统中增加智能视频分析模块，借助计算机强大的数据处理能力过滤掉视频画面的无用或干扰信息，自动识别不同物体，分析抽取视频源中关键有用的信息，快速准确定位事故现场，判断监控画面中的异常情况，并以最快速度和最佳方式发出警报或触发其他动作，从而有效进行事前预警、事中处理、事后及时取证的全自动实时智能监控系统。简单地说，智能安防监控就是由计算机替代人脑的部分工作，对监控的图像自动进行分析并做出判断，出现异常时及时发出预警，改变监控系统摆脱不了人工干预以及只能作为场景记录的“事后诸葛亮”角色。

闭路电视监控及周边防范系统是安全防范技术体系中的一个重要组成部分，是一种先进的、防范能力极强的综合系统。它可以通过遥控摄像机及其辅助设备，直接观看被监视场所的一切情况，把被监视场所的图像传送到监控中心，同时还可以把被监视场所的图像全部或部分地记录下来，为日后某些事件的处理提供了方便条件和重要依据。

本系统中视频监控系统由监视器、矩阵主机、硬盘录像机、高速球云台摄像机、一体化摄像机、红外摄像机、常用枪式摄像机以及常用的报警设备组成。它能与安防监控系统实现报警联动，可完成对智能大楼门口、智能大楼、管理中心等区域的视频监视及录像。

视频监控子系统包含视频监控系统和周边防范系统两大部分，视频监控系统由监视器、矩阵主机、硬盘录像机、高速球云台摄像机、一体化摄像机、红外摄像机、常用枪式摄像机以及常用的报警设备组成。报警功能由周界红外对射开关和单元门门磁开关构成，当其中的任意一路信号被检测到时，它能与安防监控系统实现报警联动，以便完成对智能大楼门口、智能大楼、管理中心等区域的视频监视及录像。

摄像机将影像信号传到控制中心，控制中心一方面将远方不同的视频信号进行分类、整合、切换，送到显示器上还原出远方图像，另一方面，将各路视频信号存储在专用设备上。正因为有这样的功能，闭路电视监控及周边防范系统是安全防范技术体系中的一个重要组成部分，是一种先进的、防范能力极强的综合系统，成为维护社会治安稳定、打击犯罪的有效武器，该系统以其直观、准确、及时的特点而广泛应用于各种场合。随着计算机、网络以及图像处理、传输技术的飞速发展，视频监控技术可以通过遥控摄像机及其辅助设备，直接观看被监视场所的一切情况，把被监视场所的图像传送到监控中心，同时还可以把被监视场所的图像全部或部分地记录下来，为日后某些事件的处理提供了方便条件和重要依据。

3.2 视频监视系统组成

典型的视频监控系统主要由前端音视频数据采集设备、传送介质、终端监看监听设备和控制设备组成。如图 3.2.1 所示，视频监控子系统由摄像机部分（有时还有麦克风）、传输部分、控制部分以及显示和记录部分四大块组成。在每一部分中，又含有更加具体的设备或部件，其组成框图如图 3.2.1 所示。

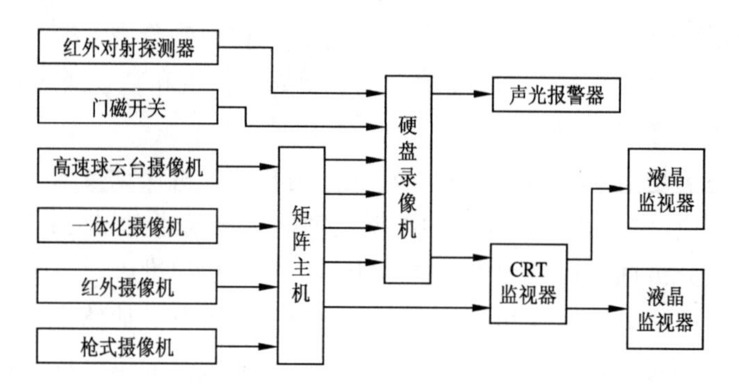

图 3.2.1　闭路电视监控及周边防范系统框图

3.2.1 前端采集系统

前端采集系统是指系统前端采集音视频信息的设备。操作者通过前端设备获取必要的声音、图像及报警等需要被监视的信息。系统前端设备主要包括摄像机、镜头、云台、解码控制器和报警探测器等。

1. 高速球云台摄像机

高速球是一种集成度相当高的产品，集成了云台系统、通信系统和摄像机系统。云台系统是指电机带动的旋转部分，通信系统是指对电机的控制以及对图像和信号的处理部分，摄像机系统是指采用的一体机机心。而几大系统之间，起着横向连接作用的是一块主控核心 CPU（中央处理器）和电源部分。电源部分为了向各大系统之间供电，很多地方采用的是二极管、晶体管等微电流供电，而核心 CPU 是实现所有功能正常运行的基础。

图 3.2.2 高速球云台摄像机

高速球的原理实际上是采用“精密微分步进电机”实现高速球快速、准确的定位和旋转。所有功能都是通过 CPU 发给的指令来实现的。将摄像机的图像、摄像机的功能写进高速球的 CPU，实现在控制云台的时候，将图像传输出来，并且能将摄像机的很多功能，例如白平衡、快门、光圈、变焦、对焦等功能同时实现控制，如图 3.2.2 所示。

2．枪式摄像机

枪式摄像机即一般摄像机，主要由摄像头和变焦设备构成，如图 3.2.3 所示。

3．红外摄像机

红外摄像机一般都在照明条件不足或完全无光的环境下选用，其工作原理就是通过“光敏器—光线感应器”感应光线的强弱，若达不到彩色的照明要求时，就会启动红外灯照明补光，反之，关闭红外灯照明，如图 3.2.4 所示。

图 3.2.3 枪式摄像机

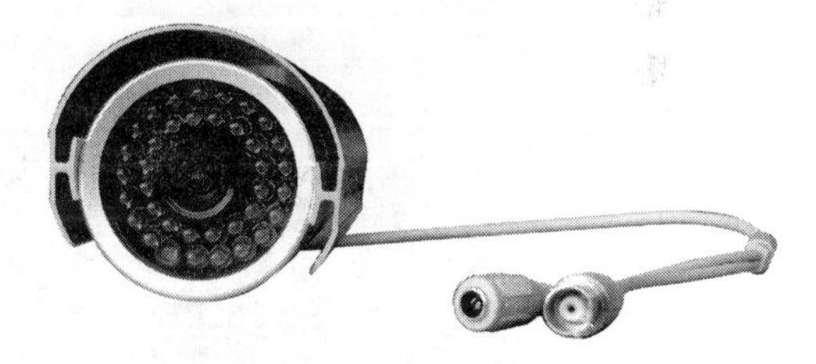

图 3.2.4 红外摄像机

4．室内全方位云台及一体化摄像机和解码器

1）云台

云台是安装、固定摄像机的支撑设备，全方位云台可以带动上面的摄像头做立体转动。其内部有两个电机，电源采用交流 220V/24V，一个用做水平方向也就是左右方向的驱动动力，另一个用做上下方向的驱动动力。两个电机的动作受控于解码器。全方位云台及一体化摄像机如图 3.2.5 所示。

图 3.2.5 室内全方位云台及一体化摄像机

2）解码器

云台解码器是把控制摄像机镜头和云台等的数码信号转换成可控制电信号的设备，使用很广泛。通常情况下，它有这样几个别名：云台解码器、云镜解码器（云台镜头解码器）。

云台解码器指的是云台及镜头控制器。一般情况是镜头（摄像机）安装在云台上，云台可以上、下、左、右转动，镜头可以进行拉近、拉远（变焦）、聚焦、改变光圈大小等操作。控制这些动作的设备称为云镜控制器，也叫解码器。再配上控制键盘等控制设备，可以控制更多的云台设备，配合监示器可组成一个简单的监控系统。随着发展。解码器可以放入云台内部（内置解码器），与控制设备的接口一般为 RS-485，常用的通信协议有：PELCO-D、PELCO-P、AD/AB、YAAN 等。解码器如图 3.2.6 所示。

图 3.2.6　解码器

5．传送介质

传送介质是将前端设备采集到的信息传送到控制设备及终端设备的传输通道，主要包括视频线、电源线和信号线。一般来说，视频信号采用同轴视频电缆传输，也可用光纤、微波、双绞线等介质传输。

3.2.2　终端设备

终端设备是系统对所获取的声音、图像、报警等信息进行综合后，以各种方式予以显示的设备。系统通过终端设备的显示来提供给人最直接的视觉、听觉感受，以及被监控对象提供的可视性、实时性及客观性的记录。系统终端设备主要包括监视器、录像机等。

1. 矩阵切换控制器

一个完整的安防电视监控系统通常由摄像机、监视器等设备组成。实现视频信息资源的共享分配、切换和显示，以及摄像机对监视器的顺序切换显示或分组切换显示这个切换功能的设备就是视频矩阵切换器。

如在会议室中，一般输入设备很多：有摄像机、DVD、VCR（录像机）、实物展台、台式计算机，以及笔记本电脑等，而显示终端则较少，包括投影机、等离子、大屏幕显示器等，若想共享和分配这些输入设备的显示信息，矩阵可发挥重要的作用。其可将信号源设备的任意一路信号传输至任一路显示终端上，并可以做到音频和视频的同步切换，使用方便。在安防行业，通过视频矩阵和电视墙的配合，操作人员可以在电视墙或者任何一个分控点看到任意一个摄像机的图像。

矩阵切换器收到控制键盘的切换命令后将对应的输入切换到对应的输出。切换部分的核心为一个 X×Y 的交叉点电子开关，通过控制交叉点开关的断开和闭合可以实现 X 方向的任意输入和 Y 方向的输出相连通。假如将摄像机接入 X 方向的输入，监视器连接在 Y 方向的输出，不难想象，通过电子开关的闭合、断开，可以在任意一个监视器上看到任意一个摄像机的图像。图 3.2.7 所示为一款华为的矩阵切换控制器。

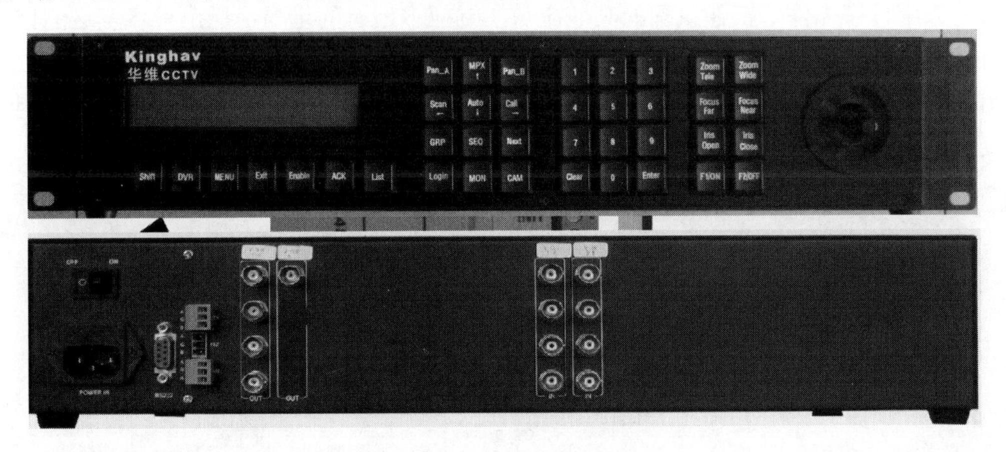

图 3.2.7　矩阵切换控制器

2. 硬盘录像机

摄像机是闭路监控系统中不能缺少的设备，它相当于人的眼睛，将现场发生的画面实时准确地记录下来，而实际上单单靠录像机是起不了作用的，如果说摄像机相当于眼睛，那么就得匹配相当于有记忆功能的硬盘。硬盘录像机是闭路电视监控系统中不可或缺的设备，它可以将监视现场的画面实时、真实地记录下来，并兼具事后检索、报警等功能。

1）录像

在录像时由硬盘录像机的应用程序和操作系统通过 PC 的 CPU 对视频处理器下指令，由它通知视频模/数转换器截取图像信号，该信号经压缩处理后送入 PC 存盘。

2）回放

回放过程是将保存在磁盘上的压缩文件通过应用程序在 PC 上解压缩，而无须视频卡的支持。

3）监控

在监控时由硬盘录像机的应用程序和操作系统通过 PC 的 CPU 对视频处理器下指令，由它通知视频模/数转换器截取图像信号，该信号不经压缩处理，直接由视频处理器送入 PC。

4）报警

当报警功能被激活时，应用程序对送入的图像数据中被框选的一段数据进行检测，有异动时将由操作系统告知声卡并播放出报警声。

5）录音

系统通过软件控制音频后压缩卡把声音录制下来，并与视频文件连接，播放时应用程序会同时处理视频和声音文件，一并播放出来。

6）远端监看

先由本地机的应用程序告知操作系统，操作系统告知本地网络连接器完成接网动作。当远地网络连接器被接上时，本地机的应用程序告知操作系统，操作系统通过两地网络连接器和局域网（或广域网）发送指令告知远端操作系统，远端操作系统通知远端机的应用程序，远端机的应用程序先停下正在执行的其他命令，响应本地机的指令，送出准备发送的信息给本地机。本地机应用程序接到准备发送指令后，当准备工作完成时，会回应可以发送准备接收的信息到远地 PC，远地 PC 收到信息后开始录像，并把压缩的图像信息编码送给本地机。

硬盘录像机如图 3.2.8 所示。

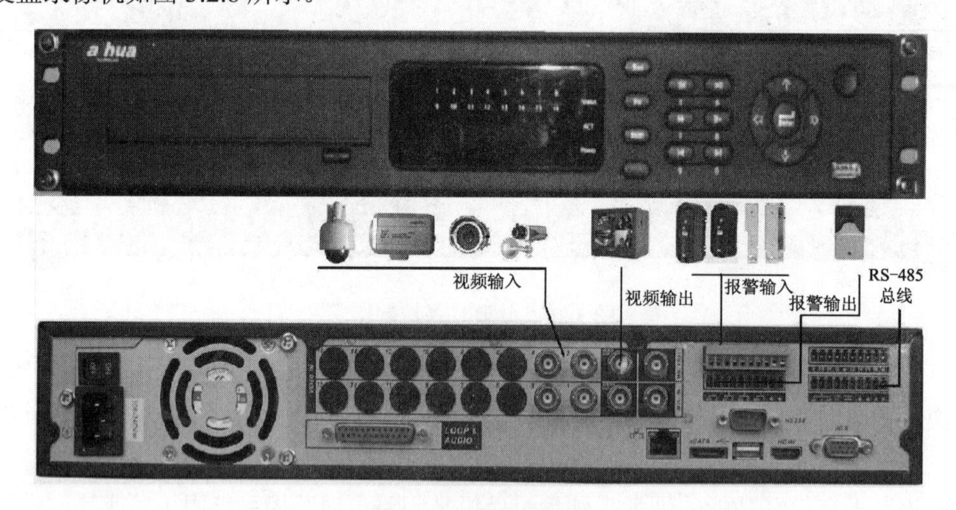

图 3.2.8　硬盘录像机

3. 监视器

系统监视器一般有两种：一种是 CRT（阴极射线管）格式，另一种是液晶监示器，分别如图 3.2.9 所示。

（a）CRT 监视器

（b）液晶监视器

图 3.2.9 CRT 监视器和液晶监视器

3.2.3 周边防范红外对射装置

主动红外探测器目前采用最多的是外线对射式，如图 3.2.10 所示，由一个红外线发射器和一个接收器，以相对方式布置组成。当非法入侵者横跨门窗或其他防护区域时，挡住了不可见的红外光束，从而引发报警。为防止非法入侵者可能利用另一个红外光束来瞒过探测器，探测器的红外线必须先调制到指定的频率再发送出去，而接收器也必须配有频率与相位鉴别电路来判别光束的真伪，或防止日光等光源的干扰。它一般较多地用于周界防护探测器。该探测器是用来警戒院落周边最基本的探测器。其原理是用肉眼看不到红外线光束形成的一道保护开关。

图 3.2.10 主动红外探测器

3.3　典型视频监控系统组成

1．典型视频监控系统概述

视频监控系统是保障居住安全的第二道屏障，针对不同用户的特点和功能要求可以选择不同的结构类型。

摄像机将影像信号传到控制中心，控制中心一方面将远方不同的视频信号进行分类、整合、切换，送到显示器上还原出远方图像，另一方面，将各路视频信号存储在专用设备上。正因为有这样的功能，闭路电视监控及周边防范系统是安全防范技术体系中的一个重要组成部分，是一种先进的、防范能力极强的综合系统，成为维护社会治安稳定、打击犯罪的有效武器，该系统以其直观、准确、及时的特点而广泛应用于各种场合。随着计算机、网络以及图像处理、传输技术的飞速发展，视频监控技术可以通过遥控摄像机及其辅助设备，直接观看被监视场所的一切情况，把被监视场所的图像传送到监控中心，同时还可以把被监视场所的图像全部或部分地记录下来，为日后某些事件的处理提供了方便条件和重要依据。

2．万向云台和解码器间的连接

万向云台和解码器间的连接电路图如图 3.3.1 所示。

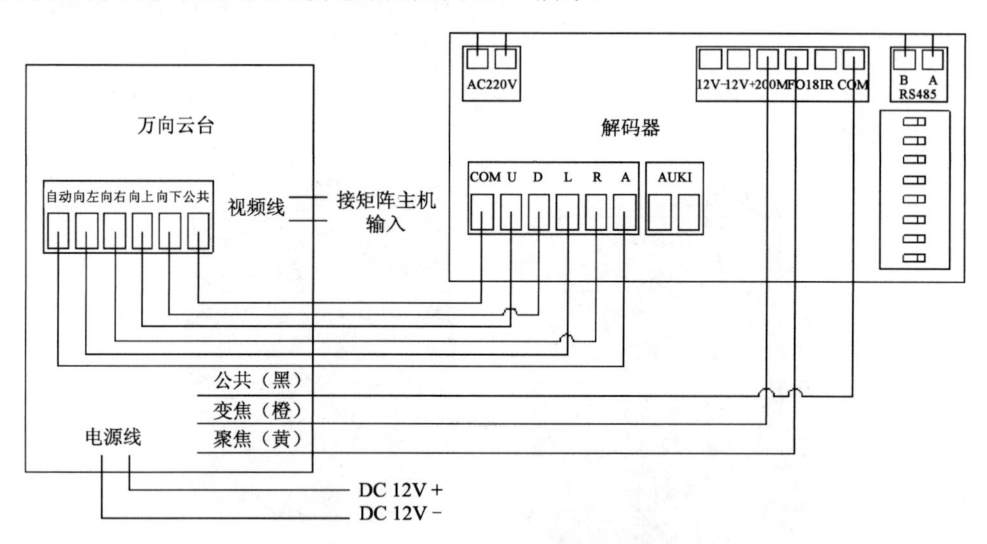

图 3.3.1　万向云台和解码器接线图

3．摄像机、矩阵主机、硬盘录像机和监视器间的连接

摄像机、矩阵主机、硬盘录像机和监视器间的连接如图 3.3.2 所示。

1）视频线的连接

高速球云台摄像机的视频输出连接到矩阵的视频输入 1，枪式摄像机的视频输出连接到矩阵的视频输入 2，红外摄像机的视频输出连接到矩阵的视频输入 3，一体化摄像机的视频输出连接到矩阵的视频输入 4。

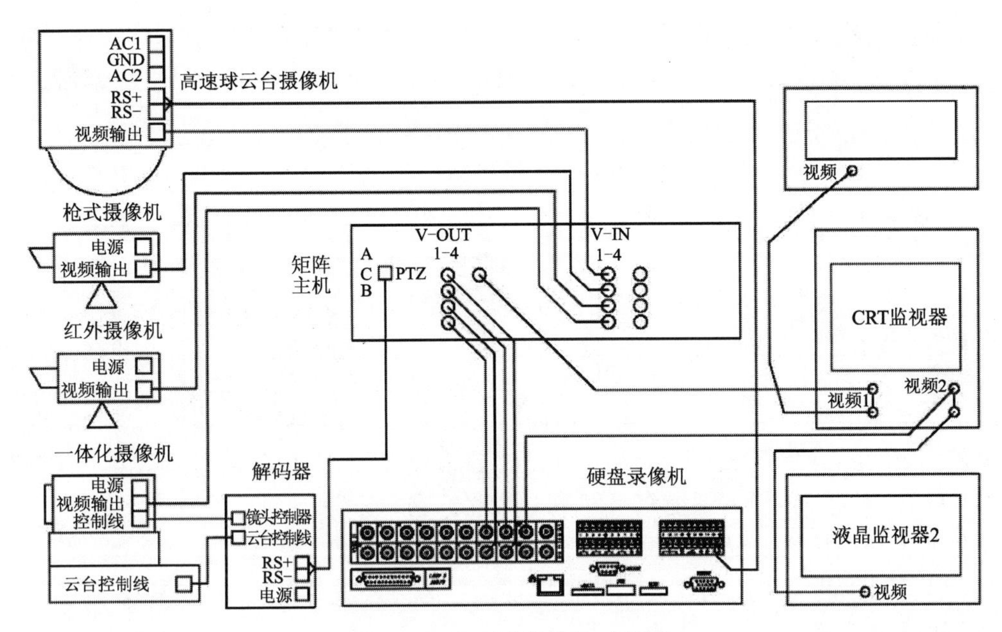

图 3.3.2　视频监控接线示意图

矩阵主机的视频输出 1~4 对应连接到硬盘录像机的视频输入 1~4，矩阵主机的视频输出 5 连接到 CRT 监视器的视频输入 1。

硬盘录像机的视频输出连接到 CRT 监视器的视频输入 2。

2）电源连接

高速球云台摄像机的电源为 AC 24 V，枪式摄像机、红外摄像机、一体化摄像机的电源为 DC 12 V，解码器、矩阵主机、硬盘录像机、监视器的电源为 AC 220 V。

3）控制线连接

高速球云台摄像机的云台控制线连接到硬盘录像机 RS-485 的 A（+）、B（-）。

解码器的控制线连接到矩阵主机的 PTZ 中的 A（+）、B（-）。

4）高速球型云台摄像机通信协议设置

高速球型云台摄像机的协议及波特率设置：打开高速球型云台摄像机的护罩，并取下高速球型云台摄像机的机芯，在机芯背面将拨码开关 SW1，拨码为 000100，即为 Pelco-P，2400。具体见表 3.3.1。

表 3.3.1　高速球型云台摄像机的协议及波特率设置

协 议 类 型	SW1 拨码开关			波特率/Bd	SW1 拨码开关		
	1	2	3		4	5	6
Pelco-D	0	0	0	1200	0	0	
Pelco-P	1	0	0	2400	1	0	
DAIWA	1	0	1	4800	0	1	
SAMSUNG	1	1	1	9600	1	1	
ALEC	0	0	1				
YAAN	0	1	0				
B01	0	1	1				
自动识别	0	0	0		0	0	

高速球型云台摄像机的地址设置：打开高速球型云台摄像机的护罩，并取下高速球型云台摄像机的机芯，在机芯背面将拨码开关SW2，拨码为1000 0000，即地址为1。具体如表3.3.2所示。

表3.3.2 地址设置

球机地址	开关设置							
	1	2	3	4	5	6	7	8
1	1	0	0	0	0	0	0	0
2	0	1	0	0	0	0	0	0
3	1	1	0	0	0	0	0	0
…	…	…	…	…	…	…	…	…
255	1	1	1	1	1	1	1	1

注意：采用矩阵控制高速球时，有些矩阵需要错开 *N* 位（1或2），如高速球型摄像机的拨码地址为3，则矩阵的输入通道有可能为1、2、3、4、5（减1或2，加1或2）。

5）解码器通信协议设置

打开解码器并设置其拨码开关，即将地址设置为1，波特率为2400 Bd，通信协议为Pelco-P，如图3.3.3所示。

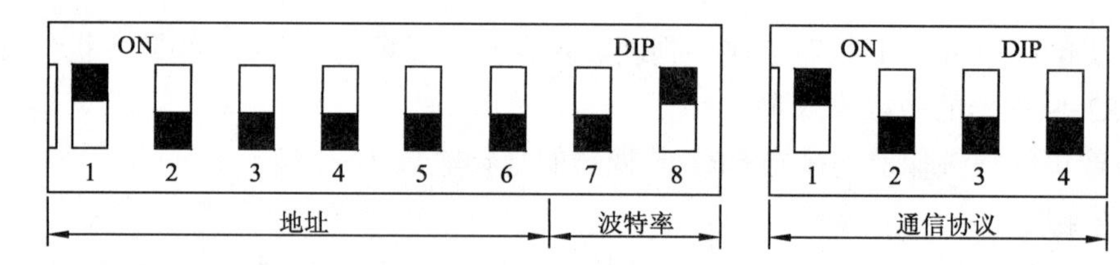

图3.3.3 解码器通信协议设置

地址设置如表3.3.3所示。

表3.3.3 解码器地址设置

编号	地址	拨码（0：OFF；1：ON）					
		1	2	3	4	5	6
1	0	0	0	0	0	0	0
2	1	1	0	0	0	0	0
3	2	0	1	0	0	0	0
4	…	…	…	…	…	…	…
5	62	0	1	1	1	1	1
6	63	1	1	1	1	1	1

通信协议设置如表3.3.4所示。

表3.3.4 解码器通信协议设置

编号	通信协议	拨码（0：OFF；1：ON）			
		1	2	3	4
1	Pelco-D	1	0	0	0
2	Pelco-P	0	1	0	0
3	SAMSUNG	1	1	0	0
4	Philips	0	0	1	0
5	RM 110	1	0	1	0

续表

编　号	通信协议	拨码（0：OFF；1：ON）			
		1	2	3	4
6	CCR-20G	0	1	1	0
7	HY、ZR	1	1	1	0
8	KALATEL	0	0	0	1
9	KRE-301	1	0	0	1
10	VICON	0	1	0	1
11	ORX-10	1	1	0	1
12	PANASONIC	0	0	1	1
13	PIH717	1	0	1	1
14	Eastern	0	1	1	1
15	自动选择	0	0	0	0

波特率设置如表 3.3.5 所示。

表 3.3.5　解码器波特率设置

编　号	波特率/Bd	拨码（0：OFF；1：ON）	
		7	8
1	1200	1	0
2	2400	0	1
3	4800	1	1
4	9600	0	0

4．周边防范系统接线

红外对射探测器的电源输入连接到开关电源的 DC 12 V 输出；且其接收器的公共端 COM 连接到硬盘录像机报警接口的 Ground，常闭端 NC 连接到硬盘录像机报警接口的 ALARM IN 1。

门磁的报警输出分别连接硬盘录像机报警接口的 Ground 和 ALARM IN 2。

声光报警探测器的负极连接到开关电源的 GND，正极连接到硬盘录像机报警接口的 OUT1 的 C 端，且 OUT1 的 NO 端连接到开关电源 12V。接线图如图 3.3.4 所示。

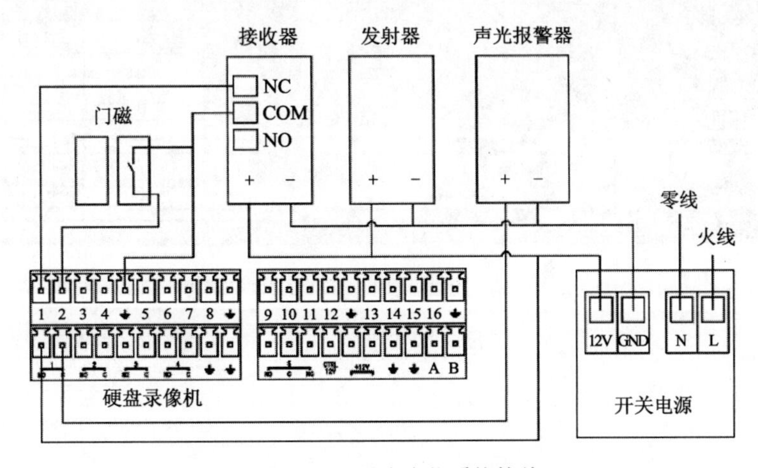

图 3.3.4　周边防范系统接线

3.4 网络视频监控系统 PSS

网络视频监控就是通过有线和无线 IP 网络、电力网络把视频信息以数字化的形式来进行传输。只要是网络可以到达的地方就一定可以实现视频监控和记录，并且这种监控还可以与很多其他类型的系统进行完美的结合。

1. 系统界面简介

双击“PSS”图标，弹出系统登录界面，如图 3.4.1 所示。

运行时默认是 admin 超级用户。超级用户不能被删除。只有此用户可以添加、修改、删除其他用户，为了安全，请在第一次登录后修改超级用户的密码。第一次运行 PSS 软件，需要设置基本的配置信息，系统初始化完成后即进入 PSS 系统主界面，如图 3.4.2 所示。

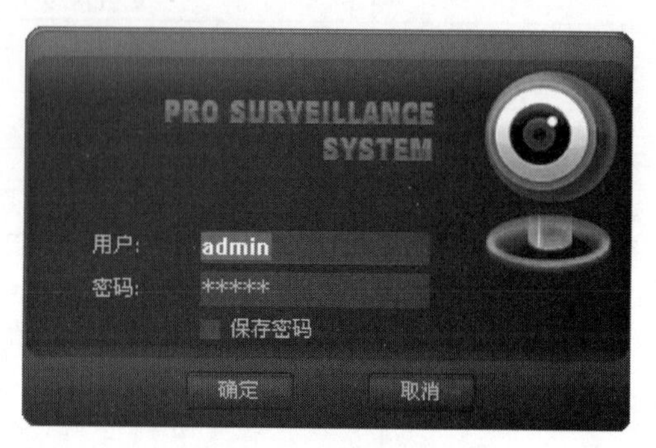

图 3.4.1 登录界面

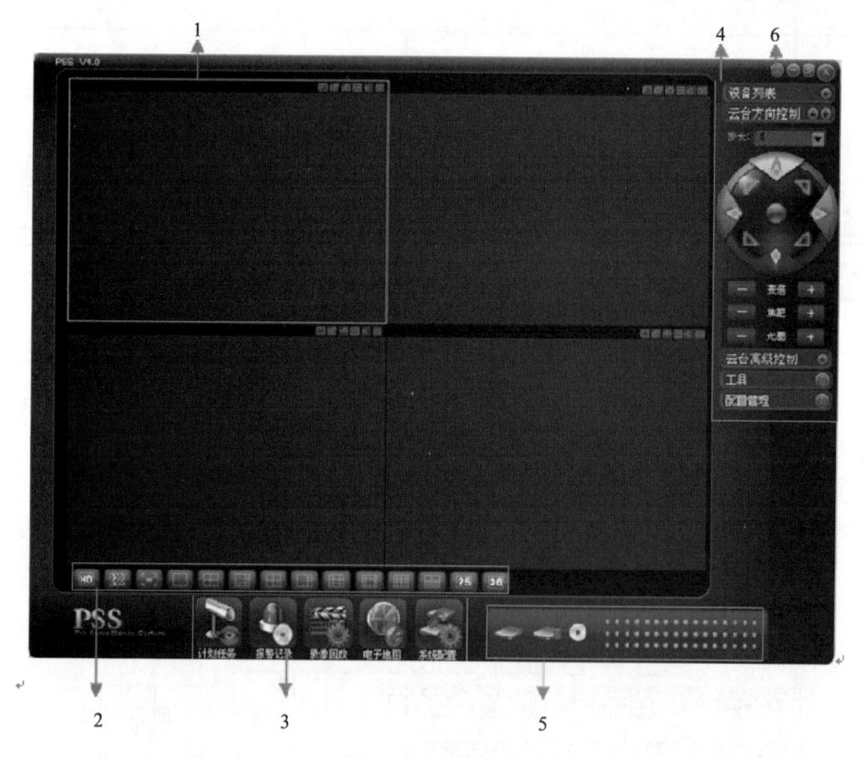

图 3.4.2 主界面

PSS 运行过程中，计算机右下角会显示托盘图标，这些图标的功能如表 3.4.1 所示。

表 3.4.1 功 能 图 标

1	当前视频窗口	此窗口通过绿色边框突出显示，可进行视频控制操作
2	视频显示模式	从左到右分别是画质、实时\流畅等级、全屏幕、1~36 画面模式
3	功能栏	包括计划任务、报警记录、录像回放、电子地图、系统配置等功能选项
4	工具栏	包括设备列表、云台方向控制、云台高级控制、工具、计配置管理
5	设备健康状态显示栏	定时更新设备信息、硬盘健康、解码报警、录像、其他常用报警等状态等。鼠标双击此区域则进入“报警记录”界面
6	全菜单	单击此按键将显示系统全部菜单选项
7	托盘菜单	单击鼠标右键将显示托盘菜单界面，可以进行相应的操作（图 3.5.2 中暂未体现此菜单）

2．常用界面按钮

界面按钮为用户提供了方便的操作，常用按钮有以下几种：

：显示菜单按钮。

：折叠展开子窗口按钮。

：窗口大小最大化、还原切换按钮。

：子窗口固定、解锁按钮。

：最小化按钮。

：关闭按钮。

：关闭按钮。

：托盘图标。

3．视频窗口按钮

在每个视频窗口的右上方有如下六个控制按钮，如图 3.4.3 所示。详细介绍如表 3.4.2 所示。

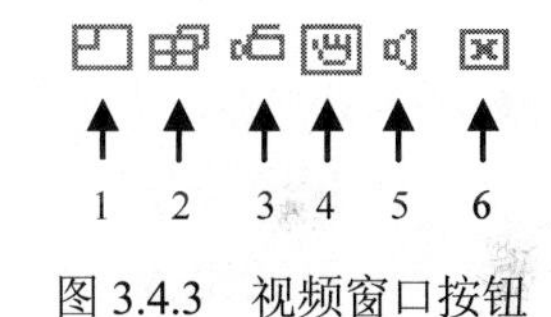

图 3.4.3 视频窗口按钮

表 3.4.2 视频窗口按钮

1	局部放大	单击此按钮后在视频显示界面用鼠标左键拖动可局部放大所选区域画面，右击可恢复原始状态
2	改变显示模式	单击此按钮可在多画面和全屏显示模式间进行切换。双击也可实现此功能
3	本地录像	单击本地录像按钮，系统将开始录像，录像文件将被存放在系统文件夹中
4	抓图	可随时单击此按钮为当前视频显示界面抓取快照，图片文件将被存放在系统文件夹中
5	音频开关	开启或关闭音频，但并不会关联影响到系统音频设置
6	关闭视频	关闭当前窗口视频监视图像

4．视频显示模式切换按钮

视频显示模式切换按钮如图 3.4.4 所示，从左至右分别是画质（1）、实时/流畅等级（2）、全屏幕（3），以及 1~36 画面模式切换（4）。

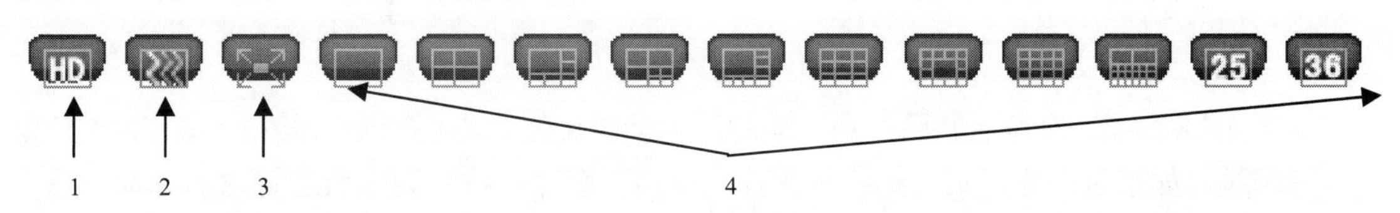

图 3.4.4 视频显示模式切换按钮

5．功能栏

功能栏区域界面如图 3.4.5 所示。

6．计划任务

计划任务菜单如图 3. 4.6 所示。

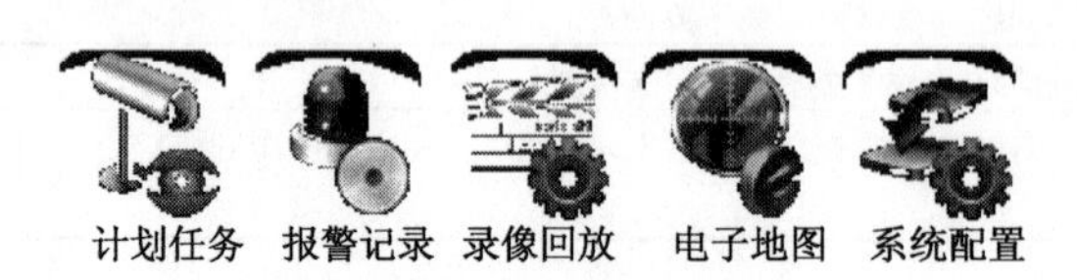

图 3.4.5　功能栏

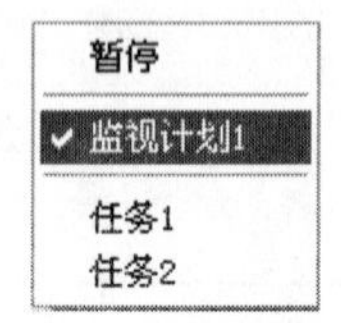

图 3.4.6　计划任务菜单

选择监视计划列表菜单项或选择任务列表菜单项后系统执行监视计划或任务，菜单中勾选正在执行的计划或任务，再次选择则停止执行。

“暂停”菜单项：暂停执行当前选择的计划或任务，当计划或任务已暂停时，则显示 “恢复”菜单项。

“恢复”菜单项：恢复当前暂停的计划或任务的执行，当计划或任务已恢复时，则显示“暂停”菜单项。

7．报警记录

报警所有记录信息的记录数等于系统选项中的“报警记录最大数量”，超过该数量，则系统会滚动删除最早的记录；报警记录中产生的记录信息与报警配置有关。

① 报警类型选择；

② 登录设备选择；

③ 报警记录列表。

8．录像回放

录像回放是专用窗口，用于观看回放的视频，下面有播放控制按钮，分别有暂停、播放、停止、快放、慢放、打开本地文件的功能（播放控制只对当前选中的视频窗口有效）。

1）设备录像

如图 3.4.7 所示，对所管理的设备上的录像的查询、下载进行操作，回放或下载的时候需要从设备上查询出录像记录，双击查询记录即可在选中的视频窗口进行回放（受到网络带宽和设备权限的原因，可能会不能回放视频，请排除原因后再打开回放），单击“下载”按钮添加所选择的设备录像记录到“下载”任务列表中（双击录像记录序列号标题可以实现全选/全不选切换）。

2）本地录像

如图 3.4.8 所示，检索回放已存到本地的历史录像文件。双击查询记录在当前活动视频窗口打开视频，如果是图片记录，则打开图片。单击“删除”按钮删除所选记录的录像（双击下载列表中的序列号标题可以实现全选/全不选切换）。

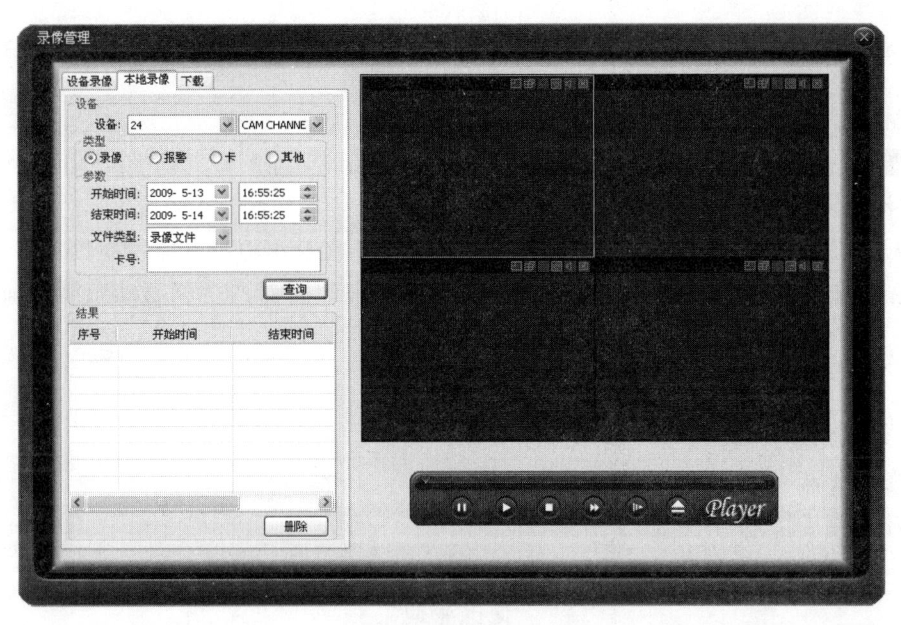

图 3.4.7　设备录像

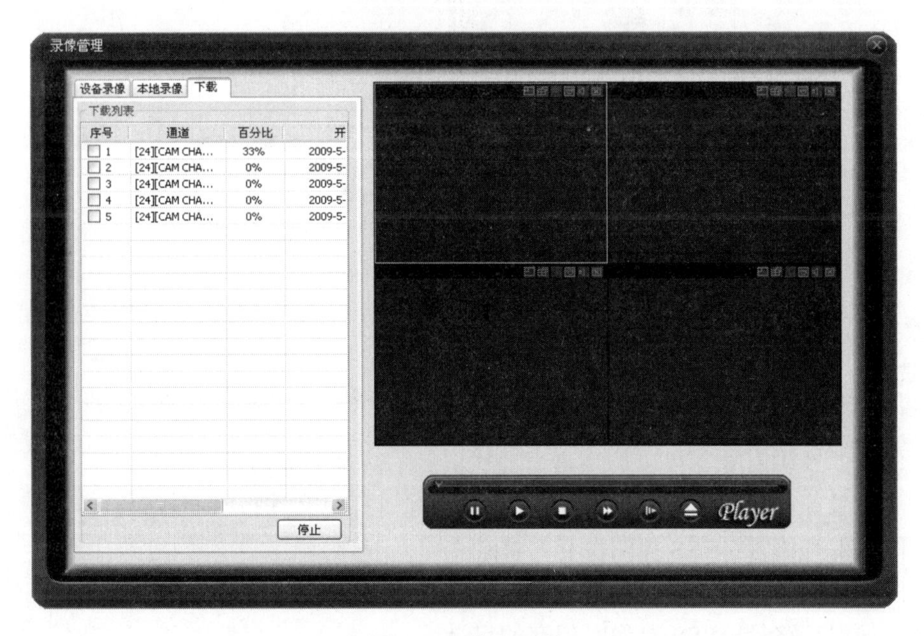

图 3.4.8　检索录像

3）下载

显示从设备录像中增加的下载任务的下载进度和录像文件信息，选择记录并按“停止”按钮，可以取消选择的下载任务。

9. 电子地图

单击电子地图按钮显示界面。

右上角四个方向按钮：移动地图位置；中心按钮：移动到地图中心位置，只有地图处于放大状态才能生效。

左右按钮：上一级浏览地图和下一级浏览地图转向切换；中间按钮：返回总地图并清空浏览记录。

双击子地图图标可以进入下一级地图。双击摄像头图标可以打开监视视频。

摄像头或报警通道如果已配置使用，则在产生报警时对应的摄像头或报警通道图标会闪烁。

10. 系统配置

单击系统配置按钮，会弹出系统配置菜单，具体如下：

1）修改密码

单击修改密码，弹出图 3.4.9 所示界面。

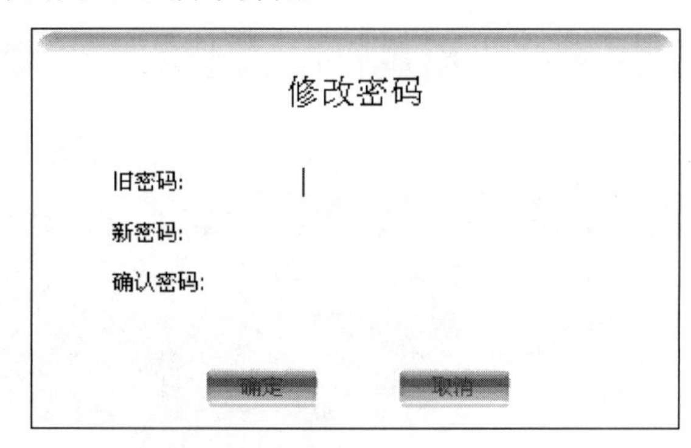

图 3.4.9　修改密码界面

更改密码后，下次登录时必须使用新密码登录。

2）选项

打开图 3.4.10 所示选项界面。

（1）语言：多语言版本可以切换语言，默认显示的是当前语言。

（2）手动录像打包时间（分）：PSS 在手动录像时打包文件按时间打包。

（3）图片保存路径：PSS 抓图保存的目录。

（4）图片名称规则：抓图时文件的命名规则。

（5）录像保存路径：PSS 录像时保存的目录。

（6）录像文件名规则：录像时文件的命名规则。

（7）硬盘剩余容量下限（MB）：录像等消耗硬盘容量的操作在满足此条件时会停止录像。

（8）下载文件保存路径：从设备上下载录像文件的保存目录。

（9）下载文件名规则：从设备上下载文件的命名规则。

（10）地图 XML 文件路径：地图 XML 文件保存目录。

（11）地图图片加载路径：放置地图图片的目录。

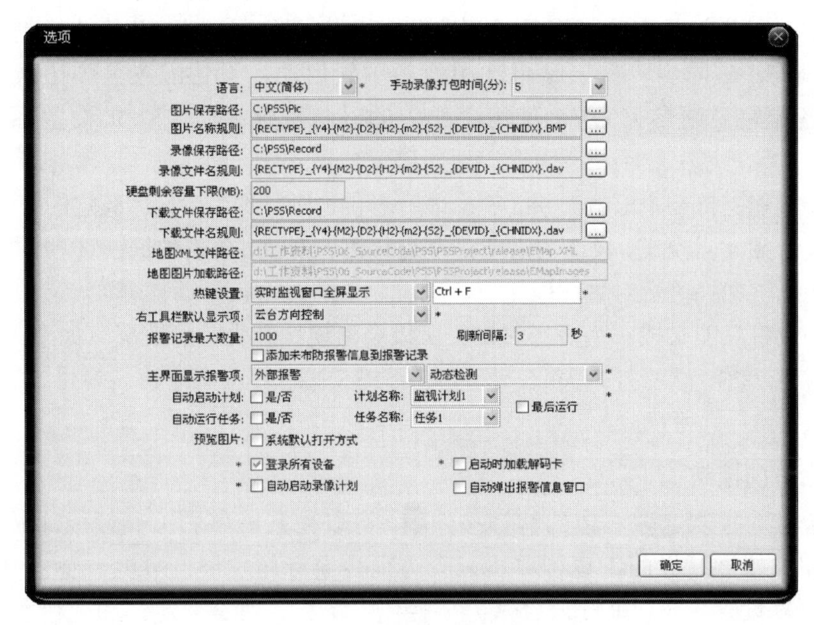

图 3.4.10 选项界面

（12）热键设置：可以对下拉框中的操作设置快捷键，操作系统使用的快捷键 F12。

（13）右工具栏默认显示项：默认展开显示右操作栏中的功能选择。

（14）报警记录最大数量：报警显示记录最大保存数量，超过该值则删除最早的报警记录。

（15）刷新间隔：设备健康状态显示栏信息切换间隔时间，单位：秒。

（16）添加未布防报警信息到报警记录：将未布防的设备报警信息添加到报警记录中。

（17）主界面显示报警项：可以设置两个关注的报警信息。

（18）自动启动计划：PSS 用户登录后自动运行监视计划。

（19）计划名称：需要运行的计划名称选择。

（20）自动运行任务：PSS 用户登录后自动运行任务。

（21）任务名称：需要运行的任务名称选择。

（22）最后运行：最后运行的计划或者任务在 PSS 用户登录后自动执行。

（23）预览图片：预览图片时打开图片方式选择。

（24）登录所有设备：PSS 用户登录后自动登录所有设备。

（25）启动时加载解码卡：PSS 用户登录后加载解码卡。

（26）自动启动录像计划：PSS 用户登录后自动启动录像计划。

（27）自动弹出报警信息窗口：有新报警时弹出报警记录窗口。

11．设备列表

单击设备列表展开按钮界面，如图 3.4.11 所示。

右击设备节点，会弹出名为“显示设备操作”的菜单，具体介绍如下：

（1）注销：注销已登录设备。

（2）对讲音频格式：子菜单为该设备语音对讲支持的格式。

（3）高级：子菜单分别为“设备校时”“重启”“设备配置”。设备校时是将当前选中的设备的时间与 PC 同步，重启是将选中设备重新启动，设备配置是弹出选择设备的配置界面。设备配置说明参见 DVR 使用手册中的设备配置说明，SVR 设备不支持设备配置功能。

一个设备只能支持一个语音对讲，单击语音对讲选项，或者在具体选定的视频窗口右击，将弹出支持的音频编码模式。勾选的表示正在进行语音对讲，单击勾选的选项关闭语音对讲，单击不打勾的选项切换语音对讲编码。

因为一个设备只能支持一个语音对讲，所以会出现打开失败的情况。如果 NVD 中已经打开了语音对讲，PSS 端将打开失败，同理如果 PSS 端已经打开了语音对讲，则 NVD 将打开失败。

12. 云台方向控制

单击云台方向控制选项右边的解锁按钮，可以使其脱离右工具栏成浮游状态，或者单击展开按钮直接展开界面，也可单击云台方向控制标题栏展开界面。如图 3.4.12 所示，在此界面中可以设置步长，进行云台八方向控制，以及启动三维定位和变倍焦距光圈调整功能。

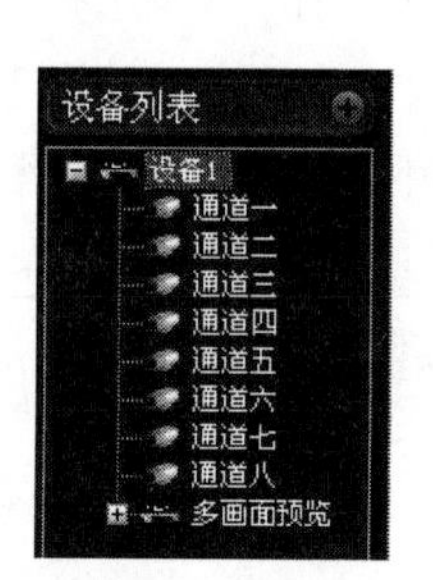

图 3.4.11　设备列表

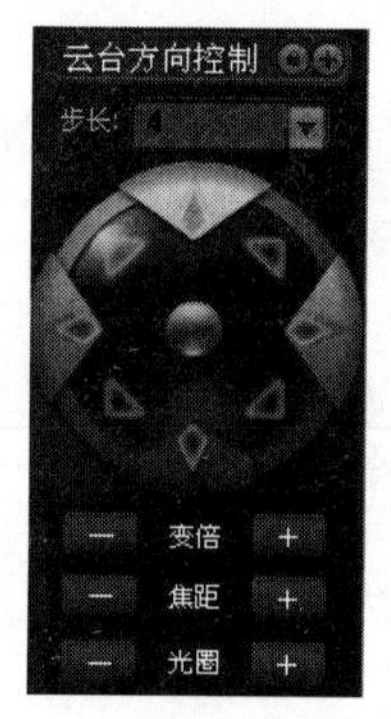

图 3.4.12　云台方向控制界面

对于有云台并且有云台控制权限的设备方能进行云台控制，否则云台方向控制按钮无效。具体按钮功能如表 3.4.3 所示。

表 3.4.3　按 钮 功 能

按　　钮	说　　　　明
步长	可实现 1～8 的不同步长设置
方向键	可实现 8 个方向的云台控制操作，分别是上、下、左、右、左上、右上、左下、右下
三维定位	在视频监视界面上单击一点，云台会转至该点且将该点移至屏幕中央 同时支持变倍功能，视频监视界面上用鼠标进行拖动，拖动的方框支持变倍功能，按住鼠标由上往下拖动则变大，按住鼠标由下往上拖动则变小。拖动的方框越小变倍数越大，反之越小 该功能只能用鼠标控制
变倍	控制设备进行变倍操作，即实现镜头远近的控制 －：缩小倍数　　＋：增加倍数
焦距	－：缩小焦距　　＋：增加焦距
光圈	－：缩小光圈　　＋：增加光圈

13. 云台高级控制

单击云台高级控制选项右边的展开按钮，或单击云台高级控制标题栏，进入云台高级控制界面，如图 3.4.13 所示。

具体功能参见表 3.4.4 所示。

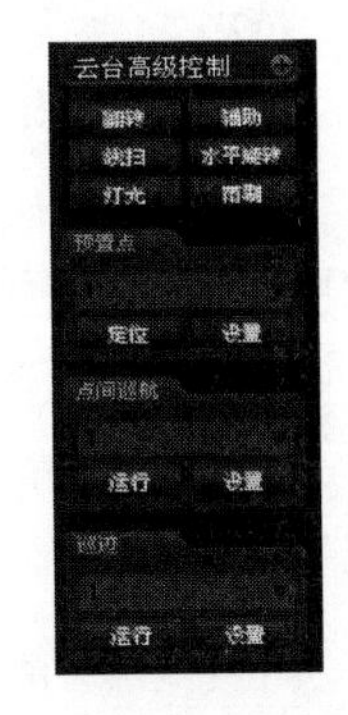

图 3.4.13 云台高级控制界面

14. 工具

单击工具图标即可打开工具菜单，常用的工具主要有以下两种。

1）开始录像计划

配置好录像计划后，选择该菜单项执行录像计划，当录像记录正在执行时，该项为“停止录像计划”。

2）停止录像计划

选择该菜单项停止正在执行的录像计划，该项改为“开始录像计划”。

表 3.4.4 功 能 列 表

选　项	说　明
翻转	支持翻转的摄像头，视频信号将上下颠倒采集
辅助	部分云台有个性功能需要用辅助按钮实现
线扫	可设置线扫的左右边界，并控制开始或停止
水平旋转	X 轴向的旋转控制
灯光	部分云台带照明，枪机一种监控摄像机比较多
雨刷	部分云台带雨刷，枪机比较多
预置点	在预置点输入框中输入预置点编号值，单击定位按钮将云台转到预置点位置，单击设置按钮保存预置点位置配置
点间巡航	实现不同巡航线的自动执行。 注：本功能不需要设备支持，设备只需要支持预置点即可实现点间巡航。客户端关闭则巡航线功能随之关闭 可添加并设置多条巡航路线，并选择运行或停止某条巡航路线
巡迹	设置按钮弹出“录像巡迹”和“停止录像巡迹”菜单，选择巡迹编号，选择“录像巡迹”菜单后，操作云台的一系列动作（设备支持录像的动作）将会被记录下来，直到选择“停止录像巡迹”菜单

15. 配置管理

PSS 所需要的系统配置和管理控制功能操作。

16. 录像计划配置

计划录像打包时间，录像时每个录像文件最大录像时间，超时将用新文件继续录像。

编辑时间计划模板按钮，显示编辑时间计划模板界面。

录像计划列表，添加按钮，显示录像计划添加界面。

图形化显示所选录像计划的录像时间信息，双击弹出录像计划编辑界面。

17. 报警管理

（1）声音提示配置，配置各种类型的报警的声音提示，选择“启用声音”后，“浏览”按钮有效，单击“浏览”按钮，选择声音文件路径，“添加到报警记录”是指设备在该通道产生该类型报警信息是否添加到报警记录中。

（2）改变显示视频数量，这与报警联动有关系，当报警联动打开的视频监视窗口索引大于正在监视的视频窗口数时，系统会改变正在监视的视频窗口数，以满足联动视频的显示。

（3）单击“应用”按钮将当前配置应用到系统中，单击“导入”按钮将导入其他 XML 文件中的全局配置导入到当前配置界面，单击“导出”按钮将当前全局配置导出到其他 XML 文件中。

（4）勾选“启用报警报防”复选框表示当前系统使用报警配置，反之表示不使用报警配置。

18. 用户管理

只有 admin 用户登录后，方可显示用户管理界面，其他用户没有该权限，界面如图 3.4.14 所示。

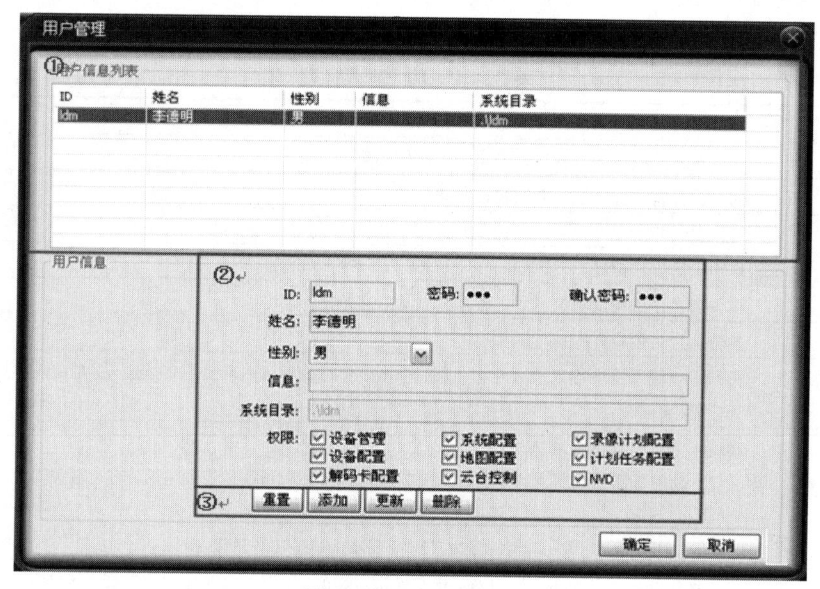

图 3.4.14　用户管理

可在系统用户信息列表中选择用户详细信息和权限分配信息。

“重置”按钮，使图 3.4.14 所示的②中的内容恢复为默认值；“添加”按钮，将已输入的用户详细信息添加到用户列表；“更新”按钮，用于修改用户信息；“删除”按钮，用于删除用户列表所选择的用户信息。

19. 设备管理

有权限用户自主管理设备列表的处理界面，单击设备管理菜单弹出设备管理界面，如图 3.4.15 所示。

用户：下拉框默认显示的是当前登录用户（每个用户所管理的设备是独立的），超级用户 admin 登录时显示的是所有用户。

导入/导出：将当前列表中的设备信息导出到 XML 文件保存或将保存的设备 XML 文件导入当前列表。

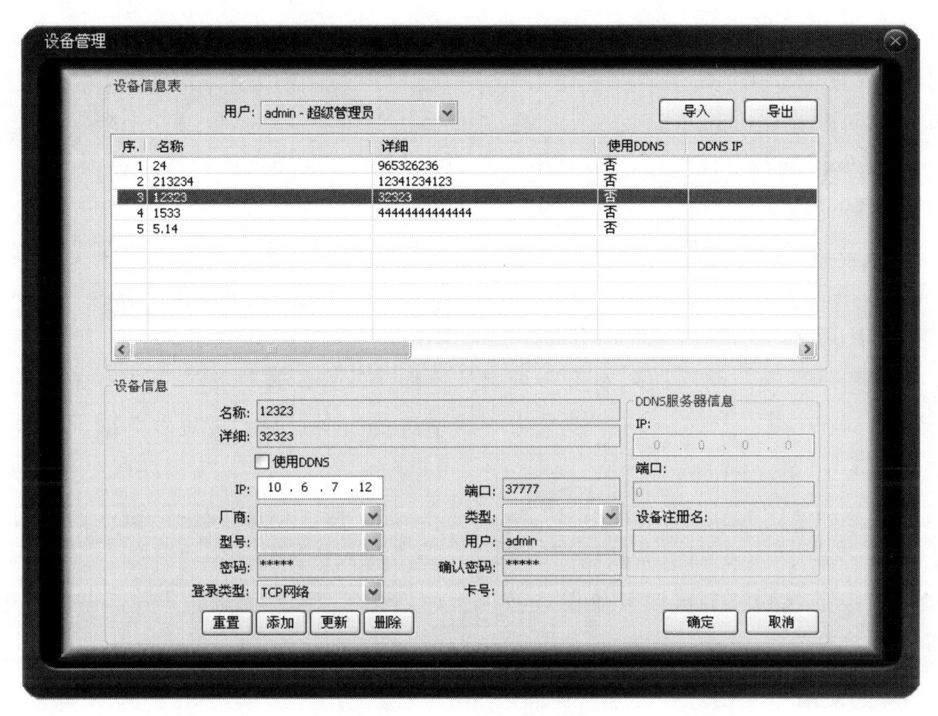

图 3.4.15　设备管理界面

设备信息：选中列表框中的设备时，显示的是此设备的详细信息，可以对信息进行编辑，单击“添加”按钮把编辑后的属性新增到列表中去，单击“更新”按钮把编辑后的属性应用到当前选择的设备上，单击“删除”按钮把当前选中的设备删除。

3.5　技能实训

◎ 实训目的

熟悉视频监控及周边防范系统的编程及操作。

◎ 实训内容

利用矩阵切换控制器和硬盘录像机实现视频监控系统联动。

◎ 实训步骤

1. 监视器的使用

1）打开电源

打开电源，并打开监视器的电源开关。

2）图像调整

将遥控器对准监视器的遥控接收窗，按一下“菜单”键，呼出“图像”菜单，接着按“上移/下移”键，选择要调整项，按“增加/减少”键，对选择项进行增、减操作。

3）系统设置

将遥控器对准监视器的遥控接收窗，连续按两下“菜单”键，呼出“系统”菜单，接着按“上移/下移”键，选择要调整项，按“增加/减少”键，对选择项进行增、减操作。

4）浏览设置

将遥控器对准监视器的遥控接收窗，连续按三下“菜单”键，呼出“系统”菜单，接着按“上移/下移”键选择要调整项，按“增加/减少”键，对选择项进行增、减操作。

5）监视器的操作

（1）视频手动切换。将遥控器对准监视器的遥控接收窗，连续按两下“菜单”键，呼出“系统”菜单，接着按“上移/下移”键选择“视频”，按“增加/减少”键，将在“输入 1”和“输入 2”之间切换。

（2）视频自动切换。将遥控器对准监视器的遥控接收窗，连续按三下“菜单”键，呼出“浏览”菜单，接着按“上移/下移”键选择“通道选择”，按“增加/减少”键，将进入“输入 1”和“输入 2”设置界面。

可按“上移/下移”键选择“输入 1”或“输入 2”，按“增加/减少”键，将该通道设置为“开”或者“关”。本实训中需要将“输入 1”和“输入 2”设置为“开”。

按“浏览”键返回到浏览设置菜单，按“上移/下移”键选择浏览开关，并按“增加/减少”键设置为“开”。

2．矩阵的使用

1）矩阵切换

① 按数字键“5”－“MON”，即可切换到通道 5 的输出。

② 按数字键“2” － “CAM”，即可切换输入通道 2 到输出。

注意：上述操作需将监视器切换到输入通道 1，且矩阵输出 5 连接到监视器的输入 1。

2）队列切换

① 在常规操作时，按“MENU”键可进入键盘菜单。

② 此时可按“↑”键上翻菜单或按“↓”键下翻菜单，直到切换到“矩阵菜单”。

③ 按“Enter”键，即可进入矩阵菜单，在监视器上可观察到如下菜单：

系统配置设置；

时间日期设置；

文字叠加设置；

文字显示特性；

报警联动设置；

时序切换设置；

群组切换设置；

群组顺序切换；

报警记录查询；

恢复出厂设置。

④ 按“↑”键或按“↓”键，将菜单前闪烁的“►”切换到“6 时序切换设置”。

⑤ 按“Enter”键，即可进入队列切换编程界面，如下所示。

视频输出 01　　　　　　　　驻留时间 02

视频输入

01=0001　09=0009　17=0017　25=0025

02=0002　10=0010　18=0018　26=0026

03=0003　11=0011　19=0019　27=0027

04=0004　12=0012　20=0020　28=0028

05=0005　13=0013　21=0021　29=0029

06=0006　14=0014　22=0022　30=0030

07=0007　15=0015　23=0023　31=0031

08=0008　16=0016　24=0024　32=0032

⑥ 按“↑”键或按“↓”键，将切换闪烁的“►”，表示当前修改的参数，通过输入数字并按“Enter”键，完成相应的参数修改，最后将其内容修改为如下所示。

视频输出 05　　　　　　　　驻留时间 05

视频输入

01=0001　09=0000　17=0000　25=0000

02=0003　10=0000　18=0000　26=0000

03=0002　11=0000　19=0000　27=0000

04=0004　12=0000　20=0000　28=0000

05=0003　13=0000　21=0000　29=0000

06=0004　14=0000　22=0000　30=0000

07=0001　15=0000　23=0000　31=0000

08=0002　16=0000　24=0000　32=0000

⑦ 按“DVR”键，返回到矩阵菜单。再次按下“DVR”键，退出矩阵菜单。

⑧ 连续按“Exit”键两次，退出设置菜单。

⑨ 按“SEQ”键，即可在输出通道 5 执行队列切换输出。

⑩ 按“Shift+SEQ”组合键，即可停止该队列。

3）云台控制

① 按“5”－“MON”键，切换到通道 5 输出。

② 按“1” － “CAM”键，切换输入的摄像机 1。

注意：①这里需要室内万向云台的地址为 1，通信协议为 Pelco-P，2400。

② 矩阵主机默认的通信协议为 Pelco-P，波特率的数值为 2400。

③ 控制矩阵的摇杆，即可控制室内万向云台进行相应的转动。

④ 按 “Zoom Tele”或“Zoom Wide” 键即可实现镜头的拉伸。

⑤ 使用摇杆和矩阵键盘切换到室内万向云台的预置点 1。

⑥ 按“1”输入预置点号“1”，并按“Shift+Call”组合键，设置室内万向云台的预置点。

⑦ 按同样方法，设置其他不同位置的预置点 2、3、4。

⑧ 预置点的调用，按“1”-“CALL”即可切换到预置点1，同样可调用预置点2、3、4。

3. 硬盘录像机的使用

1）画面切换及系统登录

（1）使用监视器的遥控器将监视器切换到视频2。

注意：这里需要将硬盘录像机的视频输出连接到监视器的视频输入2。

（2）正常开机后，单击鼠标弹出“登录系统”对话框，选择用户名“888888”（见图3.5.1），输入密码“888888”；单击“确定”按钮即可登录系统。

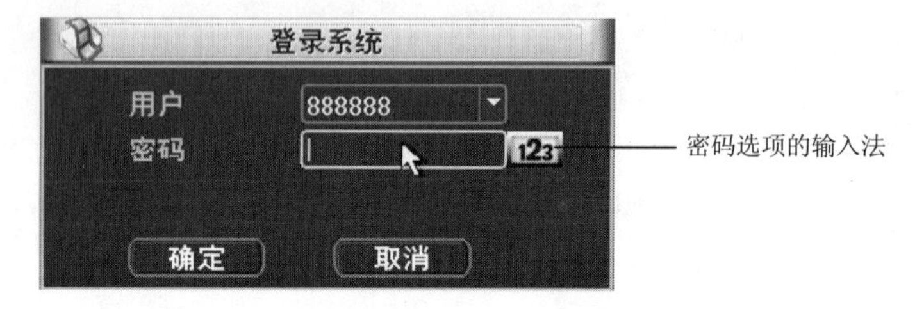

图3.5.1　登录对话框

注意：密码选项的输入法使用鼠标左键单击进行切换。“123”表示输入数字，“ABC”表示输入大写字母，“abc”表示输入小写字母，“:/?”表示输入特殊符号。

（3）右击，并选择“单画面”或“四画面”下的相应菜单，即可实现单画面或四画面切换。

2）高速球型云台摄像机的控制

（1）本操作中，高速球已经连接到硬盘录像机，且高速球解码器的地址为3，通信协议为Pelco-P，波特率的数值为2400。

（2）在硬盘录像机上，登录系统后，依次进入“主菜单-系统设置-云台设置”界面，并设置参数：通道，1；协议，Pelco-P；地址，4；波特率，2400；数据位，8；停止位，1；校验，无。单击“保存”按钮，保存设置的参数，右击并退出参数设置系统，如图3.5.2所示。

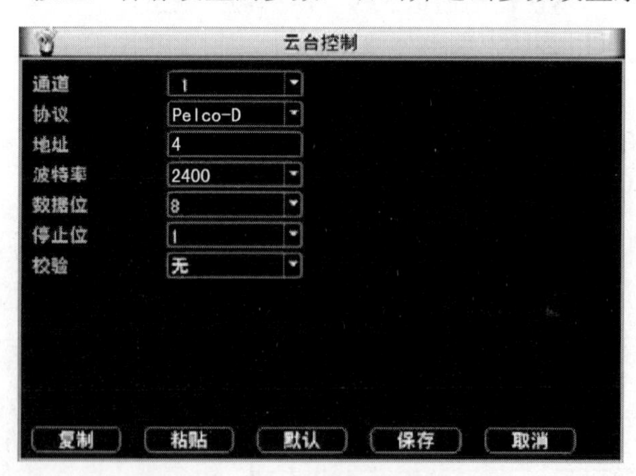

图3.5.2　云台控制参数设置界面

（3）将监视器的显示界面切换到高速球云台摄像机的监控图像。

单击鼠标右键，并选择右键菜单的“云台控制”命令，进入云台控制界面，如图 3.5.3 所示。

（4）单击云台控制界面的“上、下、左、右”即可控制高速球型云台摄像机进行上、下、左、右转动。

单击“变倍”“聚焦”“光圈”的“+”和“-”，即可实现相应的操作。

单击“设置”按钮，进入设置“预置点”“点间巡航”“巡迹”“线扫边界”等，如图 3.5.4 所示。

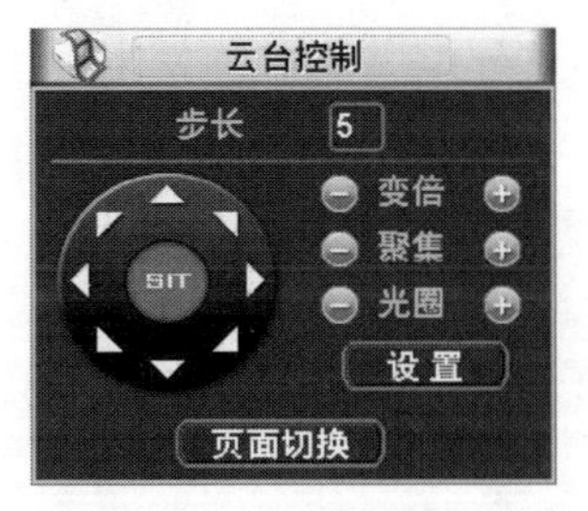

图 3.5.3　云台控制界面 1

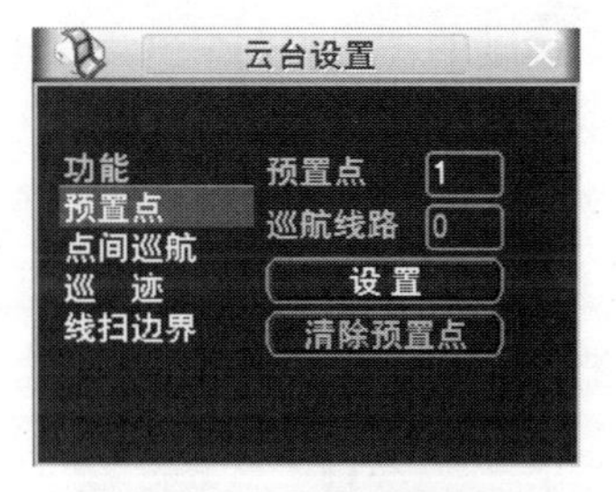

图 3.5.4　云台控制界面 2

（5）预置点的设置：通过云台控制页面，转动摄像头至需要的位置，再切换到云台控制界面 2，单击“预置点”按钮，在“预置点”输入框中输入预置点值，单击“设置”按钮保持参数设置。

（6）预置点的调用：在预置点的值输入框中输入需要调用的预置点，并单击“预置点”按钮即可进行调用。

（7）右击并返回到云台控制界面 1，并单击“页面切换”按钮，进入云台控制界面 3，如图 3.5.5 所示。

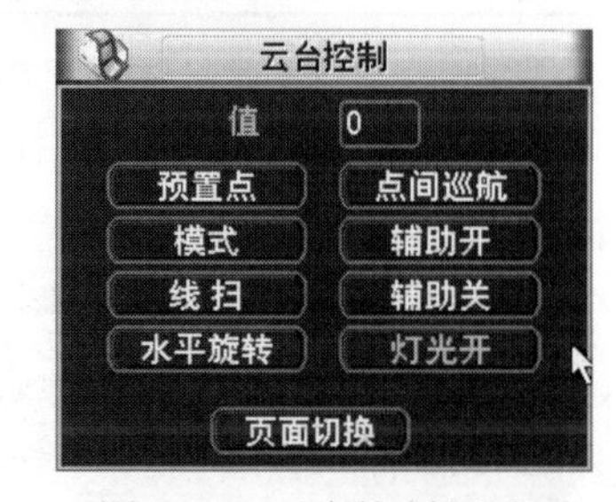

图 3.5.5　云台控制界面 3

在云台控制界面 3 中，主要为功能的调用。

（8）高速球型云台摄像机的预置点顺序扫描：首先设置高速球型云台摄像机的不同位置预置点 1、2、3、4、5、6；接着在硬盘录像机上打开云台控制界面 3，设置值为 51，单击“预置点”按钮，即可实现第一条预置点扫描。

注意：高速球型云台摄像机的特殊预置点 51～59 分别对应 9 条预置点扫描队列，可通过设置相应的预置点，并调用该队列的预置点号实现预置点顺序扫描，如表 3.5.1 所示。

表 3.5.1　高速球型云台摄像机的特殊预置点

预 置 点 号	调用预置点	设置预置点	说　　明
51	第一条预置点扫描		预置点 1～16 号顺序扫描
52	第二条预置点扫描		预置点 17～32 号顺序扫描
53	第三条预置点扫描		预置点 33～48 号顺序扫描
54	第四条预置点扫描		预置点 97～112 号顺序扫描
55	第五条预置点扫描		预置点 113～128 号顺序扫描
56	第六条预置点扫描		预置点 129～144 号顺序扫描
57	第七条预置点扫描		预置点 145～160 号顺序扫描
58	第八条预置点扫描		预置点 161～176 号顺序扫描
59	第九条预置点扫描		预置点 1～48 号顺序扫描

预置点扫描停留时间调整：调用 69+调用相应的扫描号+调用的停留时间 N，N 为 1～63 s。例如：调用 69+调用 51+调用 5。

（9）高速球型云台摄像机的顺时针或逆时针 360° 自动扫描：使用硬盘录像机调节高速球型摄像机的监控画面为水平监视；然后调用高速球型摄像机特殊预置点号 65，最后，调用自动扫描速度的扫描号 8（可把扫描号当做特殊的预置点），即可实现高速球型摄像机顺时针 360° 自动扫描。

注意：高速球型云台摄像机的顺时针或逆时针 360° 自动扫描主要通过调用预置点 65 实现，其中代表其速度的预置点号从 1 到 20，速度级别 1 级最慢、10 级最快。顺时针扫描，详细见表 3.5.2，逆时针扫描详见表 3.5.3。

表 3.5.2 顺时针扫描

扫描号	1	2	3	4	5	6	7	8	9	10
速度	1 级	2 级	3 级	4 级	5 级	6 级	7 级	8 级	9 级	10 级

表 3.5.3 逆时针扫描

扫描号	11	12	13	14	15	16	17	18	19	20
速度	1 级	2 级	3 级	4 级	5 级	6 级	7 级	8 级	9 级	10 级

（10）高速球型云台摄像机的水平线扫：设置水平线扫描的起点 11 号预置点和终点 21 号预置点，接着调用 66 号预置点，再调用 1 号预置点，则高速球型云台摄像机执行在预置点 11 号和 21 号的顺时针水平扫描。

注意：线扫的起点和终点应为同一水平面上的两个不同点，不同的扫描号对应的起止点（预置点）不一致，具体可参考下表，表内预置点斜杠前的数值为起点，斜杠后的数值为终点。具体分别见表 3.5.4 和表 3.5.5 所示。

表 3.5.4 顺时针扫描

扫描号	1	2	3	4	5	6	7	8	9	10
预置点	11/21	12/22	13/23	14/24	15/25	16/26	17/27	18/28	19/29	20/30

表 3.5.5 逆时针扫描

扫描号	11	12	13	14	15	16	17	18	19	20
预置点	11/21	12/22	13/23	14/24	15/25	16/26	17/27	18/28	19/29	20/30

线扫速度调整：调用 67+调用相应的扫描号+调用的速度等级 N，N 为 1～63。例如：调用 67+调用 1+调用 5。

线扫停留时间调整：调用 68+调用相应的扫描号+调用的停留时间 N，N 为 1～250 s。例如：调用 68+调用 1+调用 5。

（11）删除所有的预置点：通过调用特殊预置点号 71，即可删除所有的预置点。

4. 手动录像

（1）登录系统，依次进入“高级选项”“录像控制”界面，如图 3.5.6 所示。

使用鼠标选择相应的手动录像通道，并单击“确定”按钮保存参数设置，即可完成该通道的手动录像。

（2）等待 10 min 后，将通道 1 的录像控制状态改为“关闭”，即可关闭通道 1 的录像。

5. 定时录像

（1）登录系统，依次进入“高级选项”“录像控制”界面，将通道 2 的录像状态改为“自动”，保存并退出。

（2）依次进入“系统设置”“录像设置”界面，参数设置为：通道，2；星期，全；时间段 1 为 00：00—24：00（注意：这里可修改为当前系统时间到录像结束时间，一般录像时间可依据教学时间进行设置，将开始时间设置为当前时间，结束时间为当前时间多加 10 min 左右），选择时间段 1 的“普通”，其他保持默认设置，保存并退出，即打开通道 2 的定时录像功能。具体如图 3.5.7 所示。

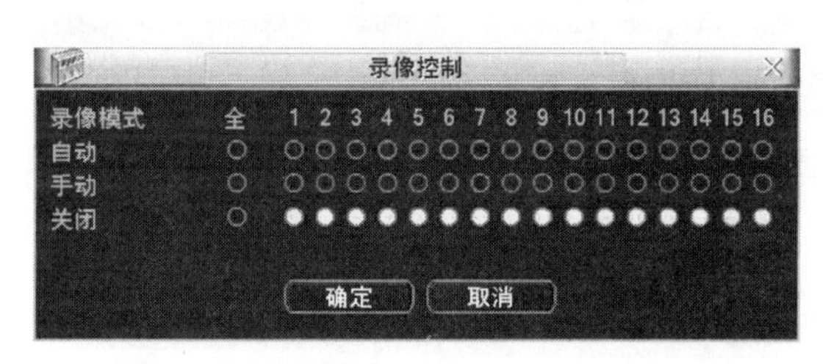

图 3.5.6 录像控制界面

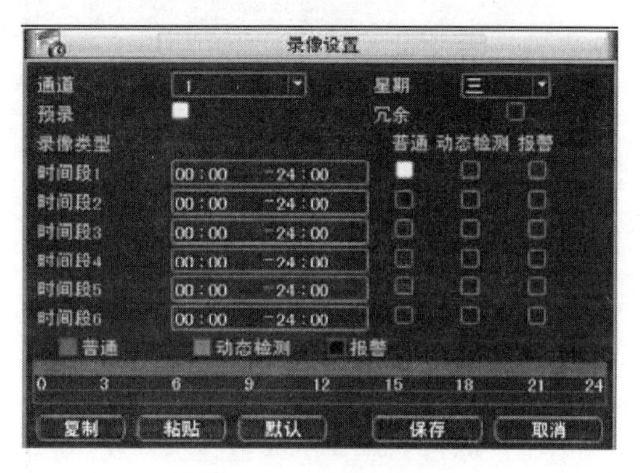

图 3.5.7 录像设置界面

注意：本实训中，选中状态为反显“■”或者反显“●”。

6. 系统报警及联动

（1）将高速球云台摄像机的镜头对准智能大楼的门口方向，在硬盘录像机上设置云台控制界面 2 的值为“1”，单击“预置点”，并退出云台控制界面。

（2）在硬盘录像机上登录系统，依次进入“高级选项”“录像控制”界面，将通道 3 的录像状态改为“自动”，保存并退出。

（3）依次进入“系统设置”“录像设置”界面，参数设置：通道，3；星期，全；时间段 1 为 00：00—24：00，选择时间段 1 的“报警”，其他保持默认设置，保存并退出。

（4）依次进入“系统设置”“报警设置”界面，参数设置：报警输入，1；报警源，本机输入；设备类型，常开型；录像通道选中“3”，延时为 10 秒，报警输出选中“1”，时间段 1 为 00：00—24：00，并选中时间段 1 的“报警输出”和“屏幕提示”，如图 3.5.8 所示。

（5）单击云台预置点右边的“设置”按钮，在打开的云台联动设置界面中，选择通道三为

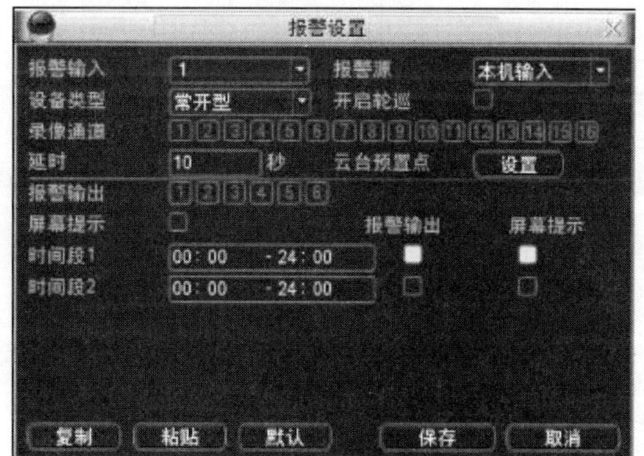

图 3.5.8 报警设置界面

“预置点”，设置值为“1”，单击“保存”按钮并退出，如图 3.5.9 所示。

（6）依次进入“高级选项”“报警输出”界面，并将所有的通道选择“自动”，单击“确定”按钮保存并退出，如图 3.5.10 所示。

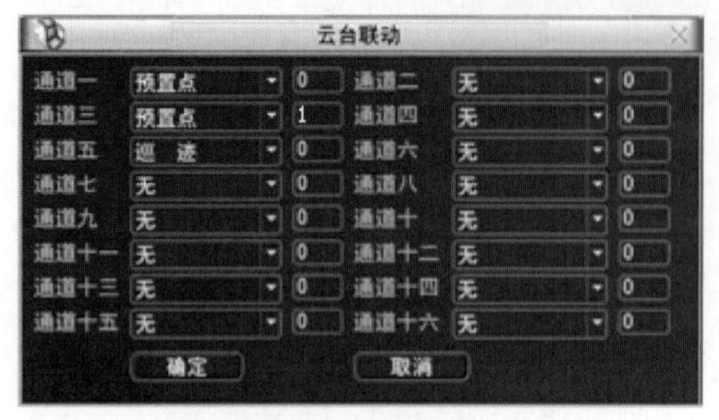

图 3.5.9　云台联动设置界面

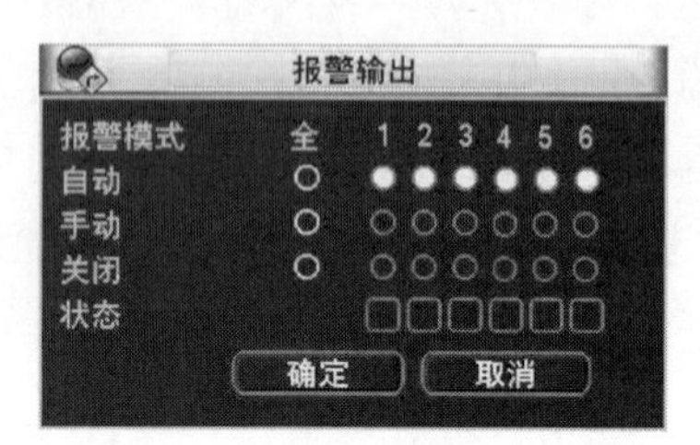

图 3.5.10　报警输出设置界面

（7）用物体挡在红外对射探测器之间，即在屏幕上提示报警，且开启录像通道 1 的画面，观察硬盘录像机的录像指示灯及声光报警器的状态。打开紧急按钮，并观察监视器屏幕显示、硬盘录像机的录像指示灯及声光报警器的状态。

思 考 题

1. 一般视频监控系统由哪几部分组成？
2. 一套网络视频监控软件平台需要哪些模块？
3. 按照外形分摄像机通常分为哪几种？摄像机的影像传感器有哪两种？
4. 采气厂视频信号传输的介质有哪几种？
5. 云台控制具体是指哪几种控制？
6. 什么是云台，它有何作用？
7. 更换新的视频服务器应做哪些参数配置？
8. 在采气厂若一视频有图像但无法控制，请分析其主要原因。
9. 在采气厂某区视频无显示但云台控制正常，请分析主要原因。
10. 现场假如有台摄像机地址为 3，而视频服务器配置为 4，有几种方法去改变地址达到控制摄像机的目的？
11. 光纤通信之所以受到人们的极大重视，这是因为和其他通信手段相比，具有无以伦比的优越性，请列举光纤通信的主要优点。

单元4 消防联动控制系统

学习目标

（1）掌握系统中的主要设备的功能及使用方式；

（2）掌握常用总线设备的编码方法；

（3）学会使用联动公式进行消防联动。

4.1 系统概述

消防联动系统是火灾自动报警系统中的一个重要组成部分。通常包括消防联动控制器、消防控制室显示装置、传输设备、消防电气控制装置、消防设备应急电源，消防电动装置、消防联动模块、消防栓按钮、消防应急广播设备、消防电话等设备和组件。GB 50116—2013《火灾自动报警系统设计规范》对消防联动控制的内容、功能和方式有明确的规定。

消防设施通常有以下几类：

（1）自动灭火系统。包括自动喷水灭火，气体灭火，泡沫灭火等。

（2）火灾自动报警系统。有感烟式，感温式，感光式，红外式等。

（3）消火栓系统。

（4）消防电梯，防烟风机，排烟风机，防火门，防火卷帘等。

（5）消防应急广播。

（6）消防应急照明。

火灾发生的初期阶段规模小而且易于扑灭，但如果不能及时发现和扑灭，则会使火势蔓延，酿成灾难。因此如果能探知火灾发生，并在第一时间采取疏散人员、自动灭火等一系列措施，可使损失和伤害降到最低程度。使用探测器来监测火情并在火灾发生时进行报警的设施，早在19世纪末就已被发明，但现代意义上的火灾报警设施则是电子技术和微型计算机技术结合的产物。在我国，大约从20世纪70年代起火灾报警设备才开始在大型建筑物中使用，20世纪80年代以后，随着我国高层建筑的兴起，火灾报警与消防联动控制技术也得到了较大的发展。

一个火灾报警系统一般由火灾探测报警器件、火灾报警装置、火灾警报装置和电源四部分构成。复杂的系统还应包括消防设备的控制系统。

火灾探测报警器件是能对火灾参数（如烟、温光、火焰辐射、气体浓度等）进行响应并自动产生火灾报警信号的器件。按响应火灾参数的不同，火灾探测器分成感温、感烟、感光、气体火灾探测器和复合火灾探测器五个基本类型。

传统的火灾探测报警器是当被探测参数达到某一值时报警，因此常被称为阈值火灾探测报警器（或称开关量火灾探测报警器），但近年来出现了一种模拟量火灾探测报警器，它输出的信号不是开关量信号，而是所感应火灾参数值的模拟量信号或与其等效的数字量信号。它没有阈值，只相当于一个传感器。

另一类火灾探测报警器件是手动按钮，它由发现火灾的人员用手动方式进行报警。

火灾报警装置是用以接收、显示和传递火灾报警信号，并能发出控制信号和具有其他辅助功能的控制设备。火灾报警控制器即为其中的一种，它能为火灾探测器提供电源，接收、显示和传输火灾报警信号，并能对自动消防设备发出控制信号，是火灾自动报警系统的核心部分。在火灾报警装置中，还有一些设备如中继器、区域显示器、火灾显示盘等装置，可视为火灾报警控制器的演变或补充，在特定条件下应用，与火灾报警控制器同属火灾报警装置。

火灾警报装置是火灾自动报警系统中用以发出区别于周围环境的火灾警报信号的装置。它以特殊的声、光等信号向警报区域发出火灾警报信号，以警示人们采取安全疏散、灭火救灾的措施。

在火灾自动报警系统中，当接收到火灾报警信号后，能自动或手动启动相关消防设备并显示其状态的设备称为消防控制设备，主要包括接收火灾报警控制器控制信号的自动灭火系统的控制装置、室内消火栓系统的控制装置，防排烟及空调通风系统的控制装置、常开防火门、防火卷帘的控制装置、电梯回降控制装置，以及火灾应急广播、火灾警报装置、消防通信设备、火灾应急照明与疏散指示标志等。消防控制设备一般设置在消防控制中心，以便于集中统一控制。也有的消防控制设备设置在被控消防设备所在现场，但其动作信号则必须返回消防控制中心，实行集中与分散相结合的控制方式。

火灾自动报警与消防联动控制系统的供电应采用消防电源，备用电源采用蓄电池。

图 4.1.1 为一典型消防联动系统的方框图。

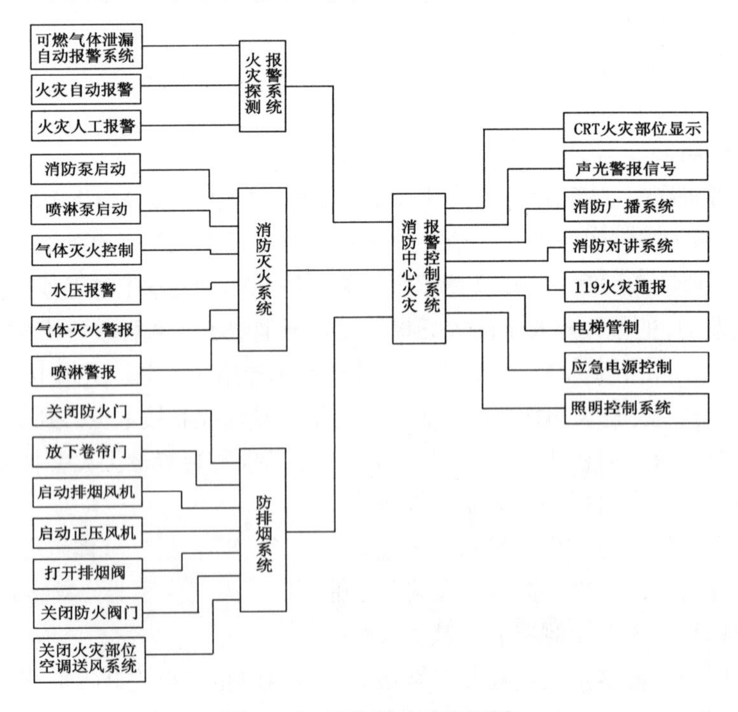

图 4.1.1　消防联动系统框图

4.2 物质燃烧的过程与规律

燃烧是一种伴随有光、热和烟等现象的化学反应。有焰燃烧的发生需要四个充要条件，即一定量的可燃物、氧气、温度和未受抑制的链式反应。

可燃物按其物理状态可分为气体可燃物、液体可燃物和固体可燃物三种类别。但从化学角度上讲，可燃物都是未达到其最高氧化状态的材料。一种特定材料能否被进一步氧化燃烧取决于它的化学性质。任何一种由碳和氢为主构成的材料都可以被氧化燃烧。某些单质物体，如磷，也可以在空气中燃烧，但绝大多数的可燃物都会含有一定比例的碳和氢。

氧气主要指空气中的游离态氧。某些化合物中含有的氧如在燃烧中释放出来的话也会助燃。

热量是可燃物与氧发生反应的能量来源，其外在表现为温度。燃烧可以是明火来引燃处于空气中的可燃物，也可能是可燃物升温到着火点后自燃。不同的物质其燃点温度也不同。

大多数的有焰燃烧都存在着链式反应。当某种可燃物受热时，它不仅会汽化，而且该可燃物的分子会发生热裂解作用，即它们在燃烧前会裂解成为更简单的分子。这些分子中的一些原子间的共价键常常会发生断裂，从而生成自由基，由于它是一种高度活泼的化学形态，能与其他的自由基和分子反应而使燃烧持续下去，这就是燃烧的链式反应。

明白了燃烧的过程，就会清楚防火和灭火的基本措施就是要去掉四个条件中的一个或几个，使燃烧不致发生或不能持续。

普通的可燃物在燃烧过程中，首先是产生燃烧气体，然后是烟雾，在氧气充分的条件下才能达到全部燃烧，产生火焰，并散发出大量的热，使环境温度升高。火灾探测器就是利用燃烧过程中发烟、发光、发热和气体浓度升高等现象来预报火灾的。图 4.2.1 是可燃物质典型的起火过程。从图中可以看到，火情发展在初起和阴燃两个阶段所占的时间比较长，这是燃烧的开始阶段。如果要想把火灾的损失控制在最低限度，保证人身不遭伤亡，火灾探测报警器应在开始阶段即能报警，因为此阶段尽管产生的大量气溶胶和烟雾充满了建筑物内火灾部位的空间，但环境温度并不高，尚未达到蔓延和发展的程度，比较容易扑灭。从曲线上还可以看到，火灾从开始阶段到全部燃烧，要经过一段时间。对于这种燃烧速度缓慢的火灾初期，用烟感探测最为合适。而且测量气溶胶比测量温度要更灵敏。感烟探测器可以在火灾初起的短时间内作出反应，发出火灾报警信号，而感温、感光探测器则要在较长时间后的全燃阶段才能作出反应。

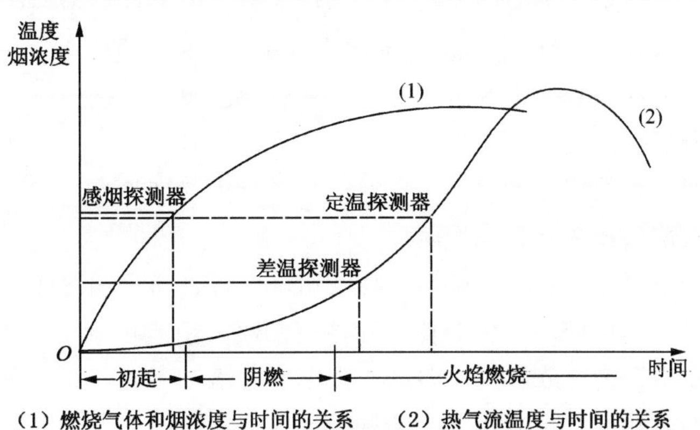

图 4.2.1 普通可燃物的起火过程

火灾发生后除了火灾现场的高温高热可造成生命财产损失外，它所产生的大量一氧化碳、二氧化碳、丙烯醛、氯化氢、二氧化硫等有毒气体可先于燃火通过楼道、管道井、楼梯井向建筑物内漫延，其对建筑物内人员的危害比明火本身还要大。因此消防联动系统在收到火灾报警信号后除了要启动自动灭火系统外，还要启动防排烟系统，使有毒气体与非火灾区隔断，并尽快将其排除到建筑物外。图 4.2.2 所示为不关门窗时有毒烟气在建筑内的流窜情况，它以 0.5～0.7 m/s 的速度横向扩散，以 2～3 m/s 的速度在楼梯道内上升。如启动防排烟系统后则可有效地抑制有毒烟气在建筑物内的蔓延。

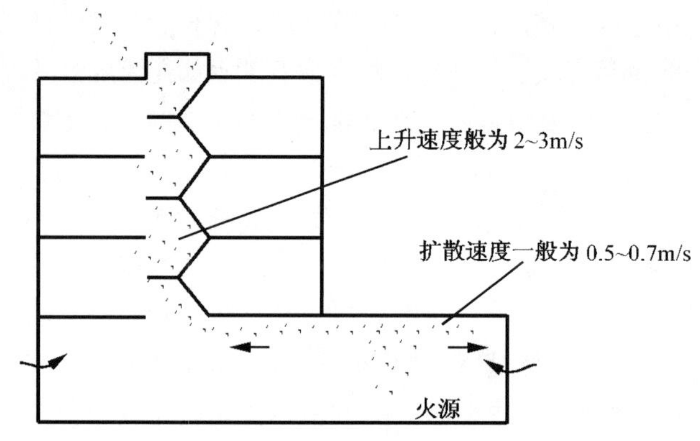

图 4.2.2　火灾时不关门窗下有毒烟气在建筑内的流窜情况

4.3　火灾探测器

火灾探测器按探测火灾参量的不同可分为感烟式、感温式、感光式、可燃气体探测式和复合式五种主要类型。

感烟式火灾探测器对燃烧中产生的固体或液体微粒予以响应，可以探测物质初期燃烧所产生的气溶胶或烟雾粒子浓度。气溶胶或烟雾粒子可以减小探测器电离室的离子电流，改变光强，改变空气电容器的介电常数或改变半导体的某些性质，因此感烟火灾探测器又可分为离子型、光电型、电容式或半导体型等。

感温式火灾探测器响应异常温度、温升速率和温差等火灾信号。其结构简单，与其他类型的探测器相比，可靠性高，但灵敏度较低。常用的有定温型（环境温度达到或超过设定值时响应）、差温型（环境温度上升速率超过预定值时响应）和差定温型（兼有差温、定温两种功能）三种。感温火灾探测器使用的敏感元件主要有热敏电阻、热电偶、双金属片、易熔金属、膜盒和半导体材料等。

感光火灾探测器又称火焰探测器，主要对火焰辐射出的红外光、紫外光、可见光予以响应。常用的有红外火焰型和紫外火焰型两种。

气体火灾探测器主要用于易燃易爆场所探测可燃气体、粉尘的浓度，一般调整在爆炸浓度下限的 1/6～1/5 时动作报警。其主要传感元件有铂丝、铂钯和金属氧化物半导体等几种。可燃气体探测器主要用于厨房或燃气储备间、汽车库、溶剂库等存在可燃气体的场所。

复合式火灾探测器是可以响应两种或两种以上火灾参数的火灾探测器，主要有感温感烟型、感光感烟型、感光感温型等。

探测器如果按其结构造型分类的话又可分为点型和线型两大类。

1. 离子感烟火灾探测器

离子感烟火灾探测器是目前应用最广泛的一种探测器。它是利用烟雾粒子改变电离室电离电流的原理制成的。如图 4.3.1 所示，两个极板分别接在电源的正负极上，在电极之间放有 α 粒子放射源镅-241，它持续不断的放射出 α 粒子，α 粒子以高速运动撞击极板间的空气分子，使空气分子电离为正离子和负离子（电子），这样电极之间原来不导电的空气具有了导电性，实现这个过程的装置称为电离室。在电场作用下，正负离子有规则的运动形成离子电流。当火灾发生时，烟雾粒子进入电离室后，电离产生的正离子和负离子被吸附在烟雾粒子上，使正负离子相互中和的概率增加，这样就使到达电极的有效离子数减少；另一方面，由于烟雾粒子的作用，α 射线被阻挡，电离能力降低，电离室内产生的正负离子的数量也减小，这两者都导致电离电流减小，因此只要能检测到离子电流的变化就可检测到火灾是否发生。

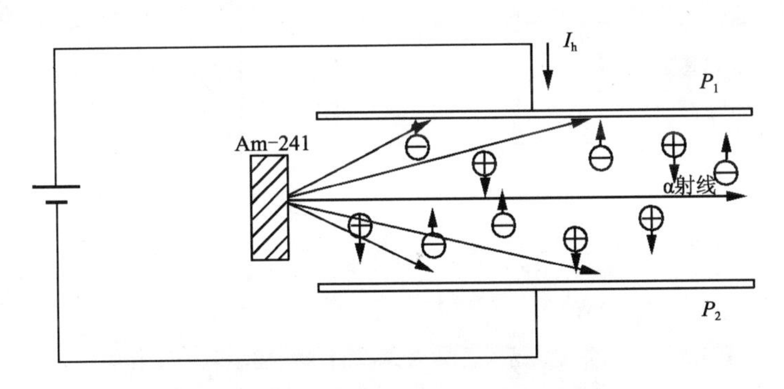

图 4.3.1　离子感烟火灾探测器工作原理

图 4.3.2 为双源式感烟火灾探测器的电路原理和工作特性，开室结构的检测电离室和闭室结构的补偿电离室反向串联。当检测室因烟雾作用而使离子电流减小时，相当于该室极板间等效阻抗加大，而补偿室的极板间等效阻抗不变，则施加在两电离室上的电压分压 U_1 和 U_2 发生变化，见图 4.3.2（b）。无烟雾时，两个电离室电压分压 U_1、U_2 都等于 12 V，当烟雾使检测室的电离电流减小时，等效阻抗增加，U_1 减小为 U_1'，U_2 增加为 U_2'，$U_1'+U_2'=24$ V。开关电路检测 U_2 电压，当 U_2 增加到某一定值时，开关控制电路动作，发出报警信号，此信号传输给报警器，实现了火灾自动报警。

上例中两个电离室各有一个 α 离子发射源，称为双源式离子感烟火灾探测器。这种探测器在我国已大量生产并广泛应用。但目前一种单源双室式离子感烟火灾探测器正在逐渐取代双源双室式感烟火灾探测器。单源式离子感烟火灾探测器的工作原理与双源式基本相同，但结构形式不同。图 4.3.3 为单源双室离子感烟火灾探测器结构示意和工作特性图。单源双室感烟火灾探测器的检测电离室与参考电离室比例相差较大，补偿室小，检测室大。两室基本是敞开的，气流互通。检测室与大气相通，而补偿室则通过检测室间接与大气相通。两室共用一个放射源。

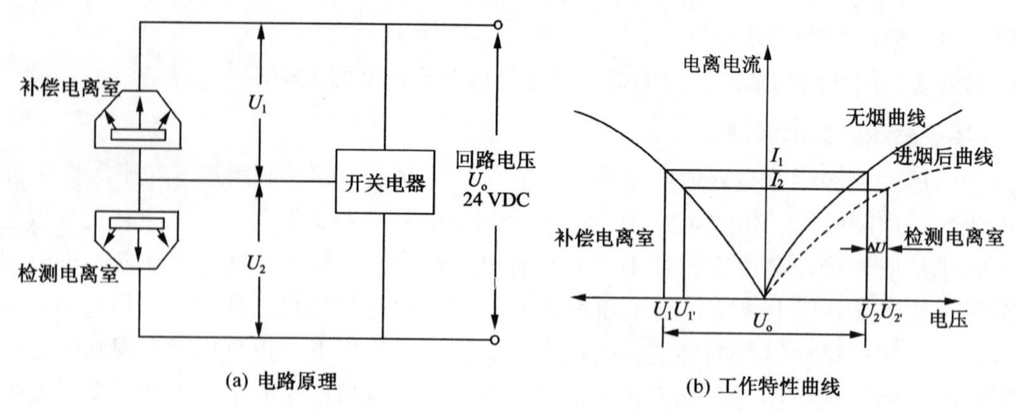

(a) 电路原理　　(b) 工作特性曲线

图 4.3.2　双源式感烟探测器电路原理和工作特性

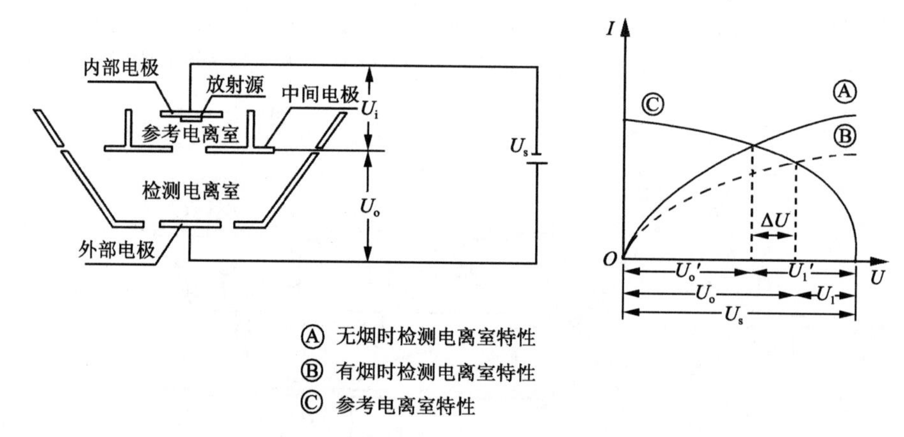

Ⓐ 无烟时检测电离室特性
Ⓑ 有烟时检测电离室特性
Ⓒ 参考电离室特性

图 4.3.3　单源双室离子感烟火灾探测器结构示意与工作特性

放射源发射的α射线先经过参考电离室，然后穿过位于两室中间电极上的一个小孔进入检测电离室。两室中的空气部分被电离，各形成空间电荷区。因为放射源的活度是一定的，中间电极上的小孔面积也是一定的，从小孔进入检测室电离的α离子也是一定的，在正常情况下，它不受环境影响，因此电离室的电离平衡是稳定的，图 4.3.3 中Ⓐ为检测电离室的特性曲线，Ⓒ为参考电离室的特性曲线。Ⓐ Ⓒ交点处的电压 U_o 为中间电极对地电压，U_i 为内部电极与中间电极之间的电位差。$U_o+U_i=U_S$。当火灾发生时，烟雾粒子进入检测电离室，使检测室空气的等效阻抗增加，工作特性变为曲线Ⓑ，而参考电离室的工作特性Ⓒ不变。中间电极的对地电压变为Ⓒ与Ⓑ交点处对应的电压 U_o^1，显然 U_o^1 增加，而 U_i^1 减小，$U_o^1+U_i^1=U_S$。检测中间极板上的电压 U_o 的变化量ΔU，当其超过某一阈值时产生火灾报警信号。

单源双室离子式感烟火灾探测器与双源双室离子式感烟火灾探测器相比，有以下几个优点：

（1）由于两个电离室同处在一个相通的空间，只要两者的比例设计合理，就既能保证在火灾发生时烟雾进入检测室后迅速报警，又能保证在环境变化时两室同时变化，从而避免参数的不一致。它的工作稳定性好，环境适应能力强。不仅对环境因素（温度、湿度、气压和气流）的慢变化有较好的适应性，对快变化的适应性则更好，提高了抗湿、抗温性能。

（2）增强了抗灰尘、抗污染的能力。当灰尘轻微地沉积在放射源的有效发射面上，导致放射源发射的 α 粒子的能量强度明显变化时，会引起工作电流变化，补偿室和检测室的电流均会变化，从而检测室的分压变化不明显。

（3）一般双源双室离子感烟火灾探测器是通过调整电阻的方式实现灵敏度调节的，而单源双室离子感烟火灾探测器则是通过改变放射源的位置来改变电离室的空间电荷分布，即源电极和中间电极的距离连续可调，这就可以比较方便地改变检测室的静态分压，实现灵敏度调节。 这种灵敏度调节连续而且简单，有利于探测器响应阈值的一致性。

（4）单源双室只需一个更弱的 α 放射源，比双源双室的电离室放射源强度减少一半，而且也克服了双源双室两个放射源难以匹配的缺点。

2．光电式感烟火灾探测器

光电式感烟火灾探测器根据烟雾对光的吸收作用和散射作用，可分为散射光式和减光式两种类型。

1）散射光式光电感烟火灾探测器

图 4.3.4 为散射光式光电感烟火灾探测器原理示。当无烟雾时，发光元件发射的一定波长的光线直射在发光原件对应的暗室壁上，而安装在侧壁上的受光元件不能感受到光线。但当火灾发生时，烟雾进入检测暗室。光线在前进过程中照射在不规则分布的烟雾粒子上，产生散射，散射光的不规则性使一部分散射光照射在接收管上，显然烟雾粒子越多，接收光电管收到的散射光就越强，产生的光电信号也越强。当烟雾粒子浓度达到一定值时，散射光的能量就足以产生一定大小的激励电流，可用于激励外电路发出火灾信号。

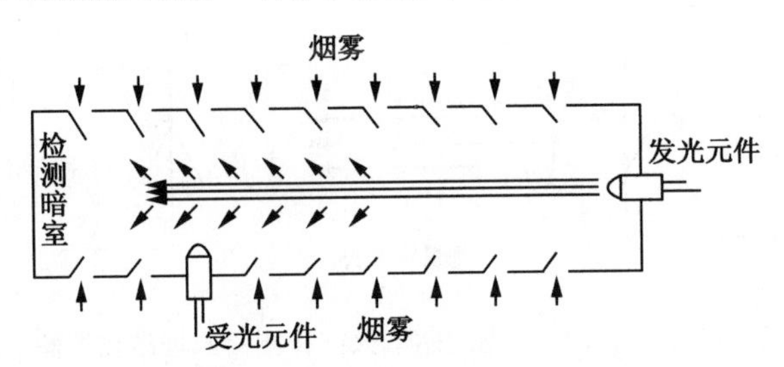

图 4.3.4 散射光式光电感烟火灾探测器原理图

散射光式光电感烟火灾探测器只适用于点型探测器结构，其遮光暗室中发光元件与受光元件的夹角在 90° ～135° 之间，夹角越大，灵敏度越高。不难看出，散射光式光电感烟的实质是用一套光系统作为传感器，将火灾产生的烟雾对光特性的影响，用电的形式表示出来并加以利用。由于光学器件的寿命有限，特别是发光元件，因此在电-光转换环节采用间歇供电方式，即用一振荡电路使发光元件产生间歇式脉冲光，一般发光时间为 10 μs～10 ms，间歇时间 3～5 s。发光或受光元件多采用红外光元件——砷化镓二极管（发光峰值波长 0.94μm）与硅光敏二极管配对。一般，散射光式感烟火灾探测器对粒径 0.9～10μm 的烟雾粒子能够灵敏探测，而对 0.01～0.9μm 的烟雾粒子浓度变化无反应。

2）减光式光电感烟火灾探测器

减光式光电感烟火灾探测器的受光管安装位置与散射光式光电感烟火灾探测器不同，是放在与发光管正对的位置上，如图 4.3.5。进入光电检测暗室内的烟雾粒子对光源发出的光产生吸收和散射作用，使通过烟雾后的光通量减少，从而使受光元件上产生的光电流降低。光电流相对于初始标定值的变化量大小，反映了烟雾的浓度，据此可通过电子线路对火灾信息进行阈值比较放大、判断、数据处理或数据对比计算，以发出相应的火灾信号。

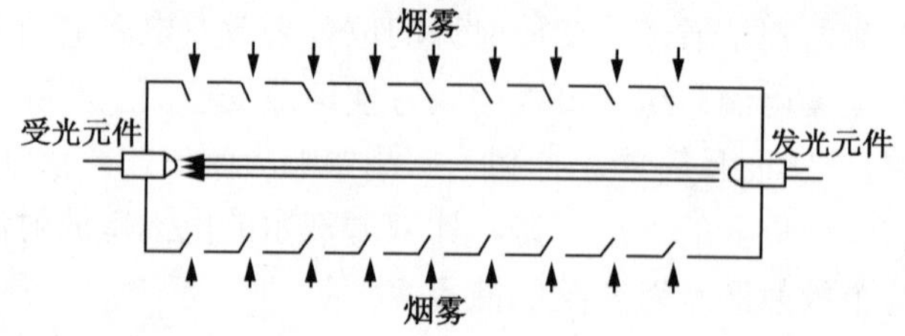

图 4.3.5　减光式光电感烟火灾探测器原理图

3）线型光电感火灾烟探测器

所谓线型光电感烟火灾探测器工作原理与遮光型光电感烟火灾探测器类似，只不过它的发光原件与受光元件分别作为两个独立的器件，而将整个探测区间作为"检测暗室"，不再有器件的检测暗室。发光元件安装在探测区的某个位置，接收元件安装在探测区中与发光管有一定距离的对应位置。在探测区无烟时，发射器发出的红外光束被接收器接收到，产生正常的光电信号，但当烟雾扩散到探测区时，烟雾粒子对红外光线的吸收和散射作用，使到达接收器的光信号减弱，接收器产生的光电信号也减少，对其分析判断后可产生火灾报警信号。图 4.3.6 为线型红外光束感烟探测器的原理结构框图。

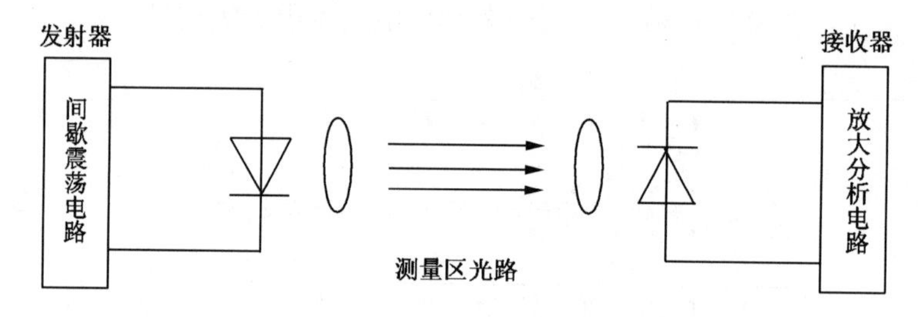

图 4.3.6　线型红外光束感烟火灾探测器原理结构框图

发射器通过测量区向接收器提供足够的红外光束能量，采用间歇发光方式可延长发光管使用寿命，通常发射脉冲宽度为13 μs，周期为 8 ms，由间歇振荡器和发光二级管完成红外光发射。

接收器硅光电二极管作为光电转换元件，接收发射器发射来的红外光信号，把光转换为电信号后，由接收电路放大、处理、输出、报警。接收器中还有防误报、检查及故障报警电路，以提高整个系统的工作可靠性。

在发射器与接收器之间各有一块口径和焦距相同的双凸透镜分别作为发射透镜和接收透镜。红外发光管和接收硅光电二极管分别置于发射端与接收端的焦点上，使测量区的光路为基本平行光线，并可方便调整发射器与接收器之间的光轴重合。

3. 感温式火灾探测器

感温式火灾探测器按其作用原理分为三类：定温式、差温式和差定温式。定温式是温度达到或超过预定值时响应的感温火灾探测器；差温式是升温速率达到预定值时响应的感温火灾探测器；差定温式是兼有差温和定温两种功能的感温火灾探测器。感温火灾探测器按其感温效果和结构形式又可分为点型和线型两类。点型又分为定温、差温、差定温三种，而线型分为缆式定温和空气管式差温两种。

1）定温式火灾探测器

当火灾发生后探测器的温度上升，探测器内的温度传感器感受火灾温度的变化，当温度达到报警阈值时，探测器发出报警信号，这种形式的探测器即为定温式火灾探测器。

定温式火灾探测器因温度传感器不同又可分为多种，如热敏电阻型、双金属片型、易熔合金型等。

热敏电阻是一种半导体感温元件，其温度-电阻特性有三种：负温度系数热敏电阻（NTC）、正温度系数热敏电阻（PTC）和临界温度热敏电阻（CTR）。它们的特性曲线如图 4.3.7。

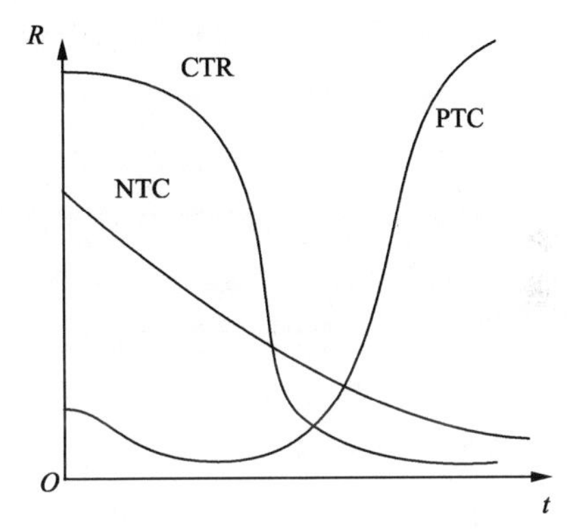

图 4.3.7 各种热敏电阻的温度特性

从图中可以看到用 CTR 与 PTC 型热敏电阻构成热控开关较为理想，而 NTC 型热敏电阻的线性度更好一些。

热敏电阻的特点是电阻温度系数大，因而灵敏度高，测量电路简单；体积小、热惯性小；自身电阻大，对线路电阻可以忽略，适于远距离测量；缺点是稳定性较差和互换性差，但现在生产的有些热敏电阻的稳定性和互换性都已经有了很大提高，完全可以用作感温式火灾探测器的传感器。

双金属片是将两种不同热膨胀系数的金属片构造在一起，当温度升高时，两种材质的金属片都将受热变形，但因其膨胀系数不同，两者的变形程度不同，就会产生一个变形力，当温度达到某一定值时，用其带动导电触点的闭合或断开来实现报警，图 4.3.8 为一种园筒状双金属定温火灾探测器结构图。外筒是用高膨胀系数的不锈钢片制成。筒内两条低膨胀系数的铜合金金属片各带一个电接点，常温时铜合金金属片的长度使中间部分隆起，电接点断开。金属片的两端固定在不锈钢筒的两端。当火灾发生时温度升高，不锈钢的热膨胀系数高于铜合金金属片，因此变形大，使不锈钢筒两端伸长，而铜合金金属片变形小，但两端随不锈钢筒变形而拉紧，使中间的隆起消失，电接点闭合发出报警信号。

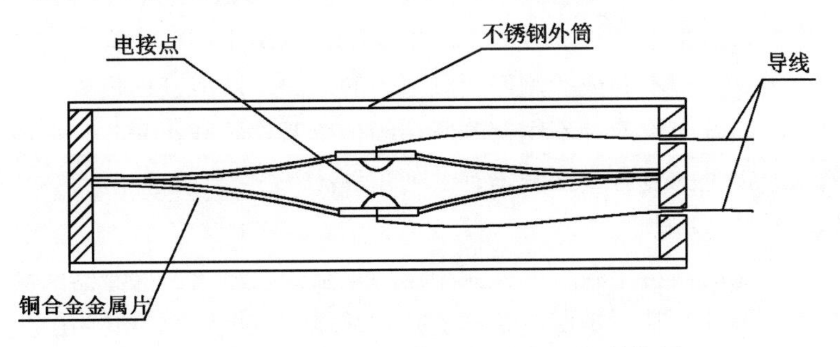

图 4.3.8 圆筒状双金属定温火灾探测器结构图

易熔金属丝是一种简单易行的感温探测元件，正常时用其将电路连通，当火灾发生时，火灾温度使易熔金属丝熔断，从而使电路断开而发出报警信号。还有一种玻璃泡式感温元件与易熔金属丝的原理很相似，它是当火灾发生时，火灾温度使玻璃泡破裂从而使附着在玻璃泡上的导电体断开。

2）差温式感温火灾探测器

正常时室内温度变化率很小，火灾发生时，有一个温度迅速升高的过程。所谓差温是指一定时间内的温度变化量，即温度的变化速率，当检测到的这个值超过设定值时发出报警信号。

膜盒式差温火灾探测器是一种常见的差温式感温探测器。图 4.3.9 为膜盒式差温火灾探测器的结构示意图。这种探测器由感热室、膜片、泄漏孔及电接点等构成。如果环境温度缓慢变化，空气膨胀缓慢，则由于泄漏孔的作用使感温气室内的空气压力变化不大，膜片基本不变形，电接点断开。当火灾发生时，空气室内的空气随周围温度急剧升高而迅速膨胀，因为这个过程的时间很短，泄漏孔来不及将膨胀气体泄出，致使空气室内的空气压力增高，膜片受压产生变形，使电接点闭合产生报警信号。

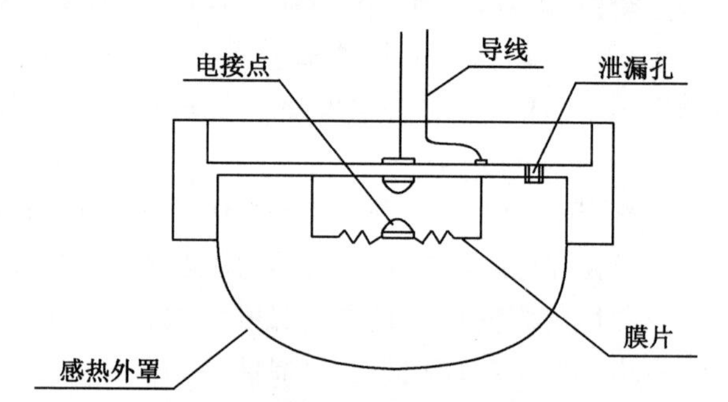

图 4.3.9　膜盒式差温探测器结构示意

3）缆式线型感温火灾探测器

缆式线型感温火灾探测器由感温电缆和终端盒组成，感温电缆线是温度敏感元件，缆式感温线型火灾探测器的动作，不是由明火引起的，而是由被探测物温度升高到某定值时产生。感温电缆线是一个热电阻元件，当温度升高时电缆线的电阻值发生变化，由终端盒电路来检测这个电阻变化量并在预定值时发出报警信号。

使用探测电缆时，首先要了解受保护地点的环境温度，然后来决定电缆报警温度。当环境温度确定后，其报警温度将随电缆长度减少而增加。

4. 复合型火灾探测器

无论哪种类型的火灾探测器都有其不同的优点与缺点，尚未有哪一种火灾探测器能有效、全面地探测各类火情，适用于各种场合而不产生误报。现实生活中火灾发生的情况是多种多样的，往往会由于火灾类型不同或探测器探测范围的局限，造成延误报警。复合型火灾探测器正是为了解决这一问题而将两种不同探测原理的传感器件结合在一起，形成一种更有效地探测火情的探测器，常见的复合型探测器有下列几种：

1）差定温复合火灾探测器

差定温复合火灾探测器将定温式火灾探测器和差温式感温火灾探测器两套机构并在一个探测器中，对温度慢慢升到某一定值或急剧上升时都能响应报警。若其中的某一功能失效，另一种功能仍能起作用，因而提高了工作的可靠性。

2）光电感温复合火灾探测器

这种探测器将光电感烟、感温火灾探测器两套机构构造在一个探测器中，既可以对以烟雾为特征的早期火情予以监视，也可以对以高温为特征的后期火情予以探测。此类探测器对缓燃、阴燃和明火产生的火灾现象能够做到较好地探测，综合了光电式感烟和感温两种火灾探测器的长处，弥补了各自的不足。

3）光电、感温、电离式复合火灾探测器

这种探测器的一个探头中装有三只传感器：光电型、感温型和电离型。它可以用在环境复杂的场合，适用于各种区域和可能发生的火灾特性的变化，提高了探测器的可靠性。

5. 智能型火灾探测器

误报现象是火灾报警系统中一个十分令人头痛的问题。一般探测器是由传感器和电子电路构成的，周围环境的干扰可能引起传感器误动作或电子元件误动作，从而在不应报警时发出了报警信号。这十分容易产生“狼来了”效应。当值班人员在多次对报警信号进行核实时发现为误报后很容易产生麻痹松懈心理，而当火灾真的发生时又会以为是误报，未采取相应措施而错失救火良机。为了解决这个问题，人们开发了智能型火灾探测器。

智能型火灾探测器有两种，常见的是将原来在设定值时才发出开关型报警信号的方式改为经常性向火灾报警控制器发出现场探测参数的模拟信号，一般是将其转为数字信号进行传输，由控制器根据其他探测器的现实情况和历史情况进行综合分析以判断是否有火灾发生。这就极大的减少了因周围环境干扰引起系统误报的可能性。

另一种智能型火灾探测器自身带有微处理器系统，并设置了一些针对常规的、个别区域的和不同用途的火灾灾情判定计算规则，对检测信号不断地进行分析、判断和处理，不再只是简单地根据阈值判断火灾是否发生，而是同时考虑到其他中间值。如：“火势很弱—弱—适中—强—很强”，再根据预设的有关规则把这些判断信息转化为相应的报警信号，如：“烟不多，但温度快速上升—发出警报”、“烟不多，且温度没有上升—发出预警报”等。

这种具有微处理器的探测器具有自学功能，可以将已累积的经验分类记忆，设下特定的响应程式，当日后类似的现象再发生时，可以根据特定的响应程式处理。这就要求探测系统不为环境的干扰所误导，并能在异常情况发生的初期，根据有限而时有矛盾的信息预测将要发生的现象，及时发出相应程度的警报，故而称作智能探测器。

4.4 火灾报警控制器

4.4.1 火灾报警控制器的功能与分类

在火灾报警系统中，火灾探测器是系统的“感觉器官”，随时监视和感知可能出现的火灾灾情，而火灾报警控制器则是整个系统的中枢和核心。火灾报警控制器应具有下述功能：

（1）向探测器提供电源。

（2）能接收探测器发出的火灾信号，在火灾发生时能够进行声光报警，并指示火灾部位和记录报警信息。

（3）可通过火警发送装置启动火灾报警信号或通过自动消防灭火控制装置启动自动灭火

设备和消防联动设备。

（4）具有自检功能。能够自动地监视系统的工作状况，特定故障时能给出声光警报信号。

火灾报警控制器通常按其用途和设计使用要求不同分为区域火灾报警控制器、集中火灾报警控制器和通用火灾报警控制器三类。

火灾自动报警系统的保护对象多种多样，建筑规模大小不一，小的面积只有几十或几百平方米，大的面积可达几千平方米或几万平方米，甚至十几万平方米，为了便于早期发现和通报火灾，也便于系统的日常维护和管理，火灾自动报警系统的设计，一般都要将其保护对象的整个范围划分为若干个分区，即报警区域，再将每个报警区域划分为若干个单元，即操作区域。这样划分可以在火灾发生时迅速、准确地确定灾情部位，以便有关人员及时采取有效措施。

报警区域是将火灾自动报警系统的警戒范围按防火分区或楼层划分的部分，而设在这个报警区域的火灾报警控制器则为区域火灾报警控制器。

区域火灾报警控制器直接连接火灾探测器，处理各种报警信息。然后将报警信息送给集中火灾报警控制器。

一般整个报警系统应设一台集中报警控制器。集中报警控制器下层应有两台及两台以上的区域火灾报警控制器，或者设置两台及两台以上的区域显示器。区域显示器不与火灾探测器相连，只接收集中报警控制器的火灾信息，显示本报警区域内的火灾部位，并进行声光报警。

集中火灾报警控制器接收区域火灾报警控制器或火灾探测器的火灾报警信号，对其进行分析处理，并控制火灾报警装置，启动自动灭火设备和火灾联动设备。

集中式火灾报警控制器是一套计算机控制系统。特别是采用模拟量火灾探测器的智能火灾报警系统，集中控制器随时对探测器输入模拟信号进行智能化的分析处理，以判别是否真已发生火灾。这种信号处理系统需建立一个适用探测器所在环境特点的特征模型，可补偿各种环境干扰和灰尘积累对探测器灵敏度的影响，可通过软件编辑实现图形显示，键盘控制，翻译等功能，还可实现时钟、存储、密码、自检联动、连网等多种功能。

通用火灾报警控制器兼有区域、集中两级火灾报警控制器特点，可以通过设置或修改（硬件或者软件）成为区域报警控制器或者集中报警控制器。

报警控制器的结构型式一般分壁挂式、台式和柜式三种。

4.4.2 火灾报警控制器系统结构

较小的火灾报警控制系统由于监控的范围比较小，当只需要火警信号预报时，通常只需使用一台区域火灾报警控制器就可以了；如果需要消防联动则应使用一台集中火灾报警控制器。当防范区域较大时，还需一台集中报警控制器和多台报警控制装置构成。

近年来，随着火灾报警技术的发展和模拟量、总线制、智能化火灾探测报警系统日益广泛地应用，报警控制器已不再严格分为区域火灾报警控制器与集中火灾报警控制器，而通称为火灾报警控制器，根据所能接收探测器的回路数或点数多少而适用于各种不同火灾报警场合。需要联动控制时配上联动控制盘即可。

这种报警控制器是由单片机、存储器、操作面板接口电路、数据输出接口电路、串行通信接口电路构成，图 4.4.1 为系统结构方框图。

单片机为系统的中央处理机构，它是在一块芯片内集成了 CPU，一定量的随机存储器（Vamdom access memory，RAM）、只读存储器（read only memory，ROM）、串行接口、并行接口、中断管理器等，构成了一个小的计算机系统。有的还集成有直接存储器存取（direct menory access，DMA）、显示接口，网络控制功能等。

ROM、RAM 为内存单元扩展，由于单片机内的 ROM、RAM 有限，不能满足系统要求，所以要进行扩展，ROM 为固化系统程序的只读存储器，RAM 为数据处理时临时存储数据的随机存储器。

尽管单片机内已配有一定的并行接口，但有些要被系统的数据总线、地址总线和控制总线占用，且驱动能力有限，所以片外要作并行接口扩展，以便与控制器面板上的操作键盘和控制按钮等输入信号相接，还要与数码显示器和状态指示灯等输出器件相接。一般控制器设有 2～3 个数码显示器，显示当前时钟、火警地址和故障探测器地址等。

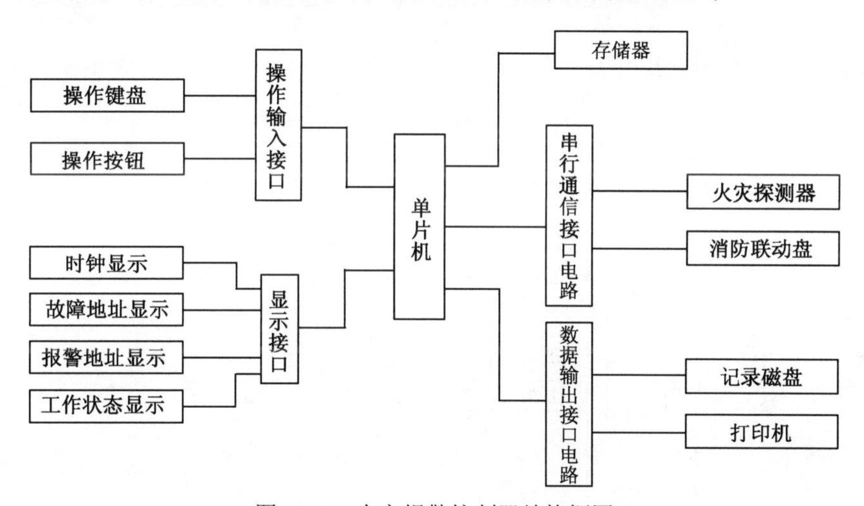

图 4.4.1 火灾报警控制器结构框图

控制器与探测器和联动控制盘的通信一般采用 RS-485 串行通信，而单片机内的串行通信接口为 RS-232 接口，故要设串行通信接口转换电路。

磁盘为存储火灾报警控制器的工作状态、报警状态等信息的设备，有些像“黑匣子”，以备进行工作分析和事故分析时使用。

图 4.4.2 为模拟量火灾报警控制器的工作流程图。这种系统为智能报警系统，对模型有自修正、自适应功能，有模糊逻辑分析和判断功能。这大大提高了系统的可靠性，减少了系统的误报率。

图 4.4.3 为采用这种火灾报警控制器构成的火灾报警系统示意图。

这一系统不使用区域火灾报警控制器，为了使各防火分区或每层楼层的管理人员能清楚了解本区域火灾信息，设有报警显示器，以显示报警状态。

目前的火灾报警控制器几乎都已采用了二总线制。由控制器到探测器只需接出两条线，即作为探测器的电源线，又作为信号传输线，它是将信号加载在电源上进行传输的。

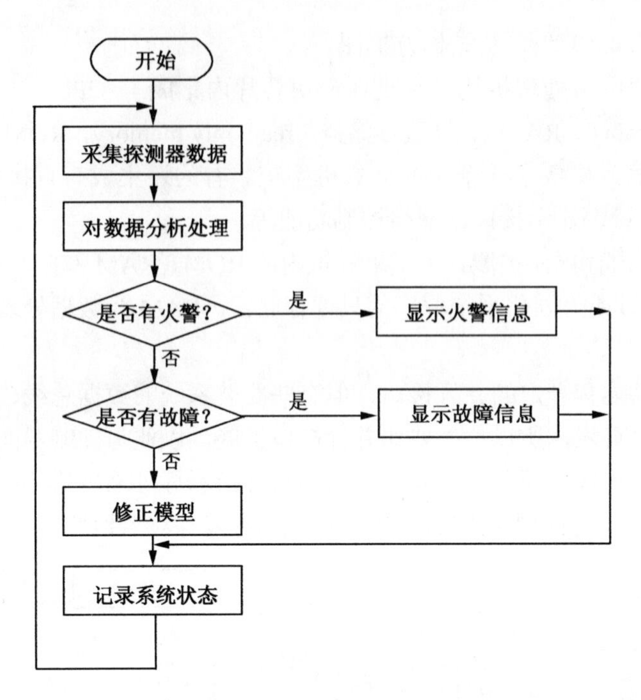

图 4.4.2　模拟量火灾报警控制器工作流程图

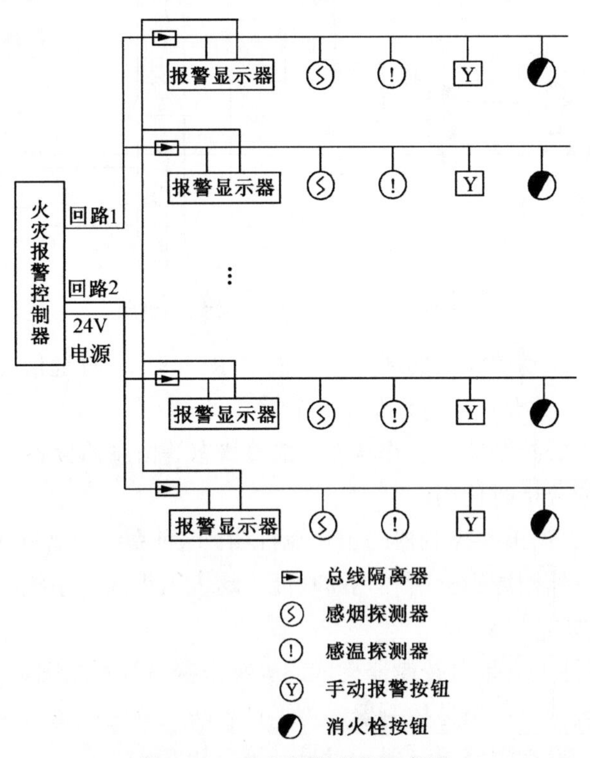

图 4.4.3　火灾报警系统示意图

为了避免同一回路上的几条支路之间某一条短路时会引起整个回路瘫痪，一般在每个支路与回路连接处都要加一总线隔离器。

集散控制型火灾自动报警系统是 20 世纪 90 年代末才在我国市场上出现的，这种系统是计算机集散控制系统理论与计算机网络通信技术相结合的产物。

所谓集散控制系统就是将一个较大的控制系统按着一定的规律分解为若干个相对独立的子系统，又称工作子站，每个子系统都采用一个计算机系统进行控制，由其完成本子系统内的现场检测、报警和控制任务。而在报警中心设有中央监控计算机，由其完成对各子系统之间的任务协调，并监视和指挥各子系统计算机的工作，因此又称工作主站。集中管理，分散控制是集散控制系统的主要特征。

工作主站是由中央监控计算机构成的火灾自动报警控制器，它是操作人员与控制系统之间的操作界面，操作人员通过它了解整个系统的工作状态，向各个子站下达控制命令。这种控制器的人机对话界面采用液晶显示屏，信息量比原来的 LED 数码显示要大得多。通过操作键盘和液晶屏，操作人员可以设置和调整时钟、日期，建立和修改联动关系表，进行报警点和联动点的登记、清除、屏蔽和释放，查询报警及故障记录或系统各点的工作状态，检查分析某一探测点模拟量曲线等。

工作子站是一个小型的报警控制器，一般分为 I/O 子站和联动子站两种类型，I/O 子站通过二总线直接与探测器和联动控制模块相接，采集本子系统内各探测器的模拟信号并将其转化为数字信号，同时检查系统内的手动报警按钮，输入模块的报警状态等信号，并将这些数据传送给工作主站，I/O 子站从总站接收控制命令，将其转化为操作数据后下达给执行任务的操作模块。

联动子站是用于控制重要消防联动设备的子系统，例如消防泵房、空调机房、变配电室等重要地点的火灾联动设备。联动子站与每台控制设备之间的控制线直接相连接。在联动子站的盘面上设有手动控制按钮，可对连接到子站上的联动设备进行直接启停控制，联动设备的运行状态可通过相应的指示灯进行显示和监控。

子站与主站之间的连线通常为四条，两条电源线，两条信号线，通信方式通常采用 RS-485 总线进行串行通信。图 4.4.4 为集散控制火灾报警系统框图。

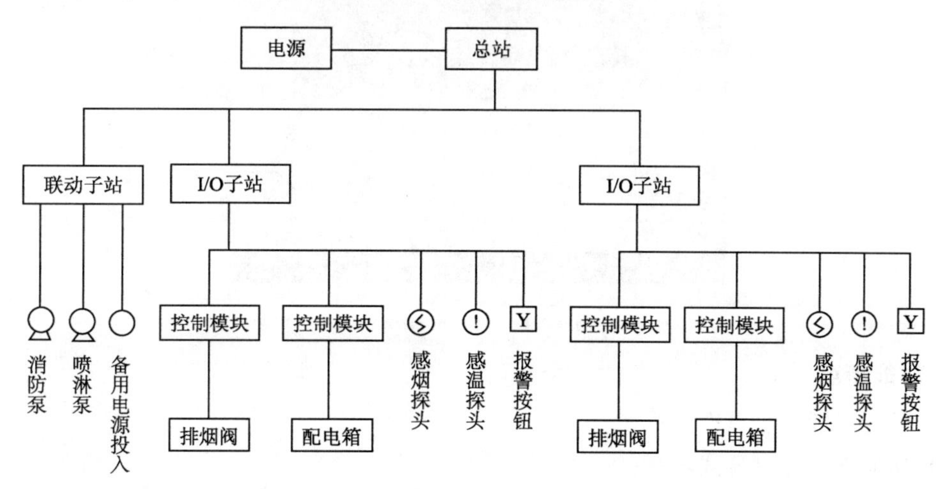

图 4.4.4 集散控制火灾报警系统框图

集散控制系统中由于将控制检测任务按功能、按区域进行分解，各子系统相互独立，这大大提高了系统的可靠性和开放性。任何一子站的故障都不会引起整个系统的瘫痪，即使是总站发生临时故障，各子站仍可按原指令完成好本子系统内的工作。系统的开放性一是体现在功能的可扩展性，集散火灾自动报警系统是一个标准的网络系统，其工作主站对各子站的功能并没有特殊的限定，只要子站的数据结构方式、数据传递方式和通信协议方式与系统的通信标准相符合即可联机入网，消防广播系统、消防电话通信系统、气体灭火系统等只要配以相应的标准通信接口和软件即可连入总系统；系统开放性的另一方面是指系统容量的可扩展性，自然系统可方便地增加子站进行容量扩展。

4.5 联动系统典型设备

4.5.1 消防控制主机

如图 4.5.1 所示，JB-QB-GST-200 火灾报警控制器（联动型）是海湾公司推出的新一代火灾报警控制器，为适应工程设计的需要，本控制器兼有联动控制功能，它可与海湾公司的其他产品配套使用组成配置灵活的报警联动一体化控制系统，因而具有较高的性价比，特别适用于中小型火灾报警及消防联动一体化控制系统。

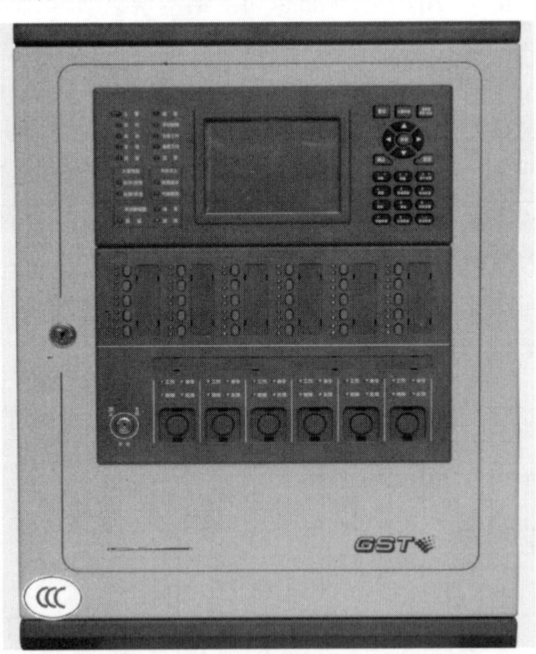

图 4.5.1 消防控制主机

1. 功能特点

（1）配置灵活、可靠性高；

（2）功能强、控制方式灵活；

（3）智能化操作、简单方便；

（4）窗口化、汉字菜单式显示界面；

（5）全面的自检功能；

（6）配备智能化手动消防启动盘；

（7）独立的气体喷洒控制密码和联动公式编程；

（8）配接汉字式火灾显示盘；

（9）供电电源为低压开关电源，充电部分采用开关恒流定压充电。

其外形如图 4.5.2 所示：

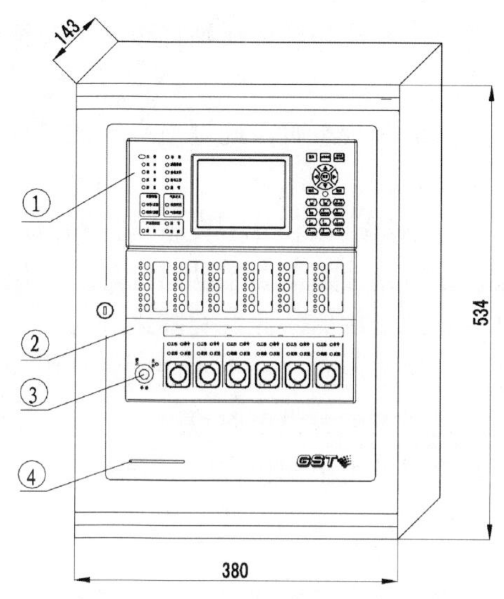

图 4.5.2　GST-200 火灾报警控制器

① 显示操作盘；② 智能手动操作盘；③ 多线制锁；④ 打印机。

显示操作盘面板说明

GST-200 火灾报警控制器（联动型）显示操作盘面板由指示灯区、液晶显示屏及按键区三部分组成，如图 4.5.3 所示。

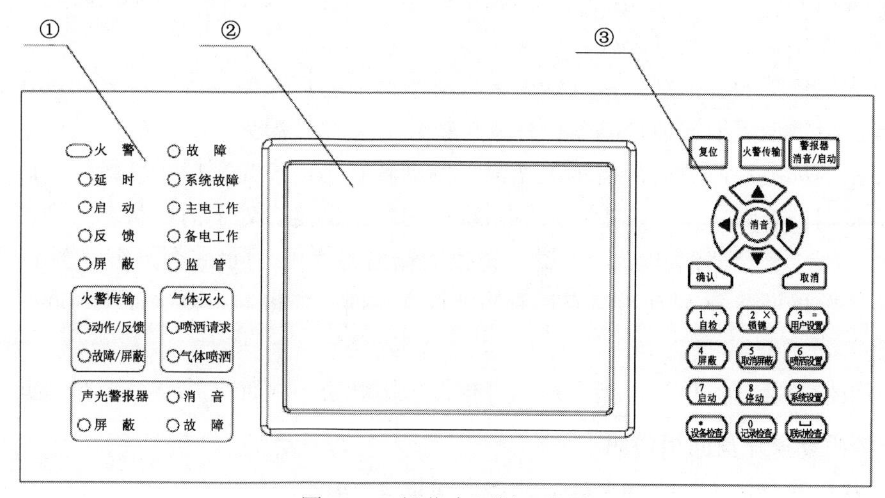

图 4.5.3　操作盘面板示意图

① 指示灯区；② 液晶显示屏；③ 按键区。

2. 指示灯说明

火警灯：红色，此灯亮表示控制器检测到外接探测器、手动报警按钮等处于火警状态。控制器进行复位操作后，此灯熄灭。

延时灯：红色，指示控制器处于延时状态。

启动灯：红色，当控制器发出启动命令时，此灯闪亮；在启动过程中，当控制器检测到反馈信号时，此灯常亮。控制器进行复位操作后，此灯熄灭。

反馈灯：红色，此灯亮表示控制器检测到外接被控设备的反馈信号。反馈信号消失或控制器进行复位操作后，此灯熄灭。

屏蔽灯：黄色，有设备处于被屏蔽状态时，此灯点亮，此时报警系统中被屏蔽设备的功能丧失。控制器没有屏蔽信息时，此灯自动熄灭。

故障灯：黄色，此灯亮表示控制器检测到外围设备（探测器、模块或火灾显示盘）有故障或控制器本身出现故障。除总线短路故障需要手动清除外，其他故障排除后可自动恢复。当所有故障被排除或控制器进行复位操作后，此灯会随之熄灭。

系统故障灯：黄色，此灯亮，指示控制器处于不能正常使用的故障状态。

主电工作灯：绿色，控制器使用主电源供电时点亮。

备电工作灯：绿色，控制器使用备用电源供电时点亮。

监管灯：红色，此灯亮表示控制器检测到总线上的监管类设备报警，控制器进行复位操作后，此灯熄灭。

火警传输动作/反馈灯：红色，此灯闪亮表示控制器对火警传输线路上的设备发出启动信息；此灯常亮表示控制器接收到火警传输设备反馈回来的信号；控制器进行复位操作后，此灯熄灭。

火警传输故障/屏蔽灯：黄色，此灯闪亮表示控制器检测到火警传输线路上的设备故障；此灯常亮表示控制器屏蔽掉火警传输线路上的设备；当设备恢复正常后此灯自动熄灭。

气体灭火喷洒请求灯：红色，此灯亮表示控制器已发出气体启动命令，启动命令消失或控制器进行复位操作后，此灯熄灭。

气体灭火气体喷洒灯：红色，气体灭火设备喷洒后，控制器收到气体灭火设备的反馈信息后此灯亮。反馈信息消失或控制器进行复位操作后，此灯熄灭。

声光警报器屏蔽灯：黄色，指示声光警报器屏蔽状态，声光警报器屏蔽时，此灯点亮。

声光警报器消音灯：黄色，指示报警系统内的警报器是否处于消音状态。当警报器处于输出状态时，按“警报器消音/启动”键，警报器输出将停止，同时警报器消音指示灯点亮。如再次按下“警报器消音/启动”键或有新的警报发生时，警报器将再次输出，同时警报器消音指示灯熄灭。

声光警报器故障灯：黄色，指示声光警报器故障状态，声光警报器故障时，此灯点亮。

3. 智能手动操作盘面板说明

智能手动操作盘由手动盘和多线制构成，见图 4.5.4。

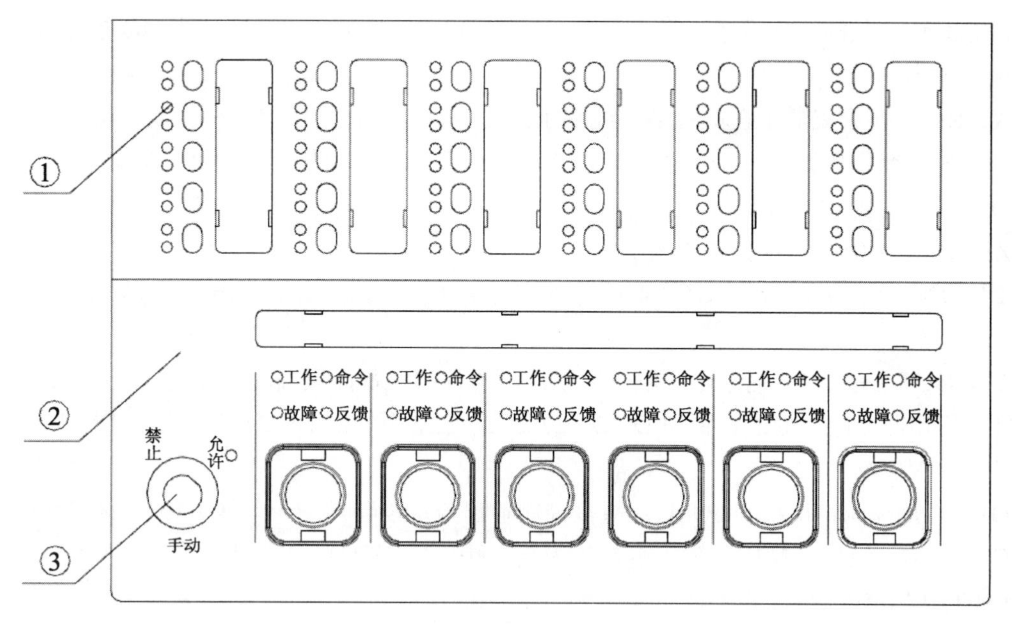

图 4.5.4 智能手动操作盘

①手动盘；②多线制；③多线制锁。

手动盘的每一单元均有一个按键、两只指示灯（启动灯在上，反馈灯在下，均为红色）和一个标签。其中，按键为启/停控制键，如按下某一单元的控制键，则该单元的启动灯亮，并有控制命令发出，如被控设备响应，则反馈灯亮。用户可将各按键所对应的设备名称书写在设备标签上面，然后与膜片一同固定在手动盘上。

多线制控制盘每路的输出都具有短路和断路检测功能，并有相应的灯光指示。每路输出均有相应的手动直接控制按键，整个多线制控制盘具有手动控制锁，只有手动锁处于允许状态，才能使用手动直接控制按键。采用模块化结构，由手动操作部分和输出控制部分构成；手动操作部分包含手动允许锁和手动启停按键，输出控制部分包含六路输出。它与现场设备采用四线连接，其中两线用于控制启停设备，另两线用于接收现场设备的反馈信号，输出控制和反馈输入均具有检线功能。每路提供一组 DC 24 V 有源输出和一组无源触点反馈输入。

4．GST-200 火灾报警控制器对外接线端子说明

GST-200 火灾报警控制器外接端子如图 4.5.5 所示。

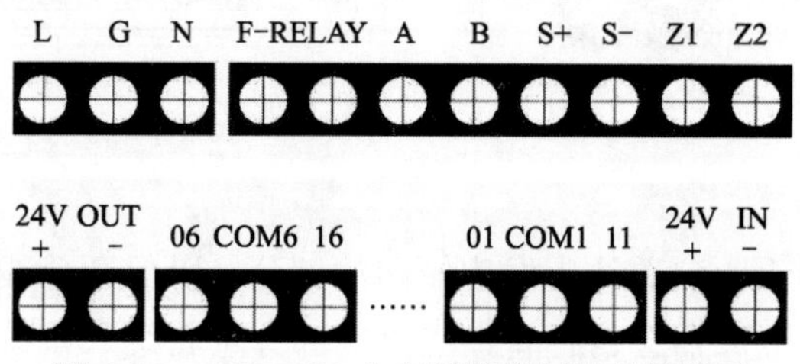

图 4.5.5 GST-200 火灾报警控制器外接端子

其中：

L、G、N：交流 220 V 接线端子及交流接地端子。

F-RELAY：故障输出端子，当主板上NC短接时，为常闭无源输出；当NO短接时 ，为常开无源输出。

A、B：连接火灾显示盘的通信总线端子。

S+、S-：警报器输出，带检线功能，终端需要接0.25 W的4.7 kΩ电阻，输出时有DC 24 V/0.15 A的电源输出。

Z1、Z2：无极性信号二总线端子。

24V IN（+、-）：外部DC 24 V输入端子，可为直接控制输出和辅助电源输出提供电源。

24V OUT（+、-）：辅助电源输出端子，可为外部设备提供DC 24 V电源，当采用内部DC 24 V供电时，最大输出容量为DC 24 V/0.3 A，当采用外部DC 24 V供电时，最大输出容量为DC 24 V/2 A。

O1：直接控制输出线。COM1：直接控制输出与反馈输入的公共线。**I**：反馈输入线。

O、COM：组成直接控制输出端，O为输出端正极，COM为输出端负极，启动后O与COM之间输出DC 24 V。

I、COM：组成反馈输入端，接无源触点；为了检线，I与COM之间接4.7 kΩ的终端电阻器。

4.5.2 总线隔离器

总线隔离器如图4.5.6所示。

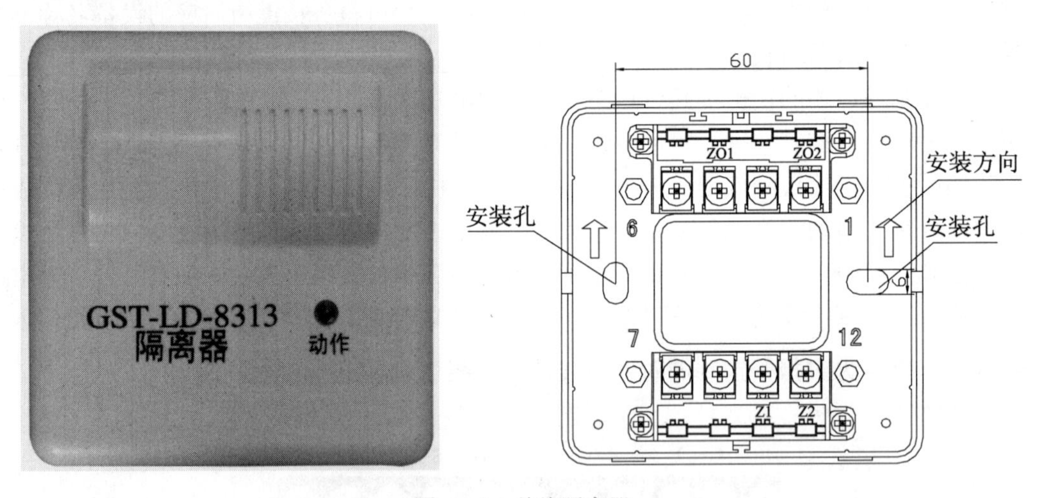

图4.5.6 总线隔离器

1. 功能

LD-8313隔离器，用于隔离总线上发生短路的部分，以保证总线上其他的设备能正常工作。待故障修复后，总线隔离器会自行将被隔离的部分重新纳入系统。此外，使用隔离器还能便于确定总线发生短路的位置。

2．参数

（1）工作电流：动作电流≤170 mA；

（2）动作指示灯：红色（正常监视状态不亮，动作时常亮）；

（3）负载能力：总线 24 V，170 mA。

3．端子说明

Z1、Z2：输入信号总线，无极性；

ZO1、ZO2：输出信号总线，无极性；

安装孔：用于固定底壳，两安装孔中心距为 60 mm；

安装方向：指示底壳安装方向，安装时要求箭头向上。安装时按照隔离器的铭牌将总线接在底壳对应的端子上，把隔离器插入底壳上即可。

4.5.3 手动报警按钮

手动报警按钮如图 4.5.7 所示。

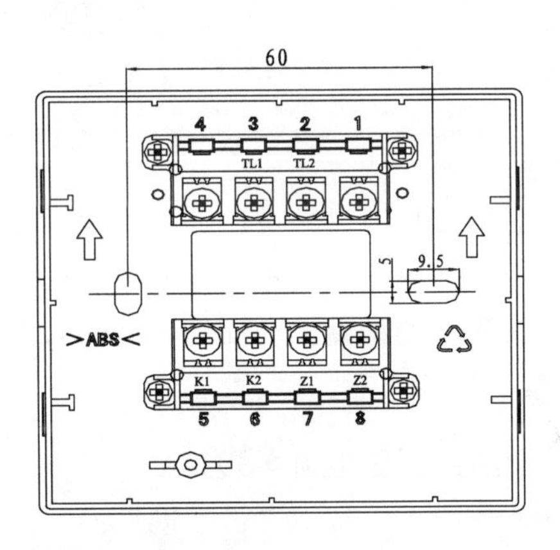

图 4.5.7 手动报警按钮

1．功能

J-SAM-GST 9122 手动火灾报警按钮（含电话插孔）一般安装在公共场所，当人工确认发生火灾后，按下报警按钮上的有机玻璃片，即可向控制器发出报警信号。控制器接收到报警信号后，将显示出报警按钮的编号或位置并发出报警声响，此时只要将消防电话分机插入电话插座即可与电话主机通信。

2．技术参数

（1）工作电流：监视电流≤0.8 mA；报警电流≤2.0 mA；

（2）输出容量：额定 DC 60 V/100 mA，无源输出触点信号；

（3）接触电阻≤100mΩ。

4.5.4 消火栓按钮

消火栓按钮如图 4.5.8 所示。

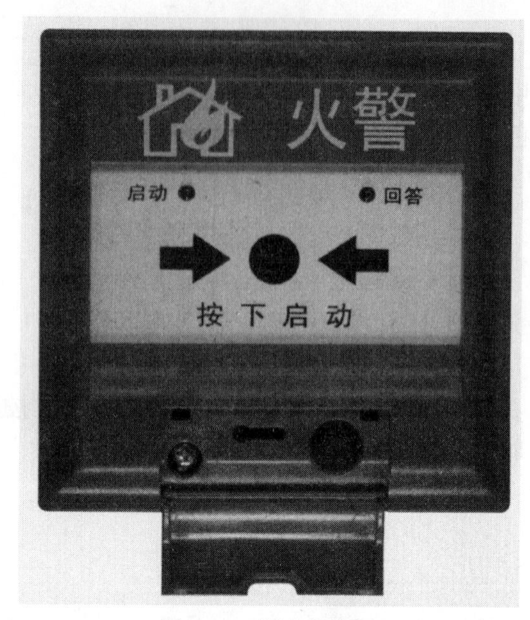

图 4.5.8 消火栓按钮

1．功能

J-SAM-GST9123 消火栓按钮（以下简称按钮）安装在公共场所，当人工确认发生火灾后，按下此按钮，即可向火灾报警控制器发出报警信号，火灾报警控制器接收到报警信号，将显示出与按钮相连的防爆消火栓接口的编号，并发出报警声响。

2．技术参数

（1）工作电流：报警电流≤30 mA；

（2）启动方式：人工按下有机玻璃片；

（3）复位方式：用吸盘手动复位；

（4）指示灯：红色，报警按钮按下时此灯点亮；绿色，消防水泵运行时此灯点亮。

注：不允许直接与直流电源连接，否则有可能损坏内部器件。

4.5.5 讯响器

讯响器如图 4.5.9 所示。

1．功能

HX-100B 火灾声光警报器（又称讯响器），用于在火灾发生时提醒现场人员注意。警报器是一种安装在现场的声光报警设备，当现场发生火灾并被确认后，可由消防控制中心的火灾报警控制器启动，也可通过安装在现场的手动报警按钮直接启动。启动后警报器发出强烈的声光警号，以达到提醒现场人员注意的目的。

2．技术参数

（1）工作电压：

信号总线电压：24V，允许范围：16～28V。

图 4.5.9 讯响器

电源总线电压：DC 24V，允许范围：DC 20～28V，电源动作电流：≤160 mA。

（2）编码方式：采用电子编码方式，占一个总线编码点，编码范围可在 1～242 之间任意设定。

（3）线制：四线制，与控制器采用无极性信号二总线连接，与电源线采用无极性二线制连接。

4.5.6 智能光电感烟探测器

智能光电感烟探测器如图 4.5.10 所示。

图 4.5.10 智能光电感烟探测器

1．功能

在无烟状态下，只接收很弱的红外光，当有烟尘进入时，由于散射的作用，使接收光信号增强；当烟尘达到一定浓度时，便输出报警信号。为减少干扰及降低功耗，发射电路采用脉冲方式工作，以提高发射管的使用寿命。该探测器占一个节点地址，采用电子编码方式，通过编码器读/写地址。

2．技术参数

- 工作电压：信号总线电压，总线 24V；允许范围，16～28V。
- 工作电流：监视电流≤0.8mA；报警电流≤2.0mA。
- 灵敏度（响应阈值）：可设定三个灵敏度级别，探测器出厂灵敏度级别为 2 级。当现场环境需要在少量烟雾情况下快速报警时，可以将灵敏度级别设定为 1 级；当现场环境灰尘较多时或者风沙较多的情况下，可以将灵敏度级别设定为 3 级。
- 响应阈值：0.11～0.27 dB/m。
- 报警确认灯：红色，巡检时闪烁，报警时常亮。
- 编码方式：电子编码（编码范围为 1～242）。
- 线制：信号二总线，无极性
- 使用环境：温度，-10～+50℃；相对湿度≤95%，不凝露。
- 壳体材料和颜色：ABS，象牙白。
- 安装孔距：45～75 mm。

4.5.7 智能电子差定温感温探测器

智能电子差定温感温探测器如图 4.5.11 所示。

图 4.5.11 智能电子差定温感温探测器

1．功能

JTW-ZCD-G3N 智能电子差定温感温探测器采用热敏电阻器作为传感器，传感器输出的电信号经变换后输入到单片机，单片机利用智能算法进行信号处理。当单片机检测到火警信号后，向控制器发出火灾报警信息，并通过控制器点亮火警指示灯。

2．技术参数

- 工作电压：信号总线电压：总线 24V，允许范围：16～28 V。
- 工作电流：监视电流≤0.8 mA；报警电流≤2.0 mA。
- 报警确认灯：红色（巡检时闪烁，报警时常亮）。
- 编码方式：十进制电子编码，编码范围在 1～242 之间。
- 壳体材料和颜色：ABS，象牙白。
- 质量：约 115 g。
- 安装孔距：45～75 mm。

4.5.8 LD-8301 单输入/单输出模块

如图 4.5.12 所示，LD-8301 单输入/单输出模块采用电子编码器进行编码，模块内有一对常开、常闭触点。模块具有直流 24V 电压输出，用于与继电器的触点接成有源输出，以满足现场的不同需求。另外模块还设有开关信号输入端，用来和现场设备的开关触点连接，以便确认现场设备是否动作。

LD-8301 单输入/单输出模块主要用于各种一次动作并有动作信号输出的被动型设备，如：排烟阀、送风阀、防火阀等接入到控制总线上。

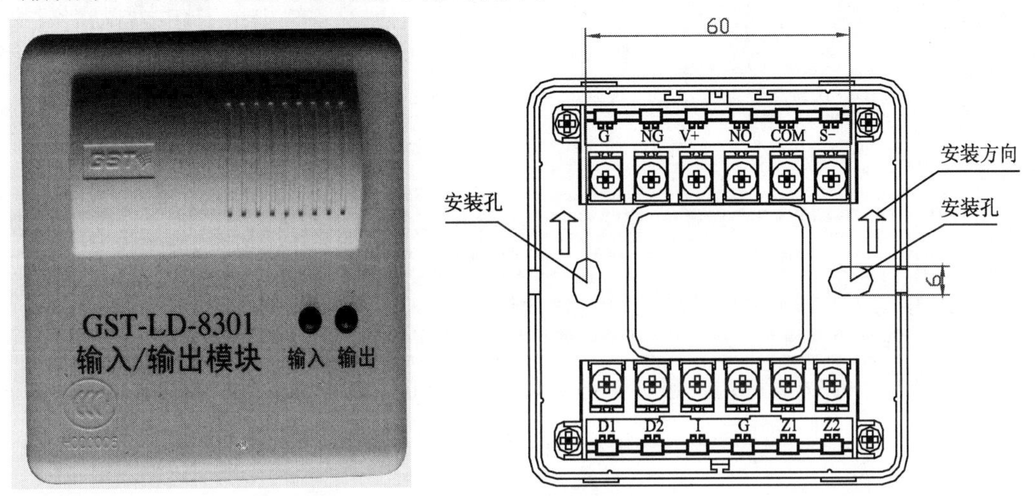

图 4.5.12 单输入/单输出模块及底座端子

1. 端子说明

Z1、Z2：接控制器两总线，无极性；

D1、D2：DC 24 V 电源，无极性；

G、NG、V+、NO：DC 24 V 有源输出辅助端子，将 G 和 NG 短接、V+和 NO 短接（注意：出厂默认已经短接好，若使用无源常开输出端子，请将 G、NG、V+、NO 之间的短路片断开），用于向输出触点提供+24V 信号以便实现有源 DC 24V 输出；无论模块启动与否 V+、G 间一直有 DC 24V 输出；

I、G：与被控制设备无源常开触点连接，用于实现设备动作回答确认（也可通过电子编码器设为常闭输入或自回答）；

COM、S−：有源输出端子，启动后输出 DC 24 V，COM 为正极、S−为负极；

COM、NO：无源常开输出端子。

2. 技术参数

- 工作电压：信号总线电压，总线 24V；允许范围，16～28 V；

电源总线电压，DC 24V；允许范围，DC 20～28 V。

- 工作电流：总线监视电流≤1 mA；总线启动电流≤3 mA；

电源监视电流≤5 mA；电源启动电流≤20 mA。

- 输入检线：常开检线时线路发生断路（短路为动作信号）、常闭检线输入时输入线路发生短路（断路为动作信号），模块将向控制器发送故障信号。
- 输出检线：输出线路发生短路、断路，模块将向控制器发送故障信号
- 输出容量：无源输出，容量为 DC 24 V/2 A，正常时触点接触电阻≤100 kΩ，启动时闭合，适用于 12～48 V 直流或交流；有源输出，容量为 DC24V/1A。
- 输出控制方式：脉冲、电平（继电器常开触点输出或有源输出，脉冲启动时继电器吸合时间为 10 s）。
- 指示灯：红色（输入指示灯：巡检时闪亮，动作时常亮；输出指示灯：启动时常亮）。
- 编码方式：电子编码方式，占用一个总线编码点，编码范围可在 1～242 之间任意设定。线制：与火灾报警控制器采用无极性信号二总线连接，与电源线采用无极性二线制连接。

4.5.9 光电开关

WT100-N1412（或 E3Z-LS61）为反射式光电开关，可以检测金属、非金属等反光物体。顶部旋钮用于调节光灵敏度（顺时针调节灵明度增高，逆时针调节灵敏度降低），底部旋钮用于切换工作方式（类似于继电器的常开、常闭触点）。

每个模拟防火卷帘门有高、低两个光电开关，分别用于检测防火卷帘门的高、低位置。出厂时，光电开关灵敏度旋钮一般处在最大状态，可以不用调节。工作方式旋钮调节：将高位光电开关工作方式旋钮调到 L，低位光电开关工作方式旋钮调到 D。

接线说明：

棕线：电源正极，接 DC 24V+端子。

蓝线：电源负极，接 DC 24V−端子。

黑线：控制端，当光电开关动作后，与蓝线（DC 24V−）导通。

4.6 消防联动系统典型设备的调试及应用

4.6.1 典型消防联动的系统构成

消防联动系统是火灾自动报警系统中的一个重要组成部分。通常包括消防联动控制器、消防控制室显示装置、传输设备、消防电气控制装置、消防设备应急电源、消防电动装置、消防联动模块、消防栓按钮、消防应急广播设备、消防电话等设备和组件。GB 50116—2013《火灾自动报警系统设计规范》对消防联动控制的内容、功能和方式有明确的规定。其功能主要是将着火时的烟、光、温度等环境参数的变化通过相应的探测器探测后传给中央处理主机，通过电脑的快速分析，判断是否着火并将着火情况快速地报警。同时启动消防自动灭火系统，控制火情；启动紧急广播系统和人群疏散指导系统，使建筑物内的人员快速撤离；关闭防火卷帘门对火区进行隔离；启动排烟系统将有毒气体排出，尽可能地控制火情，减少人员伤亡，降低财产损失。

典型消防联动系统硬件接线图如图 4.6.1 所示。

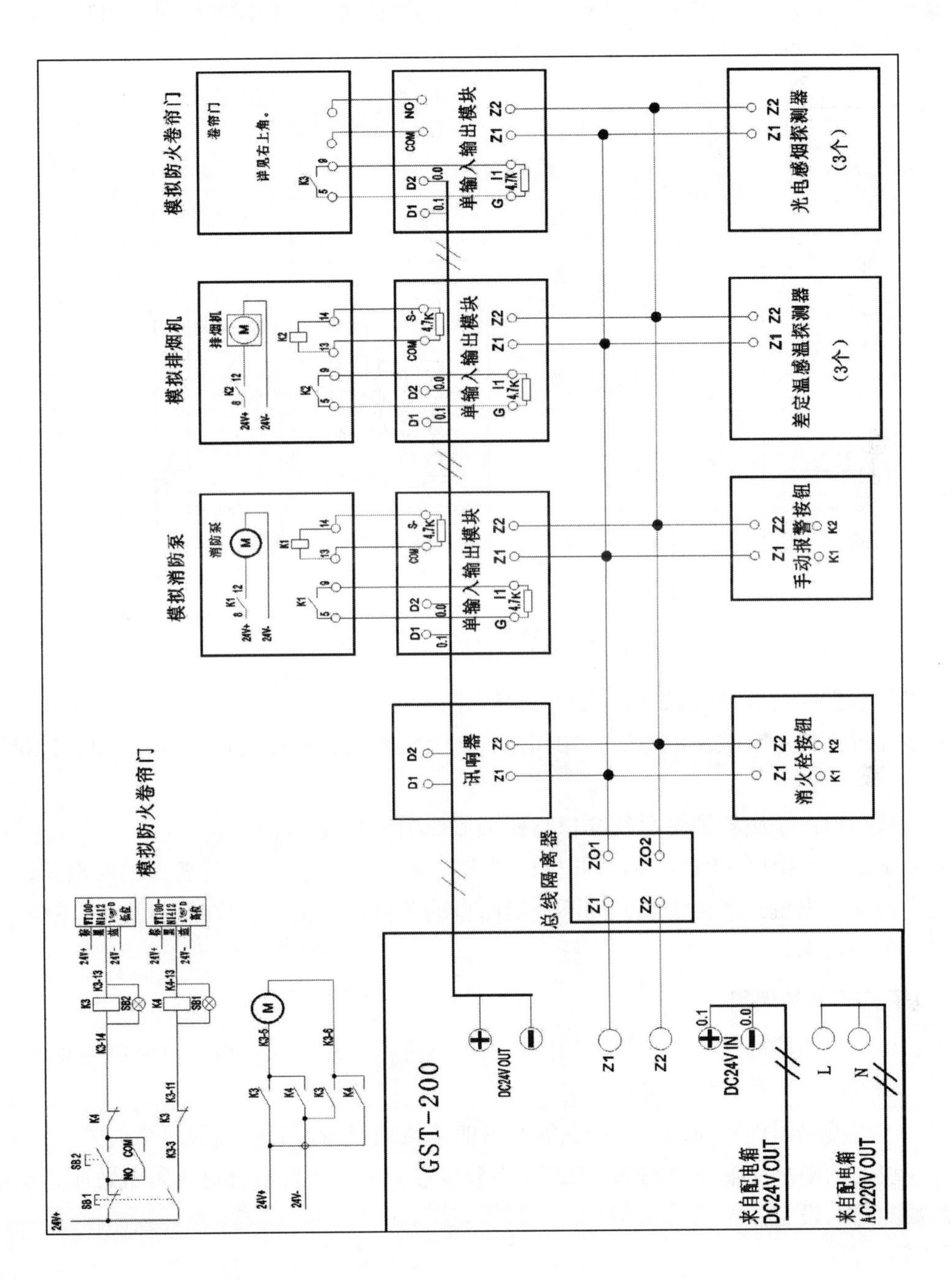

图 4.6.1 消防联动系统硬件接线图

4.6.2 典型消防联动的系统调试

1. 火灾报警控制器设备编码

本系统的单输入单输出模块、探测器、报警按钮等总线设备均需要编码，用到的编码工具为电子编码器，其结构示意图如图 4.6.2 所示。

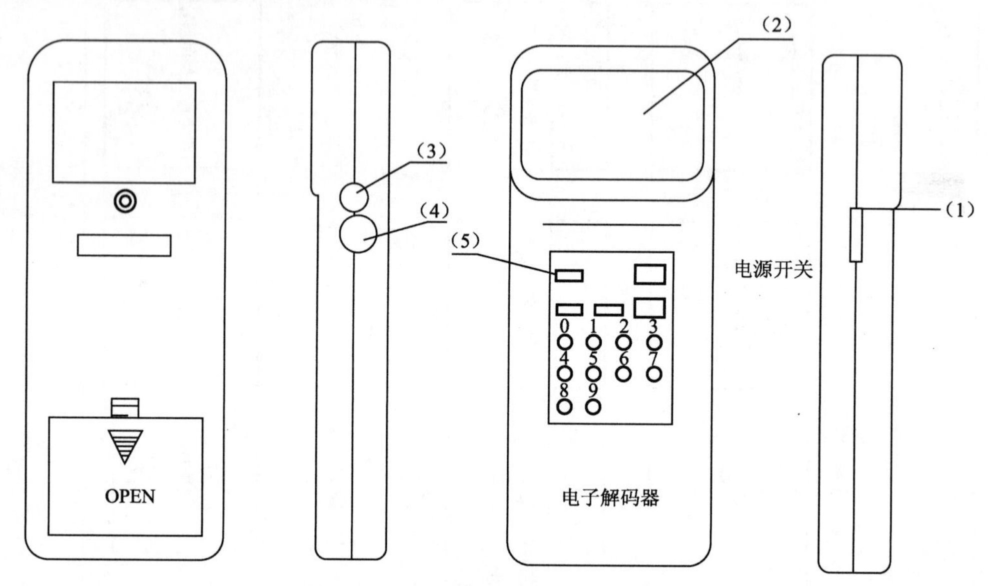

图 4.6.2　电子编码器结构示意图

（1）电源开关：完成系统硬件开机和关机操作；

（2）液晶屏：显示有关探测器的一切和操作人员输入的相关信息，并且当电源欠压时给出指示；

（3）总线插口：编码器通过总线插口与探测器或模块相连；

（4）火灾显示盘接口（I^2C）：通过此接口与火灾显示盘相连，并进行各灯的二次码编写；

（5）复位键：当编码器由于长时间不使用而自动关机后，按下复位键，可以使系统重新上电并进入工作状态。

2. 电子编码器的使用

编码器可对探测器的地址码、设备类型、灵敏度进行设定，同时也可对模块的地址码、设备类型、输入设定参数等信息进行设定。

编码前，将编码器连接线的一端插在编码器的总线插口内，另一端的两个夹子分别夹在探测器或模块的两根总线端子“Z1”，“Z2”（不分极性）上。开机后可对编码器做如下操作，实现各参数的写入设定。

1）读码

按下“读码”键，液晶屏上将显示探测器或模块的已有地址编码，按“增大”键，将依次显示脉宽、年号、批次号、灵敏度、探测器类型号（对于不同的探测器和模块其显示内容有所不同）；按“清除”键后，回到待机状态。

如果读码失败，屏幕上将显示错误信息“E”，按“清除”键清除。

2）地址码的写入

在待机状态，输入探测器或模块的地址编码，按下“编码”键，应显示符号“P”，表明编码完成，按“清除”键，则回到待机状态。

3）探测器灵敏度或模块输入设定参数的写入

此步骤只需了解，不建议操作，因相关参数在产品出厂前均已设置好。

注意：为防止非专业人员误修改一些重要数据，编码器加有密码锁，开锁密码为“456”，加锁密码为“789”，请不要随便操作。

3. 编码设置

（1）将电子编码器连接线的一端插在编码器的总线插口内，另一端的两个夹子分别夹在光电感烟探测器的两根总线端子“Z1”“Z2”（不分极性）上。

（2）将电子编码器的开关打到“ON”的位置，然后按下编码器上的“清除”键，让编码器回到待机状态，然后用编码器上的数字键输入“1”，再按下“编码”键，此时编码器若显示符号“P”，则表明编码完成；

（3）按下编码器上的“清除”键，让编码器回到待机状态，然后按下编码器的“读码”键，此时液晶屏上将显示探测器的已有地址编码。

使用编码器把本系统各个模块、探测器等总线设备按表 4.6.1 所示的地址进行编码：

表 4.6.1　设 备 地 址

序　号	设 备 型 号	设 备 名 称	编　码
1	GST-LD-8301	单输入单输出模块	01
2	GST-LD-8301	单输入单输出模块	02
3	GST-LD-8301	单输入单输出模块	03
4	HX-100B	讯响器	04
5	J-SAM-GST 9123	消火栓按钮	05
6	J-SAM-GST 9122	手动报警按钮	06
7	JTW-ZCD-G3N	智能电子差定温感温探测器	07
8	JTY-GD-G3	智能光电感烟探测器	08
9	JTW-ZCD-G3N	智能电子差定温感温探测器	09
10	JTY-GD-G3	智能光电感烟探测器	10
11	JTW-ZCD-G3N	智能电子差定温感温探测器	11
12	JTY-GD-G3	智能光电感烟探测器	12

注意：在操作过程中，如果液晶屏前部有“LB ”字符显示，表明电池已经欠压，应及时进行更换。更换前应关闭电源开关，从电池扣上拔下电池时不要用力过大。

4. 设置火灾报警控制器参数

设置火灾报警控制器参数之前，先学习火灾报警控制器的使用。

1）修改时间操作步骤

（1）按下“系统设置”键，进入系统设置操作菜单（如图 4.6.3），再按对应的数字键可进入相应的界面。

进入系统设置界面需要使用管理员密码（或更高级别密码）解锁后才能进行操作。

（2）按“1”键进入“时间设置”界面，屏幕上会出现如图 4.6.4 所示的显示。

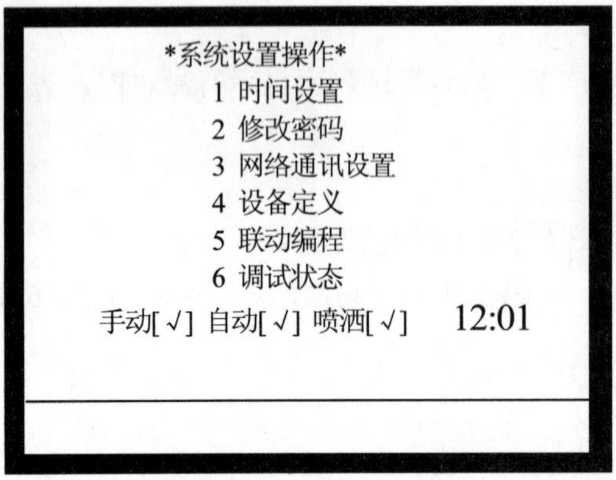

系统设置操作
1 时间设置
2 修改密码
3 网络通讯设置
4 设备定义
5 联动编程
6 调试状态
手动[√] 自动[√] 喷洒[√]
12:01

图 4.6.3　系统设置菜单

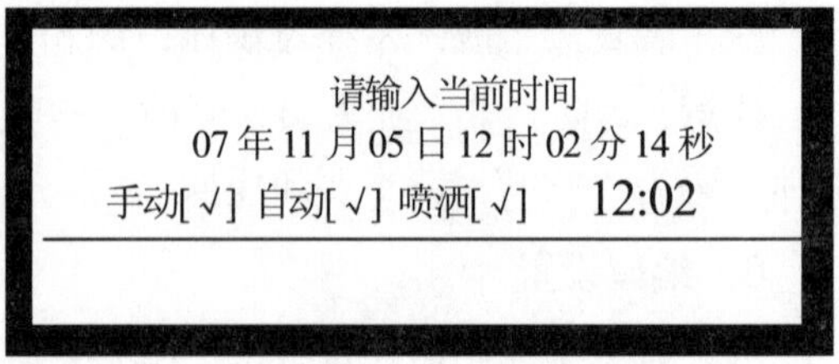

请输入当前时间
07 年 11 月 05 日 12 时 02 分 14 秒
手动[√] 自动[√] 喷洒[√]
12:02

图 4.6.4　时间设置

（3）通过按“△”“▽”键，选择欲修改的数据块（年、月、日、时、分、秒的内容）；按“◁”“▷”键，使光标停在数据块的第一位，逐个输入数据。修改完毕后，按“确认”键，便得到了新的系统时间。时间（时、分）在屏幕窗口的右下角显示。

2）密码设定操作

（1）密码的分类，除“消音”“设备检查”“记录检查”“联动检查”“锁键”“取消”“确认”“△”“▽”“◁”“▷”键外，其他功能键被按下后，都会显示一个要求输入密码的画面（密码由 8 位 0～9 的字符组成），输入正确的密码后，才可进行进一步地操作。按照系统的安全性，密码权限从低到高分为用户密码、气体灭火操作密码、系统管理员密码三级，高级别密码可以替代低级别密码。

用户密码打开的操作包括：复位、自检、火警传输、警报器消音/启动、用户设置、启动、停动、屏蔽、取消屏蔽等。

输入气体灭火操作密码（也可以是系统管理员密码）后可进行喷洒控制菜单操作，但如需进行系统设置菜单操作，必须输入系统管理员密码（不能进入“调试状态”选项）。

当输入正确的用户密码（或更高级别密码）后，进行任何用户密码级操作均可不用输入密码。

（2）密码的更改：

① 在图 4.6.4 系统设置操作状态下按“2”键，进入图 4.6.5 所示的修改密码操作状态。

修改密码操作
1 用户密码
2 气体操作密码
3 管理员密码
手动[√] 自动[√] 喷洒[√]
12:05

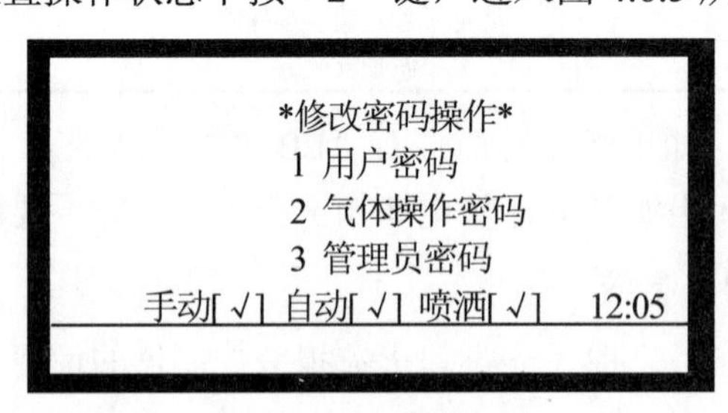

图 4.6.5　密码修改

② 欲选择修改的密码，屏幕提示“请输入密码”（见图 4.6.6），此时输入新密码并按“确认”键，为防止按键失误，控制器要求将新密码重复输入一次加以确认（见图 4.6.7），此时再输入一次新密码，并按下“确认”键。

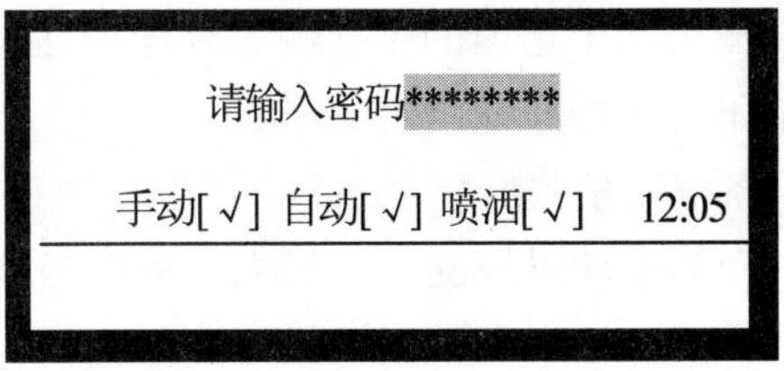

请输入密码********

手动[√] 自动[√] 喷洒[√] 12:05

图 4.6.6 密码输入

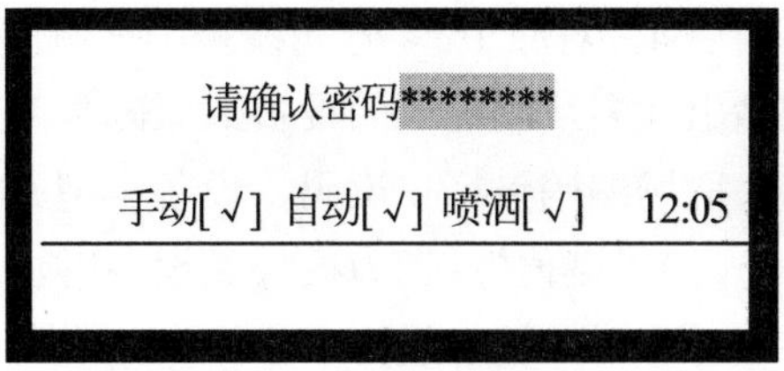

请确认密码********

手动[√] 自动[√] 喷洒[√] 12:05

图 4.6.7 密码确认

若两次输入的密码相同，则会退出当前的操作，回到“系统工作正常”屏幕，表明新密码输入成功。若出现错误，屏幕显示“操作处理失败”，需重新进行密码输入操作。

本控制器为满足多个值班员操作的需要，在用户密码一级设置了五个用户号码（1～5），每个用户号码可对应于自己的用户密码，当需更改用户密码时，要求先输入用户号码（见图 4.6.8），按“确认”键后，屏幕提示输入密码，此时可输入新密码并加以确认。

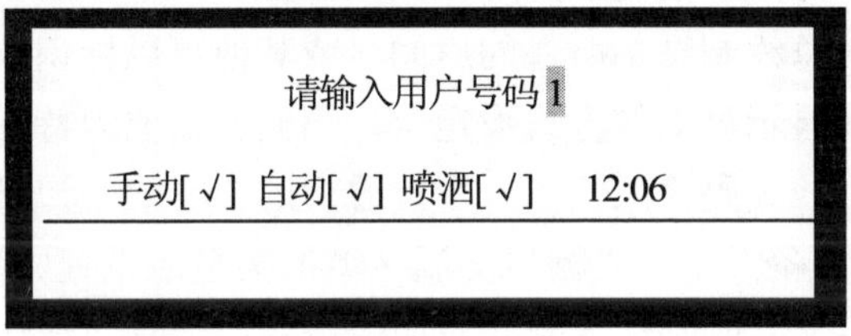

请输入用户号码 1

手动[√] 自动[√] 喷洒[√] 12:06

图 4.6.8 用户号输入

3）设备定义

控制器外接的设备包括火灾探测器、联动模块、火灾显示盘、网络从机、光栅机、多线制控制设备（直控输出定义）等。这些设备均需进行编码设定，每个设备对应一个原始编码和一个现场编码，设备定义就是对设备的现场编码进行设定。被定义的设备既可以是已经注册在控制器上的，也可以是未注册在控制器上的。典型的设备定义界面如图 4.6.9 所示。

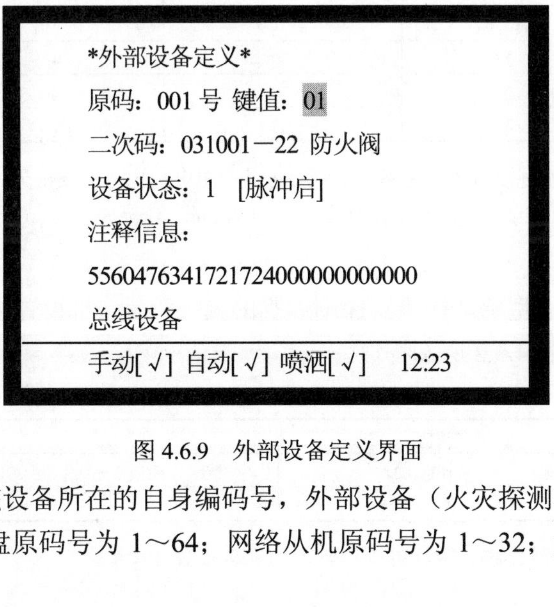

外部设备定义

原码：001 号 键值：01

二次码：031001－22 防火阀

设备状态：1 [脉冲启]

注释信息：

556047634172172400000000000

总线设备

手动[√] 自动[√] 喷洒[√] 12:23

图 4.6.9 外部设备定义界面

（1）“原码”：为该设备所在的自身编码号，外部设备（火灾探测器、联动模块）原码号为 1～242；火灾显示盘原码号为 1～64；网络从机原码号为 1～32；光栅机测温区域原码号为1～64，对应1～4号光栅机的探测区域，从1号光栅机的1通道的1探测区顺序递增；直控输出（多线制控制的设备）原码号为1-60。原始编码与现场布线没有关系。

现场编码包括二次码、设备类型、设备特性和设备汉字信息。

（2）“键值”：当为模块类设备时，是指与设备对应的手动盘按键号。当无手动盘与该设备相对应时，键值设为“00”。

（3）“二次码”：即为用户编码，由六位0到9的数字组成，它是人为定义用来表达这个设备所在的特定的现场环境的一组数，用户通过此编码可以很容易地知道被编码设备的位置以及与位置相关的其他信息。推荐对用户编码规定如下：

第一、二位对应设备所在的楼层号，取值范围为0~99。为方便建筑物地下部分设备的定义，规定地下一层为99，地下二层为98，依此类推。

第三位对应设备所在的楼区号，取值范围为0~9。所谓楼区是指一个相对独立的建筑物，例如：一个花园小区由多栋写字楼组成，每一栋楼可视为一个楼区。

第四、五、六位对应总线制设备所在的房间号或其他可以标识特征的编码。对火灾显示盘编码时，第四位为火灾显示盘工作方式设定位，第五、六位为特征标志位。

（4）“设备类型”：用户编码输入区“－”符号后的2位数字为设备类型代码，参照“附录一 设备类型表”中的设备类型，光栅机测温区域的类型应设置成01光栅测温。输入完成后，在屏幕的最后一行将显示刚刚输入数字对应的设备类型汉字描述。如果输入的设备类型超出设备类型表范围，将显示“未定义”。

（5）“设备状态”：一些具有可变配置的设备，可以通过更改此设置改变配置。可变配置的设备包括：

① 点型感温：可改变点型感温探测器类别，可设置成1＝A1S，2=A1R，3=A2S，4=A2R，5=BS，6=BR；分别对应如表4.6.2所示特性（参照GB 4716—2005《点型感温火灾探测器》）。

表4.6.2　点型感温火灾探测器特性

探测器类别	应用温度/℃		动作温度/℃	
	典　型	最　高	下限值	上限值
A1	25	50	54	65
A2	25	50	54	70
B	40	65	69	85

注：① S型探测器即使对较高升温速率在达到最小动作温度前也不能发出火灾报警信号。

② R型探测器具有差温特性，对于高升温速率，即使从低于典型应用温度以下开始升温也能满足响应时间要求。

点型感烟：可改变点型感烟探测器探测烟雾的灵敏程度，可设置成1=阈值1，2=阈值2，3=阈值3；分别对应如表4.6.2所示特性。

表4.6.2　点型感烟特性

阈值类别	探测器阈值/（dBm^{-1}）	阈值类别	探测器阈值/（dBm^{-1}）
阈值1	0.1–0.21	阈值3	0.34–0.56
阈值2	0.21–0.35		

注：阈值数字越小，探测器越灵敏，可以对较少的烟雾报警。

② 输出模块：可以改变模块的输出方式。其分类如表 4.6.3 所示。

表 4.6.3 输出特性

分 类	输出方式	输出信号
1	脉冲启	10 s 左右的脉冲信号
2	电平启	持续信号
3	脉冲停	10 s 左右的脉冲信号
4	电平停	持续信号

注：设置为 3 脉冲停、4 电平停时，表示为停动类设备，即为平时处于“回答”状态的设备。此类设备的“回答”信号不点亮“动作”指示灯，同时也不在信息屏上显示，但记入运行记录器。

4.7 技能实训

◎ 实训目的

（1）能够描述消防子系统各主要模块端子的功能；

（2）能够熟练操作消防控制主机，并进行相关设备定义操作；

（3）学会利用消防主机实现联动编程及调试。

◎ 实训内容

消防联动系统的联动编程及调试。

◎ 实训步骤

1. 设备定义

在火灾报警控制器的“系统设置”操作状态下按“4”键，屏幕将显示设备定义选择菜单，如图 4.7.1 所示，此菜单有两个可选项：“设备连续定义”及“设备继承定义”。每个选项均分为外部设备定义、显示盘定义、1 级网络定义、光栅测温定义、2 级网络定义、多线制输出定义六种，如图 4.7.2 所示。

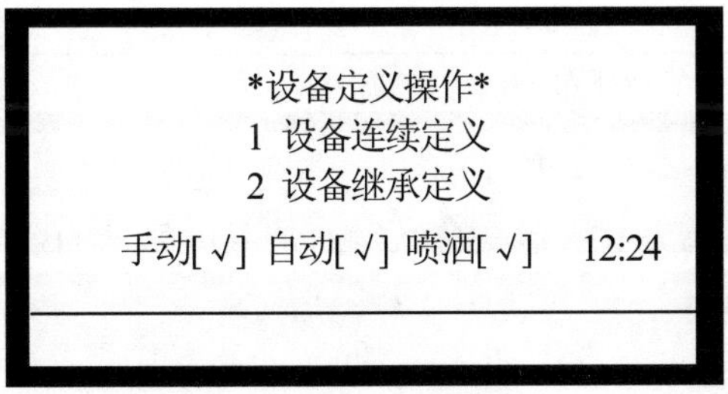

设备定义操作
1 设备连续定义
2 设备继承定义
手动[√] 自动[√] 喷洒[√] 12:24

图 4.7.1 设备定义选择菜单

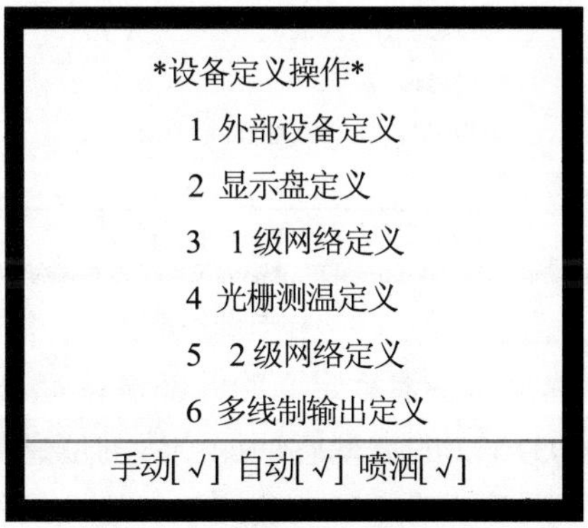

设备定义操作
1 外部设备定义
2 显示盘定义
3 1 级网络定义
4 光栅测温定义
5 2 级网络定义
6 多线制输出定义
手动[√] 自动[√] 喷洒[√]

图 4.7.2 设备定义的具体内容

1）设备连续定义

在图 4.7.1 的屏幕状态下按“1”，则进入设备连续定义状态。在此状态下，系统默认设备是未曾定义过的。在输入第一个设备结束后，以后设备定义会默认上一个设备的定义，提供如下方便：

- 原码中的设备号在小于其最大值时，会自动加一。
- 键值为非“00”时，会自动加一。
- 二次码自动加一。
- 设备类型不变。
- 特性不变。
- 汉字信息不变。

外部设备定义。选择“外部设备定义”后，便进入外部设备定义菜单，此时输入正确的原码后，按“确认”键，液晶屏显示如图4.7.3所示的内容。

上图中，在设备定义的过程中，可通过按“△”、“▽”、“◁”、“▷”键及数字键进行定义操作。

当设备定义完成后，按“确认”键存储，再进行新的定义操作。

注意：在进行设备定义时，如定义的用户码已经存在，将提示“操作处理失败”；当定义完最大值设备号的设备后，再按“确认”键，亦将提示“操作处理失败”。

2）设备继承定义

设备继承定义是将已经定义的设备信息从系统内调出，可对设备定义进行修改。

例如：已经定义032号外部设备是二次码为031032的点型感烟探测器；033号外部设备是二次码为031033用于启动喷淋泵的模块，且其对应的手动盘键号为16号，现进行设备继承定义操作：

按两次“确认”键后，液晶屏显示的是原码为033、二次码为031033用于启动喷淋泵的模块的信息（见图4.7.4）。

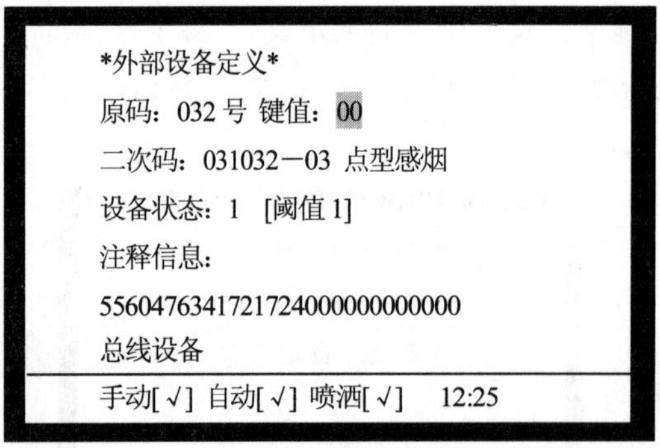

外部设备定义
原码：032 号 键值：00
二次码：031032－03 点型感烟
设备状态：1 [阈值 1]
注释信息：
556047634172172400000000000000
总线设备
手动[√] 自动[√] 喷洒[√] 12:25

图4.7.3 外部设备定义

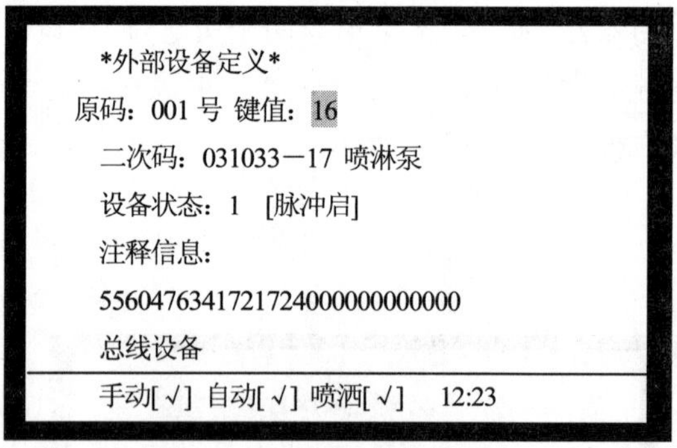

外部设备定义
原码：001 号 键值：16
二次码：031033－17 喷淋泵
设备状态：1 [脉冲启]
注释信息：
556047634172172400000000000000
总线设备
手动[√] 自动[√] 喷洒[√] 12:23

图4.7.4 喷淋泵定义

选择设备继承定义的外部设备定义项，输入原码为032后按确认键，液晶屏显示的二次码为031032的点型感烟探测器的信息（见图4.7.5）。

3）手动消防启动盘控制一般性设备的定义实例

原码为112号的控制模块用于控制位于第三楼区第二层的排烟机的启动，现将其用户编码设定为032072号，并由手动消防启动盘的2号键直接控制。因为排烟机带有启动自锁功能，所以控制模块给出一个脉冲控制信号，即可完成排烟机的启动，故其设备特性设置应为脉冲方式。具体设备定义操作如图4.7.6所示。

外部设备定义
原码：036 号 键值：00
二次码：031032－03 点型感烟
设备状态：1 [阈值 1]
注释信息：
229434051643186742143389233l
二楼八层十六房
手动[√] 自动[√] 喷洒[√] 12:28

图 4.7.5 点型感烟探测器定义

外部设备定义
原码：112 号 键值：02
二次码：032072－19 排烟机
设备状态：1 [脉冲启]
注释信息：
556047634172172400000000000
总线设备
手动[√] 自动[√] 喷洒[√] 12:50

图 4.7.6 具体外部设备定义

手动消防启动盘控制气体灭火设备启动定义如图 4.7.7 所示。

外部设备定义
原码：022 号 键值：08
二次码：022054－37 气体启动
设备状态：2 [电平启]
注释信息：
556047634172172400000000000
二楼机房
手动[√] 自动[√] 喷洒[√] 12:55

图 4.7.7 手动消防启动盘定义

为保障气体喷洒设备受到控制器专门为它们提供的可靠性保护，气体灭火控制盘的启动点、停动点二个控制码必须对应地定义为“气体启动”“气体停动”类，并且都应该设成电平型控制输出。另外为方便在中控室对气体设备进行控制，可以将“气体启动”和“气体停动”点分别定义为对应的手动键。

2．联动编程

联动公式是用来定义系统中报警信息与被控设备间联动关系的逻辑表达式。当系统中的探测设备报警或被控设备的状态发生变化时，控制器可按照这些逻辑表达式自动地对被控设备执行“立即启动”“延时启动”或“立即停动”操作。本系统联动公式由等号分成前后两部分，前面为条件，由用户编码、设备类型及关系运算符组成；后面为被联动的设备，由用户编码、设备类型及延时启动时间组成。

例一 ：01001103 + 02001103 = 01001213 00 01001319 10

表示：当 010011 号光电感烟探测器或 020011 号光电感烟探测器报警时，010012 号讯响器立即启动，010013 号排烟机延时 10 秒启动。

例二 ：01001103 + 02001103 = × 01205521 00

表示：当 010011 号光电感烟探测器或 020011 号光电感烟探测器报警时，012055 号新风机立即停动。

注意：

联动公式中的等号有四种表达方式，分别为“=”“= =”“=×”“= =×”。联动条件满足时，表达式为“=”“=×”时，被联动的设备只有在“全部自动”的状态下才可进行联动操作；表达式为 “= =”“= =×” 时，被联动的设备在“部分自动”及“全部自动”状态下均可进行联动操作。“=×”“= =×”代表停动操作，“=”“= =”代表启动操作。等号前后的设备都要求由用户编码和设备类型构成，类型不能缺省。关系符号有“与”“或”两种：“+”代表“或”，“×”代表“与”。等号后面的联动设备的延时时间为 0～99 s，不可缺省，若无延时需输入“00”来表示，联动停动操作的延时时间无效，默认为 00。

- 联动公式中允许有通配符，用“*”表示，可代替 0～9 之间的任何数字。通配符既可出现在公式的条件部分，也可出现在联动部分。通配符的运用可合理简化联动公式。当其出现在条件部分时，这样一系列设备之间隐含“或”关系，例如 0*001315 即代表：01001315＋02001315＋03001315＋04001315＋05001315＋06001315＋07001315＋08001315＋09001315＋00001315；而在联动部分，则表示有这样一组设备。在输入设备类型时也可以使用通配符。
- 编辑联动公式时，要求联动部分的设备类型及延时启动时间之间（包括某一联动设备的设备类型与其延时启动时间及某一联动设备的延时启动时间与另一联动设备的设备类型之间）必须存在空格；在联动公式的尾部允许存在空格；除此之外的位置不允许有空格存在。

1）联动公式的编辑

选择系统设置菜单的第五项，则进入“联动编程操作”界面，如图 4.7.8 所示。此时可通过键入“1”“2”“3”来选择欲编辑的联动公式的类型。

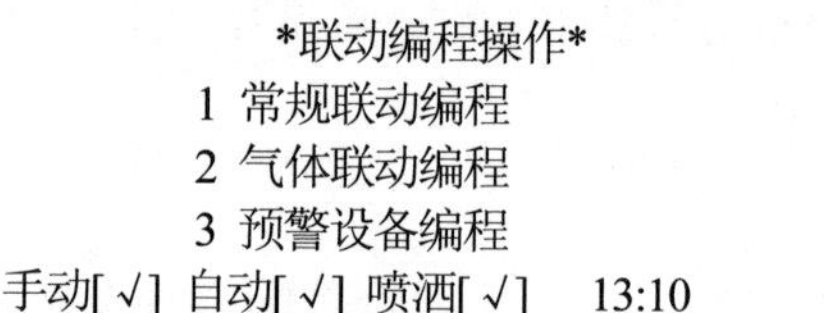

图 4.7.8 联动编程操作界面

联动公式的输入方法见图 4.7.9 所示的界面。

在联动公式编辑界面，反白显示的为当前输入位置，当输入完 1 个设备的用户编码与设备类型后，光标处于逻辑关系位置，可以按 1 键输入+号，按 2 键输入×号，按 3 键进入条件选择界面，按屏幕提示可以按键选择“=”“= =”、“=×”“= =×”；公式编辑过程中在需要输入逻辑关系的位置，只有按标有逻辑关系的 1、2、3 按键可有效输入逻辑关系；公式中需要空格的位置，按任意数字键均可插入空格。

新建编程 第 002 条　　共 001 条
10102103＋10102003＝10100613 00_

手动[√] 自动[√] 喷洒[√]　13:10

图 4.7.9　联动公式输入界面

在编辑联动公式的过程中，可利用 “◁”、“▷” 键改变当前的输入位置，如果下一位置为空，则回到首行。

2）常规联动编程

选择图 4.6.18 的第一项，则进入“常规联动编程操作”界面，如图 4.7.10 所示，通过选择 1、2、3 可对联动公式进行新建、修改及删除。

“新建联动公式”：系统自动分配公式序号（如图 4.7.11 所示），输入欲定义的联动公式并按“确认”键，则将联动公式存储；按“取消”退出。本系统设有联动公式语法检查功能，如果输入的联动公式正确，按“确认”键后，此条联动公式将存于存储区末端，此时屏幕显示与图 4.7.11 相同的画面，只是显示的公式序号自动加一；如果输入的联动公式错误，按“确认”键后，液晶屏将提示操作失败，等待重新编辑，且光标指向第一个有错误的位置。

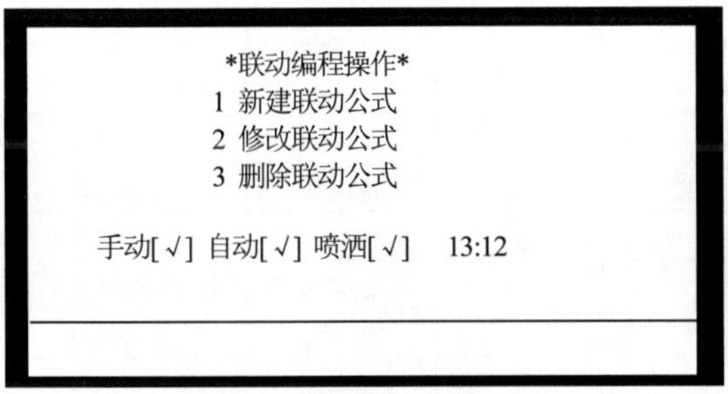

联动编程操作
1 新建联动公式
2 修改联动公式
3 删除联动公式

手动[√] 自动[√] 喷洒[√]　13:12

图 4.7.10　常规联动编程操作界面

新建编程 第 002 条　　共 001 条

手动[√] 自动[√] 喷洒[√]　13:12

图 4.7.11　新建联动公式

“修改联动公式”：输入要修改的公式序号，确认后控制器将此序号的联动公式调出显示，等待编辑修改，如图 4.7.12 所示。

与新建联动公式相同，在更改联动公式时也可利用“◁”“▷”键使光标指向欲修改的字符，然后再进行相应的编辑，这里就不再赘述。

“删除联动公式”：输入要删除的公式号，按“确认”键执行删除，按“取消”键放弃删除（如图 4. 7.13）。

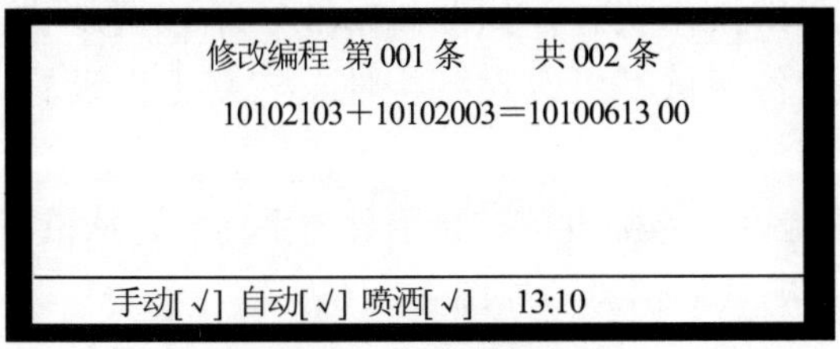

修改编程 第 001 条　　共 002 条
10102103＋10102003＝10100613 00

手动[√] 自动[√] 喷洒[√]　13:10

图 4.7.12　修改联动公式

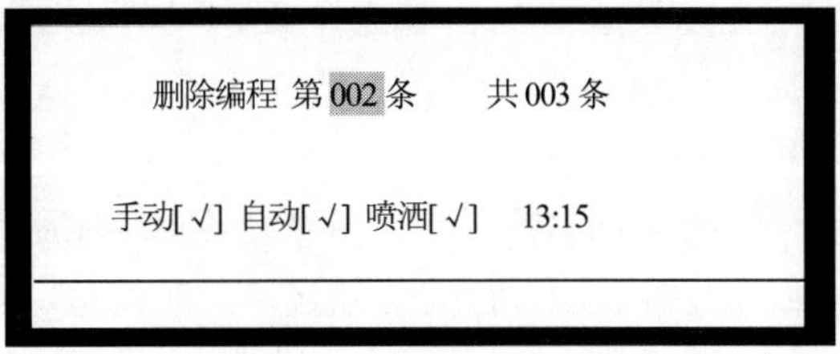

删除编程 第 002 条　　共 003 条

手动[√] 自动[√] 喷洒[√]　13:15

图 4.7.13　删除联动公式

注意：当输入的联动公式序号为“255”时，将删除系统内所有的联动公式，同时屏幕提示确认删除信息（如图 4. 7.14），连按三次“确认”键删除，按“取消”键退出。

删除编程 第255条　　共003条

此操作将删除所有联动公式!
按确认键删除，按取消键退出
手动[√] 自动[√] 喷洒[√]　 13:15

图 4.7.14　删除信息

3）编程设置

学会设备的使用后即可对本系统进行编程设置。

将总线设备按表 4.7.1 进行设备定义。

表 4.7.1　设 备 定 义

序　号	设 备 型 号	设 备 名 称	编　码	二　次　码	设 备 定 义
1	GST-LD-8301	单输入单输出模块	01	000001	16（消防泵）
2	GST-LD-8301	单输入单输出模块	02	000002	19（排烟机）
3	GST-LD-8301	单输入单输出模块	03	000003	27（卷帘门下）
4	HX-100B	声光报警器（讯响器）	04	000004	13（讯响器）
5	J-SAM-GST 9123	消火栓按钮	05	000005	15（消火栓）
6	J-SAM-GST 9122	手动报警按钮	06	000006	11（手动按钮）
7	JTW-ZCD-G3N	智能电子差定温感温探测器	07	000007	02（点型感温）
8	JTY-GD-G3	智能光电感烟探测器	08	000008	03（点型感烟）
9	JTW-ZCD-G3N	智能电子差定温感温探测器	09	000009	02（点型感温）
10	JTY-GD-G3	智能光电感烟探测器	10	000010	03（点型感烟）
11	JTW-ZCD-G3N	智能电子差定温感温探测器	11	000011	02（点型感温）
12	JTY-GD-G3	智能光电感烟探测器	12	000012	03（点型感烟）

定义完毕，即可进行编程设置。如下面设置：

（1）******02＋******03＋******11＋******15=******13 00;

（2）******03=******19 00 ******16 05　 ******27 10;

（3）******02＋******15=******16 00　 ******27 00;

（4）******03×******11=******16 00。

3. 设备注册

在系统设置操作状态下键入“6”，便进入调试操作状态，如图 4.7.15 所示。调试状态提供了设备直接注册、数字命令操作、总线设备调试、更改设备特性、恢复出厂设置五种操作。

在图 4.7.15 界面下选择“设备直接注册”，系统可对外部设备、显示盘、手动盘、从机、多线制盘等重新进行注册并显示注册信息，而不影响其他信息，如图 4.7.16 所示。

调试状态操作
1 设备直接注册
2 数字命令操作
3 总线设备调试
4 更改设备特性
5 恢复出厂设置
手动[√] 自动[√] 喷洒[×] 15:26

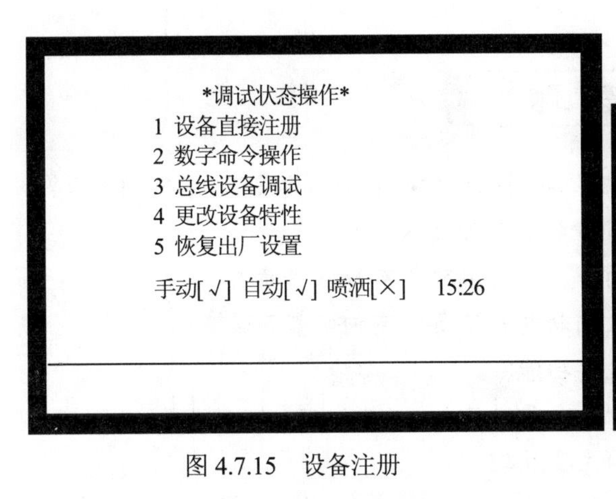

图 4.7.15 设备注册

设备直接注册
1 外部设备注册
2 通信设备注册
3 控制操作盘注册
4 从机注册
手动[√] 自动[√] 喷洒[×] 15:26

图 4.7.16 设备直接注册

例如，外部设备的注册如图 4.7.17 所示。

---总线设备注册---
编码001 数量001
总数 重码
手动[√] 自动[√] 喷洒[×] 15:26

图 4.7.17 外部设备注册

注：外部设备注册时显示的编码为设备的原始编码，后面的数量为检测到相同原始编码设备的数量。当有设备原始编码重码时，在显示重码设备数量的同时，还将重码事件写入运行记录器中，可在注册结束后查看。重码记录中，用户编码位置为 3 位原始编码号、3 位重码数量，事件类型为“重复码”。注册结束后显示注册到的设备总数及重码设备的个数，两个数相加，可以得出实际的设备数量。

其他设备的注册操作类似，均在注册结束后，显示注册结果。

4. 消防联动系统功能调试

如上设置完毕后，即可实现如下功能：

（1）任何消防探测器动作或消防报警按钮（手动报警按钮、消火栓按钮）按下，立即启动声光报警器；

（2）感烟探测器动作，立即启动排烟机，延时 5 s 启动消防泵，延时 10 s 降下防火卷帘门；

（3）感温探测器动作或者消火栓按钮按下，立即启动消防泵，降下防火卷帘门；

（4）感烟探测器动作，并且手动按钮按下，立即启动消防泵。

思 考 题

1. 我国《火灾自动报警系统设计规范》对火灾保护对象的建筑物分为哪几级，各有何要求？
2. 消防联动的含义是什么？它与传统的消防系统有什么区别？
3. 总线式消防联动系统中的各功能模块的一、二次编码各有什么含意？
4. 对于消防控制总线，末端一般要接什么辅助电气设备？有何功能？
5. 消防联动系统中的总线隔离器有什么主要功能？
6. 消防联动系统中的输入、输出模块有什么主要功能？
7. 试叙述一下感烟传感器和感温传感器的主要原理。
8. 离子感烟火灾探测器的工作原理是什么？
9. 智能型火灾探测器的工作原理是什么？
10. 某总线制消防联动设备的二次编码为031001-22，其所代表的含义是什么？
11. GST-200火灾报警控制器中，对设备的定义方式有几种？分别代表什么含义？
12. GST-200火灾报警控制器中，联动公式有什么功能？
13. GST-200火灾报警控制器面板上的智能手动操作盘有什么具体功能？
14. GST-200火灾报警控制器的设备注册的功能是什么？

单元5 工业组态及集散型监控系统

学习目标

（1）认识集散控制系统的基本原理，理解上下位机的关系；

（2）了解基本的监控软件种类，掌握运用力控实现简单的组态编程。

5.1 系统概述

5.1.1 集散监控系统

1．集散监控系统的概念

集散控制系统又称分布式控制系统（distribute control system，DCS），是对生产过程进行集中管理和分散控制的计算机系统，它随着现代大型工业生产自动化的不断兴起和过程控制要求日益复杂应运而生。以 PC 为基础的集散控制系统，配以成熟的工控组态软件，是目前控制领域的主要发展趋势。

2．集散监控系统的结构

DCS 系统最主要的构成要素包括上位机和下位机。

上位机在 DCS 系统中扮演着远程监控主机的角色，主要负责对工作现场状态的远程监视，并可以直接向现场控制单元发出操控命令，以协调现场的不同控制单元的工作同步。在工业控制中，上位机一般为计算机，通过监控软件和各种接口，例如串口、以太网等，采集工业现场设备的数据，例如可编程逻辑控制器（programmable logic controller，PLC）、仪表、变频器等。工控机把数据采集上来，并通过软件将数据显示到画面上，在工控机上就能看到远程设备的数据和状态，同时可以实现操控和数据统计等其他复杂功能。

下位机受上位机控制，直接控制外部设备，将各种参量转化为数字信号返回给上位机。下位机具有较好的实时性，具有多种通信接口。

上位机与下位机之间通过各种通信接口连接，常见的有串口、SUB、LAN（局域网）网口。上位机需要根据各种接口协议编写专用的控制程序；下位机需要编写对应的响应控制程序。

上位机和下位机是通过通信连接的“物理”层次不同的计算机，是相对而言的。一般下位机负责前端的“测量、控制”等处理；上位机负责“管理”处理。下位机是接收到主设备命令才执行的执行单元，即从设备，但是，下位机也能直接智能化处理测控执行；而上位机不参与具体的控制、仅仅进行管理（数据的存储、显示、打印、人机界面等方面）。常见的 DCS 系统，“集中—分散（集散）系统”是上位机（PC）集中、下位机控制分散的系统（控制机柜内的IO卡件）。细分这里有3层：PC—系统机柜内的主控制器—通过通信协议（PROFIBUS、MODELBUS、FF等）的控制机柜内的IO卡件。

上位机发出的命令首先给下位机，下位机再根据此命令解释成相应时序信号直接控制相应设备。

简言之，下位机用于读取设备状态数据（一般为模拟量），转换成数字信号反馈给上位机。在不同的系统中，上位机和下位机的关系根据实际情况会有千差万别，但万变不离其宗，它们都需要编程，都有专门的开发系统。

从概念上来讲，控制者和提供服务者是上位机，被控制者和被服务者是下位机，也可以理解为主机和从机的关系，但上位机和下位机有时是可以转换的。

5.1.2 工业组态

1．组态的概念

在使用工控软件中，经常提到组态一词，组态英文是“Configuration”,其意义究竟是什么呢？简单地讲，组态就是用应用软件中提供的工具、方法、完成工程中某一具体任务的过程。

与硬件生产相对照，组态与组装类似。例如，要组装一台计算机，事先提供了各种型号的主板、机箱、电源、CPU、显示器、硬盘、光驱等，用户的工作就是用这些部件拼凑成自己需要的计算机。当然，软件中的组态要比硬件的组装有更大的发挥空间，因为它一般要比硬件中的“部件”更多，而且每个“部件”都很灵活，因为软件都有内部属性，通过改变属性可以改变其规格（如大小、性状、颜色等）。

2．组态软件

组态软件，又称组态监控软件系统软件。译自英文SCADA，即 Supervisory Control and Data Acquisition（数据采集与监视控制）。它是指一些数据采集与过程控制的专用软件。它们处在自动控制系统监控层一级的软件平台和开发环境，使用灵活的组态方式，为用户提供快速构建工业自动控制系统监控功能的、通用层次的软件工具。组态软件的应用领域很广，可以应用于如电力系统、给水系统、石油、化工等诸多领域的数据采集与监视控制以及过程控制等。

组态软件是在自动控制系统监控层一级的软件平台和开发环境，能以灵活多样的组态方式（而不是编程方式）提供良好的用户开发界面和简捷的使用方法，它解决了控制系统通用性问题。其预设置的各种软件模块可以非常容易地实现和完成监控层的各项功能，并能同时支持各种硬件厂家的计算机和 I／O 产品，与高可靠的工控计算机和网络系统结合，向控制层和管理层提供软硬件的全部接口，进行系统集成。

3．组态软件的功能

（1）强大的界面显示组态功能。目前，工控组态软件大都运行于Windows环境下，充分利用 Windows 图形功能完善、界面美观的特点，如可视化的风格界面、丰富的工具栏等等，操作人员可以直接进入开发状态，节省时间。丰富的图形控件和工况图库，既提供所需的组件，又是界面制作向导。它们提供给用户丰富的作图工具，使用户可随心所欲地绘制出各种工业界面，并可任意编辑界面，从而将开发人员从繁重的界面设计中解放出来；丰富的动画连接方式，如隐含、闪烁、移动等等，使界面生动、直观。

（2）良好的开放性。社会化的大生产，使得系统构成的全部软硬件不可能出自一家公司的产品，“异构”是当今控制系统的主要特点之一。开放性是指组态软件能与多种通信协议互连，支持多种硬件设备。开放性是衡量一个组态软件好坏的重要指标。

组态软件向下应能与低层的数据采集设备通信，向上能与管理层通信，实现上位机与下位机的双向通信。

（3）丰富的功能模块。提供丰富的控制功能库，满足用户的测控要求和现场要求。利用各种功能模块，完成实时监控、产生功能报表、历史曲线、实时曲线、提示报警等功能，使系统具有良好的人机界面，易于操作，系统既适用于单机集中式控制和 DCS 分布式控制，也可用于带远程通信能力的远程测控系统.

（4）强大的数据库。配有实时数据库，可存储各种数据，如模拟量、离散量、字符型等，实现与外部设备的数据交换。

（5）可编程的命令语言。有可编程的命令语言，使用户可根据自己的需要编写程序，增强图形界面。

（6）周密的系统安全防范。对不同的操作者，赋予不同的操作权限，保证整个系统安全可靠地运行。

（7）仿真功能。提供强大的仿真功能使系统并行设计，从而缩短开发周期。

5.2　力控 6.0 监控组态软件简介

5.2.1　概述

从 1993 年至今，力控监控组态软件为国家经济建设做出了巨大的贡献，在石油、石化、化工、国防、铁路（含城铁或地铁）、冶金、煤矿、配电、发电、制药、热网、电信、能源管理、水利、公路交通（含隧道）、机电制造等行业均有力控软件的成功应用，力控监控组态软件已经成为民族工业软件中的一颗璀璨明星。

一直以来，北京三维力控始终有预见性地开发具有潜在应用价值的功能模块，同时认真评估用户反馈建议来改进力控产品，使用户得到超值回报，与客户的互动合作促进了北京三维力控的发展。力控监控组态软件分布式的结构保证了发挥系统最大的效率。

力控软件以计算机为基本工具，为实施数据采集、过程监控、生产控制提供了基础平台。它可以和检测、控制设备构成任意复杂的监控系统，在过程监控中发挥了核心作用，可以帮助企业消除信息孤岛，降低运作成本，提高生产效率，加快市场反应速度。

在今天，企业管理者已经不再满足于在办公室内直接监控工业现场，基于网络浏览器的 Web 方式正在成为远程监控的主流。作为国产软件中国内最大规模 SCADA（数据监控与收集）系统的 WWW 网络应用的软件，力控为满足企业的管控一体化需求提供了完整、可靠的解决方案。

5.2.2 软件构成

力控软件包括：工程管理器、人机界面 VIEW、实时数据库 DB、I/O 驱动程序、控制策略生成器以及各种网络服务组件等。它们可以构成如下的网络系统。

力控监控组态软件是对现场生产数据进行采集与过程控制的专用软件，最大的特点是能以灵活多样的“组态方式”而不是编程方式来进行系统集成，它提供了良好的用户开发界面和简捷的工程实现方法，只要将其预设置的各种软件模块进行简单的“组态”，便可以非常容易地实现和完成监控层的各项功能，缩短了自动化工程师的系统集成的时间，大大地提高了集成效率。

力控监控组态软件是在自动控制系统监控层一级的软件平台，它能同时和国内外各种工业控制厂家的设备进行网络通信，它可以与高可靠的工控计算机和网络系统结合，便可以达到集中管理和监控的目的，同时还可以方便地向控制层和管理层提供软、硬件的全部接口，实现与“第三方”的软、硬件系统进行集成。

主要的各种组件说明如下：

1）工程管理器（Project Manager）

工程管理器用于创建、删除、备份、恢复、选择当前工程等。

2）开发系统（Draw）

开发系统是一个集成环境，可以创建工程画面，配置各种系统参数，启动力控其他程序组件等。

3）界面运行系统（View）

界面运行系统用来运行由开发系统 Draw 创建的画面、脚本、动画连接等工程，操作人员通过它来完成监控。

4）实时数据库（DB）

实时数据库是力控软件系统的数据处理核心，构建分布式应用系统的基础。它负责实时数据处理、历史数据存储、统计数据处理、报警处理、数据服务请求处理等。

5）I/O 驱动程序（I/O SERVER）

I/O 驱动程序负责力控与控制设备的通信。它将 I/O 设备寄存器中的数据读出后，传送到力控的数据库，然后在界面运行系统的画面上显示动态。

6）网络通信程序（NetClient/NetServer）

网络通信程序采用 TCP/IP 通信协议，可利用 Intranet/Internet 实现不同网络结点上力控之间的数据通信。

7）通信程序（PortServer）

通信程序支持串口、电台、拨号、移动网络通信。通过在两台计算机之间的力控，使用 RS-232 接口，可实现一对一（1∶1 方式）的通信；如果使用 RS-485 总线，还可实现一对多（1∶*N* 方式）的通信，同时也可以通过电台、Modem、移动网络的方式进行通信。

8）Web 服务器程序（Web Server）

Web 服务器程序可为处在世界各地的远程用户实现在台式机或便携机上用标准浏览器实

时监控现场生产过程。

9）控制策略生成器（Strategy Builder）

控制策略生成器是面向控制的新一代软件逻辑自动化控制软件，采用符合 IEC 1131-3 标准的图形化编程方式，提供包括变量、数学运算、逻辑功能、程序控制、常规功能、控制回路、数字点处理等在内的十几类基本运算块，内置常规 PID 控制（比例积分微分控制）、比值控制、开关控制、斜坡控制等丰富的控制算法。同时提供开放的算法接口，可以嵌入用户自己的控制程序。控制策略生成器与力控的其他程序组件可以无缝连接。

5.2.3 开发、运行系统

1. 概述

力控软件是运行在 Windows 98/NT/2000/XP 操作系统上的工业自动化组态软件，使用户可以非常方便、快速地构造不同需求的数据采集与监控系统。采用面向对象的设计，集成化的开发环境。

开发系统采用更多的组件和控件来方便构成强大的系统；丰富的函数和设备驱动程序使您集成更容易。

增强的过渡色与渐进色功能，从根本上解决了很多同类软件在过多使用过渡色、渐进色时，严重影响画面刷新速度和系统运行效率的问题。

优化设计的工具箱和调色板，在颜色选择时更直观、方便；开发更灵活,更多的矢量子图，制作工程画面更快捷。

提供面向对象编程方式，内置间接变量、中间变量、数据库变量，支持自定义函数,支持大画面和自定义菜单，方便构造强大的企业级运行系统。

脚本类型和触发方式多样，支持数组运算和循环。

支持一机多屏，组建多画面时不需要多屏卡。

2. 内部组件及控件

视频组件：进行视频的捕捉和回放。

温控曲线组件：可以进行温度的自动升温和保温控制。

浏览器组件：可以作为标准的浏览器客户端。

标准 Windows 组件：支持标准的文本框、单选框、列表框等组件。

增强的报警组件：集成的报警管理和查询。

X-Y 曲线组件：可以自由地进行曲线分析和查询。

幻灯片组件：灵活的幻灯片播放，可进行自由控制。

自由曲线组件：方便绘制各种曲线和动画连接。

万能报表组件：类 Excel 的报表工具，方便您完成管理报表。

立体棒图组件：直方图的分析工具。

历史追忆组件：可以追忆带毫秒标签的数据，方便事故查询。

手机短信组件：简单的手机短信发送组件。

3. 报表组件

1）历史报表

能进行日报、月报、季报、年报的生成，对数据存储的时间范围、间隔、起始时间可进行设定、查询，组态时在力控的绘画菜单内进行历史报表的选取。

2）内嵌多功能万能报表

可以任意设置报表格式，实现各种运算、数据转换、统计分析、报表打印等。既可以制作实时报表，也可以制作历史报表。可以在报表上同时显示实时数据和任意时刻的历史数据，并加以统计处理；内嵌多功能报表提供了相应的报表函数，可以制作各种报表模板。

3）内置数据表

内置数据表是力控开发人员总结关系数据库的特点开发出的内置实时关系数据表，利用报表模板可以将力控实时数据库的变量和报表字段进行任意绑定，可以对任意的数据进行插入、删除、遍历、存盘，内置的报表过滤器可根据条件对所查记录进行选取来参与数据处理。

4. 图库

集成化的开发环境、增强的图形功能，丰富的图形元素及超级子图精灵图库集，提供子图精灵开发工具，用户可以方便地生成自己的图库。

5. 动作脚本

动作脚本类型和触发方式多样，具备自定义函数功能，支持数组运算和循环控制。内置多种打印函数，可根据画面的大小任意设置打印范围。

6. 自定义运行菜单

力控支持用户自定义菜单，其中包括窗口弹出式菜单和定义在各个图形对象上的右键菜单。配合脚本程序与自定义菜单，可以实现更为灵活与复杂的人机交互过程。

7. 系统安全性

力控提供了完备的安全保护机制，以保证生产过程的安全可靠。力控的用户管理将用户分为操作工、班长、工程师、系统管理员等多个级别。

8. 报警和事件记录

力控在运行时自动记录系统状态变化、操作过程等重要事件。一旦发生事故，可就此作为分析事故原因的依据，为实现事故追忆提供基础资料。

9. 多国语言的支持

力控同时具有英文版、繁体中文版、简体中文版。

5.2.4 实时数据库（DB）

1. 概述

实时数据库 RTDB 是力控监控软件的数据服务器，RTDB 作为单独的进程是整个监控系统的核心，不但负责处理 I/O 服务器采集的实时数据，同时也作为网络数据服务的核心，充当历史数据服务器、报警数据服务器、时钟服务器等，来供网络其他的 HMI（人机接口）、数据库等客户端来访问。

实时数据库与监控界面是分离的结构，适合大批量现场数据的海量采集、高速历史数据存储，查询。实时数据库支持多层次网络冗余、支持报警支持历史数据和网络时钟的同步，在双机冗余基础上，其他网络节点自动跟踪冗余服务器主、从机的切换。各个力控网络节点不仅可以监视，还能够进行控制和互操作。

实时数据库可以作为标准的 OPC（用于过程控制的 OLE）、DDE Server（动态数据交换服务器）供远程客户访问。

网络上的各个力控主站之间可以通过串口、以太网、拨号、电台、GPRS（通用无线分组业务）、CDMA（码多分址）等方式互连来完成监控，主站之间的历史数据支持远程的备份和插入。

实时数据库的历史数据可以根据触发条件导出到关系数据库内，支持 ODBC（开放的数据库连接）、OLE（对象链接与嵌入）DB 等方式和关系数据库进行通信。

对现场数据进行输入处理，包括量程转换、非线性数据处理、开方、累计等。

对现场发生的报警进行检查和处理，具备死区、偏差等多种报警检查方式。

完成对实时数据进行历史数据存储，建立检索索引等功能。

可以完成常规运算，如算术运算、流量累积、温压补偿、自定义算法等。

具备 PID 调节控制功能，有位置式、增量式、微分先行等多种算法。

内部点可以互相引用，完成内部和外部数据连接。

数据采用数据变化传输、可以执行触发事件。

对批量数据进行区域管理。

可以采集数据和程序监控，方便调试通信。

2．数据库扩展组件

除基本组件外，力控实时数据库还提供了大量的扩展组件，以方便设计者调用。

关系数据库双向转储组件：完成现场数据到管理系统如 SQL Server 等关系数据库的数据传输。

GSM（全球移动通信系统）短信管理组件：通过数据库能够针对不同级别的用户发送不同的报警短信等。

数据服务组件:支持通过串口、网络、Modem、电台、GPRS 等方式将现场数据转发到上一级网络。

NET SERVER 组件：专用的网络数据服务器组件，构成分布式应用的核心。

DBCOM 控件：标准的 ACTIVEX 控件，允许第三方开发工具通过网络访问来访问数据。

“软”PLC 组件：构筑 PC 控制的灵魂，是控制工程师的好工具。

提供了标准的数据服务器：OPC、DDE Server。

5.2.5 设备通信协议（I/O Server）

力控软件支持多种通信协议，可任意组成有线或无线网络，具体有以下几点：

串口通信支持 RS-232、RS-422、RS-485 与多串口设备，支持无线电台、电话轮巡拨号等方式。

以太网设备驱动同时支持有线以太网和无线以太网。

所有设备驱动均支持 GPRS、CDMA、GSM 网络。

可以动态打开、关闭设备，并具备自动恢复功能。

可以采集带时间戳的数据，实现历史数据向实时数据库的回插功能，可以采集记录仪、录波器数据，完成事件监视。

通过 DDE、OPC 方式进行采集。

毫秒级的数据采集速率，可以采集故障滤波数据。

支持 DCS、PLC、现场总线、仪表、板卡、模块等工控设备的通信。

支持市场上通用的现场设备，已经支持上千个厂家的设备通信。

5.2.6 WWW 服务器特点

Web 页面与过程画面的高度同步用户往往会担心在客户端浏览器上看到的 Web 页面与工程组态的过程画面能否完全一致，会不会对某些图形或动画效果进行限制。力控实现了服务器端与客户端画面的高度同步。力控的 HMI/SCADA 组态软件创建的过程画面，用 HMI/SCADA 组态软件直接浏览的效果与在客户端上用浏览器看到的图形效果完全相同。

快速的数据更新。pWebView 采用 COM/DCOM 技术实现底层数据通信。数据采用变化传输的方式，提高了数据传输效率，与其他采用 Java 虚拟机进行通信的方式相比，由于减少了解释运行的环节，因而具有更快的运行与数据更新速度。

多文档和动态画面力控采用独到的多文档技术，在客户端的浏览器上可以同时浏览多个过程画面。

企业级 Web 服务器。力控是一个企业级的 Web 服务器，具备高容量的数据吞吐能力和良好的健壮性。力控的 Web 介于现场监控层和 Internet/Intranet 之间，通过 Web 服务器管理所有的访问请求，支持多达 500 个客户端的同时访问，因此不会由于多个用户请求访问而影响整个 SCADA 系统的功能，保证系统的可靠平稳运行。

完善的客户端。在客户端只需要 Microsoft Internet Explorer 5.0 或以上版本的浏览器，就可以对现场的各种事务进行浏览、控制。无须购买其他软件或增加软件成本。

完善的安全机制。pWebView 提供完善的安全管理机制，只有授权的用户才能修改过程参数。使用 pWebView 时，管理员尽可安心，不必担心非法或未授权的修改。

开放性易于集成、开放的 Web 控件可以使用 ASP 等快速门户开发工具进行集成，pWebView 使用简便，只需在服务器上进行前期的组态和后期的维护，在客户端无须任何工作，大大地减少了系统开发和维护的工作量。pWebView 易于扩展，可以有效地控制系统预算开支。

5.3 技能实训

◎ 实训目的

通过液位仿真监控系统的案例，掌握力控组态软件的基本使用方法。

◎ 实训内容

（1）创建一幅工艺流程图，图中包括一个油罐，一个进油控制阀门和出油控制阀门，全部使用电磁阀带动气缸阀。

（2）阀门根据开关状态而变色，开时为红色，关时为绿色。

（3）创建实时数据库，并与 SIMULATOR 进行数据连接，完成一幅工艺流程图的动态数据及动态棒图显示。

（4）用两个按钮实现启动和停止，启动和停止 PLC 程序。

◎ 实训步骤

1．创建新工程

启动力控的“工程管理器”如图 5.3.1 所示。

图 5.3.1　工程管理器启动界面

单击图 5.3.1 中的“新增应用”按钮，出现图 5.3.2 所示对话框。

应用名：新建的工程的名称。

路径：新建工程的路径，默认路径为 c:\Program Files\PCAuto。

说明：对新建工程的描述文字。

单击“确定”按钮，此时在工程管理器中可以看到添加了一个名为 test 的工程，然后再单击“开发系统”按钮，进入力控的组态界面。

图 5.3.2　应用定义对话框

2．创建组态界面

进入力控的开发系统后，可以为每个工程建立多个画面，在每个画面上可以组态相互关联的静态或动态图形。这些画面是由力控开发系统提供的丰富的图形对象组成的。开发系统提供了文本、直线、矩形、圆角矩形、圆形、多边形等基本图形对象，同时还提供了增强型按钮、实时/历史趋势曲线、实时/历史报警、实时/历史报表等组件。开发系统还提供了在工程窗口中复制、删除、对齐、打成组等编辑操作，提供对图形对象的颜色、线型、填充属性等操作工具。

力控开发系统提供的上述多种工具和图形，方便用户在组态工程时建立丰富的图形界面。在这个工程中，简单的图形画面建立步骤如下：

1）第一步：创建新画面

进入开发环境 Draw 后，首先需要创建一个新窗口。选择“文件[F]/新建”命令出现“窗口属性”对话框，如图 5.3.3 所示。

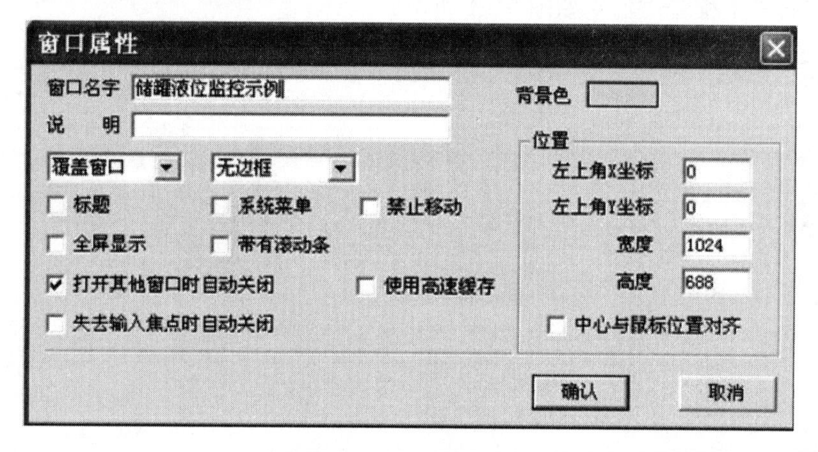

图 5.3.3　窗口属性对话框

输入流程图画面的标题名称，以命名为“储罐液位监控示例”。单击按钮“背景色”，出现调色板，选择其中的一种颜色作为窗口背景色。其他的选项可以使用缺省设置。最后单击“确认”按钮退出对话框。

2）第二步：创建图形对象

现在，在屏幕上有了一个窗口，还应看见 Draw 的工具箱，如图 5.3.4 所示。

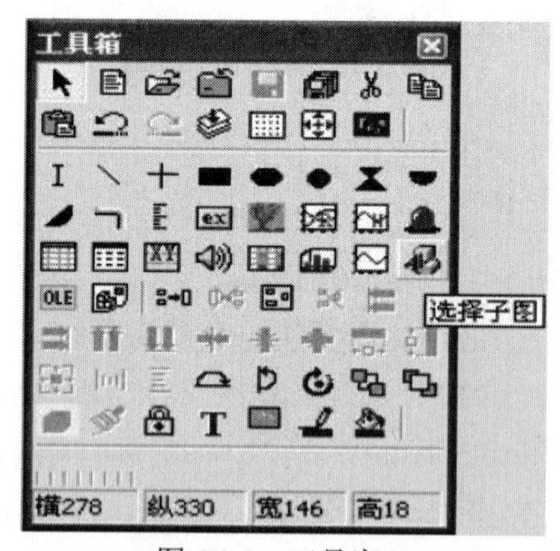

图 5.3.4　工具窗口

如果想要显示网格，激活 Draw 菜单命令“查看/网格”。

先在窗口上画一个储罐。从图 5.3.4 所示工具箱中选择“选择子图”工具。出现“子图列表”对话框，从中选择一个图 5.3.5 所示的罐。

单击该罐，拖动其边线修改罐的大小。若要移动该罐的位置，只要把光标定位在罐上，拖动鼠标就可以了，如图 5.3.6 所示。

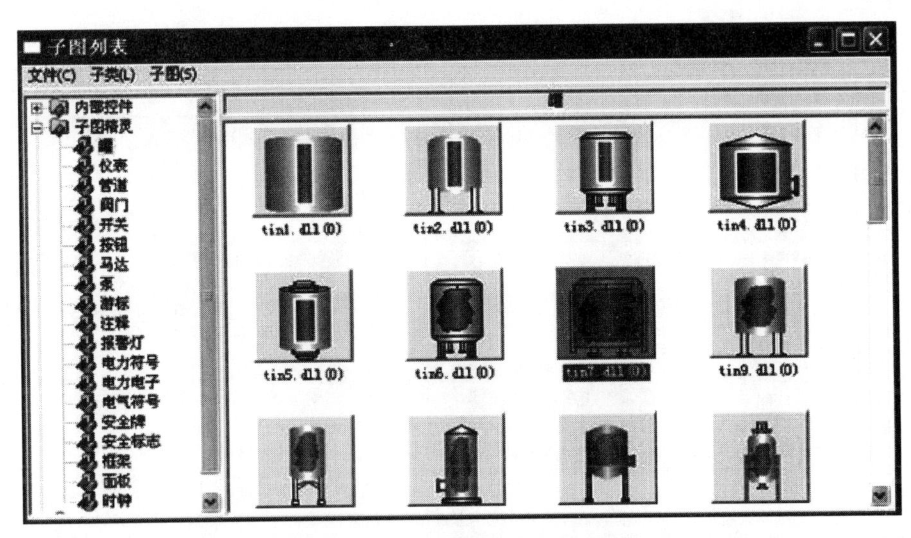

图 5.3.5　工具精灵中的罐

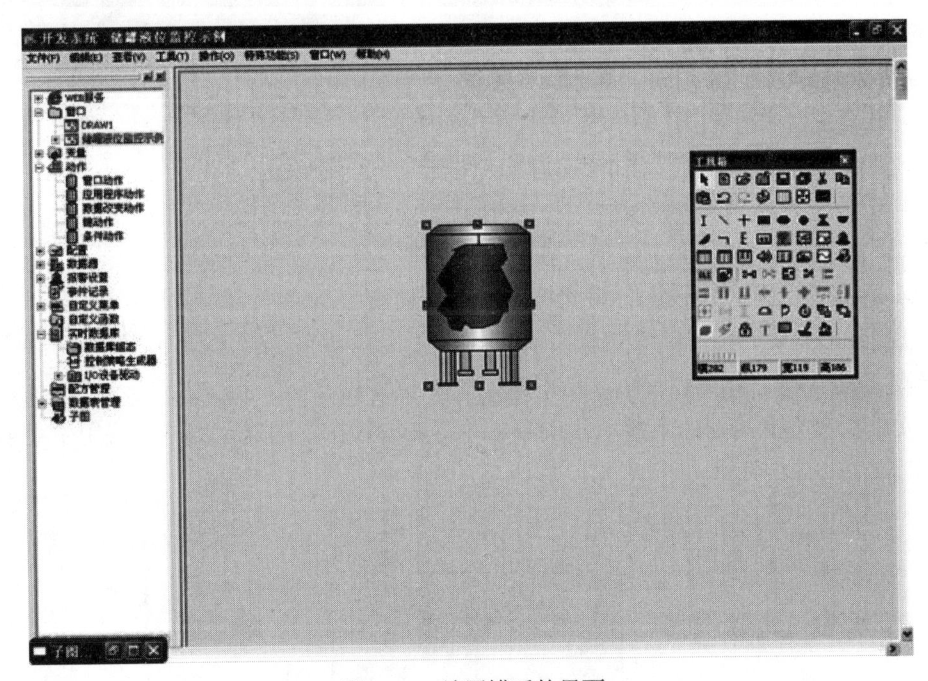

图 5.3.6　放置罐后的界面

选择工具箱中的“选择子图”工具，在“子图列表”对话框中选择符合要求的阀门子图，如图 5.3.7 所示，修改阀门的位置及大小。用相同的方法画一个出口阀门。

选择工具箱中的“垂直/水平线”工具，在画面上画两条管线。

修改两条管线的颜色、立体风格和宽度。先选中一条管线，单击鼠标右键，出现右键菜单，选择“对象属性”菜单项，出现“改变属性”对话框。选择立体风格，宽度改为 8，颜色选为灰色。选中另外一条管线，进行同样的修改，如图 5.3.8 所示。

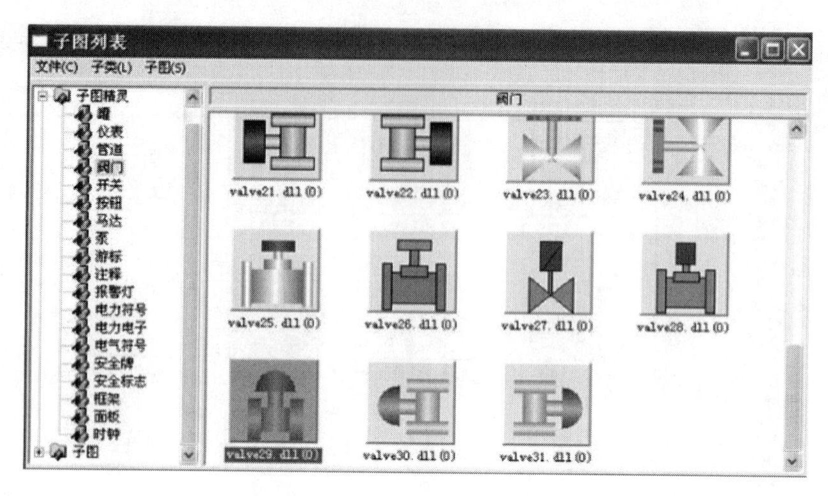

图 5.3.7 选择阀门

选择工具箱中的“文本”工具，在画面上写两个显示液位的字符串：“液位值：”“######.####”。其中“######.####”用来显示液位值，显示 4 位小数。

之后，要画两个按钮来执行启动和停止 PLC 程序的命令。选择工具箱中的“按钮”工具 ，画一个按钮，把按钮挪到合适的位置并调整好它的大小。按钮上有一个标志“Text”（文本）。选定这个按钮，在文本框中输入“手动”，然后单击“确认”按钮。用同样的方法继续画“自动”“开泵”“关泵”“开阀”“关阀”等按钮。

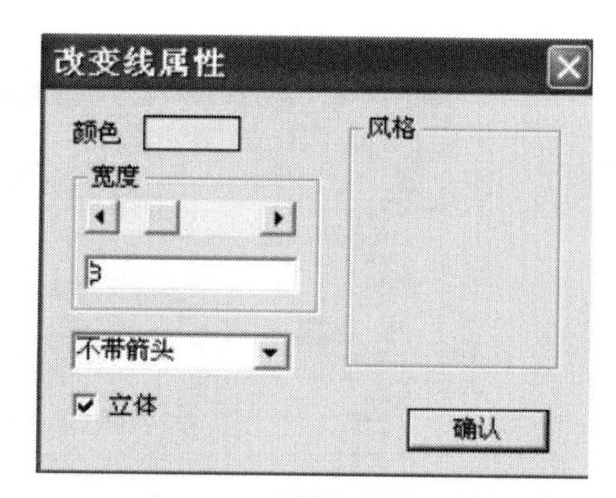

图 5.3.8 颜色属性对话框

用画圆工具绘制一个实心圆形，用于显示“水位警戒”，并加上文本提示“水位警戒”。

在“元件精灵”中找到如下图所示的泵，并将其放置在灌的进水管道上，用于对灌供水。完成后窗口如图 5.3.9 所示。

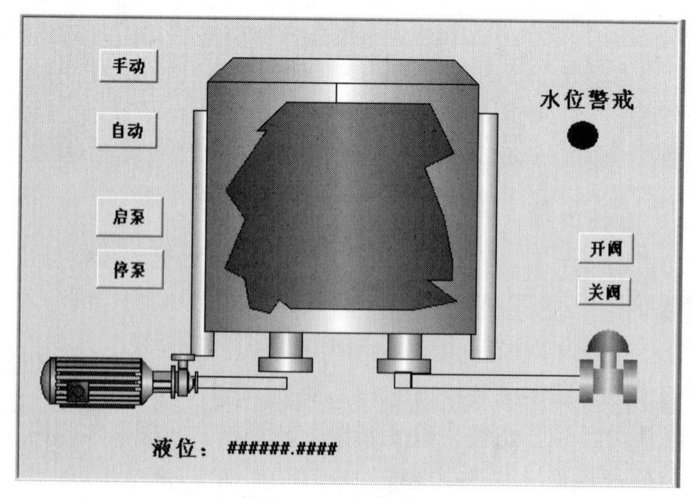

图 5.3.9 完成后窗口

现在，已经完成了“储罐液位监控示例系统”应用程序的图形描述部分的工作。下面还要做几件事：定义 I/O 设备、创建数据库、制作动画连接和设置 I/O 驱动程序。数据库是应用程序的核心，动画连接使图形“活动”起来，I/O 驱动程序完成与硬件测控设备的数据通信。

3．定义 I/O 设备

在力控中，把需要与力控组态软件之间交换数据的设备或者程序都作为 I/O 设备，I/O 设备包括：DDE、OPC、PLC、UPS、变频器、智能仪表、智能模块、板卡等。这些设备一般通过串口和以太网等方式与上位机交换数据，只有在定义了 I/O 设备后，力控才能通过数据库变量和这些 I/O 设备进行数据交换。在此工程中，I/O 设备使用力控仿真 PLC 与力控进行通信。

定义 I/O 设备的步骤如下：

我们后面要在数据库中定义四个点，但面对的问题是这四个点的过程值（即它们的 PV 参数值）从何而来？从前文所描述的力控结构功能示意图知道，数据库是从 I/O Server（即 I/O 驱动程序）中获取过程数据的，而数据库同时可以与多个 I/O Server 进行通信，一个 I/O Server 也可以连接一个或多个设备。所以，当必须要明确这四个点要从哪一个设备获取过程数据时，就需要定义 I/O 设备。

（1）在 Draw 导航器中双击“I/O 设备驱动”项使其展开，在展开项目中选择“力控”项并双击使其展开，然后继续选择厂商名“PLC”并双击使其展开后，选择项目“仿真驱动”下的“SIMULATOR(仿真)”，如图 5.3.10 所示。

（2）双击 “SIMULATOR(仿真)”，出现图 5.3.11 所示的“设备配置”对话框，在“设备名称”输入框内键入一个人为定义的名称，为了便于记忆，我们输入“PLC1”（大小写都可以）。接下来要设置 PLC 的采集参数，即“更新周期”和“超时时间”。在“更新周期”输入框内键入 50 毫秒，“地址”输入“1”。

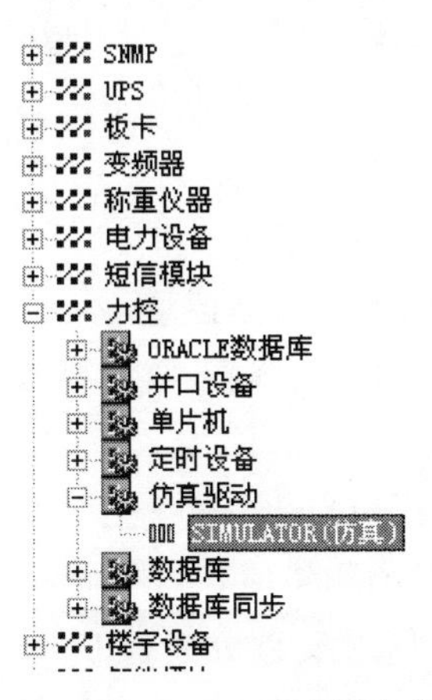

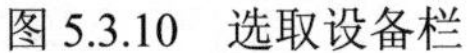

图 5.3.10　选取设备栏

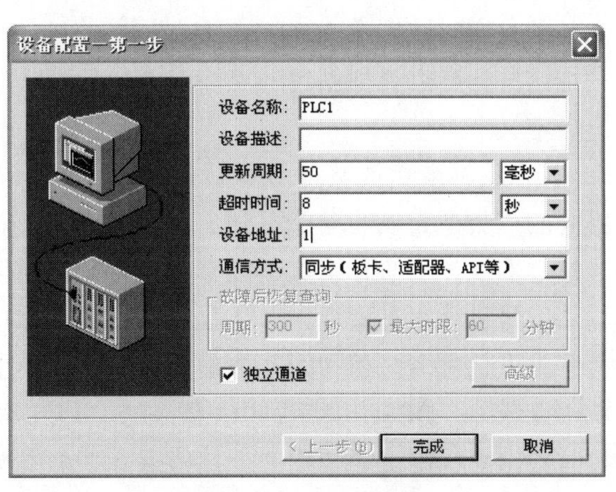

图 5.3.11　设备配置

提示：一个 I/O 驱动程序可以连接多个同类型的 I/O 设备。每个 I/O 设备中有很多数据项可以与监控系统建立连接，如果对同一个 I/O 设备中的数据要求不同采集周期，也可以为同一个地址的 I/O 设备定义多个不同的设备名称，使它们具有不同的采集周期。

例如，一个大的存储罐液位变化非常缓慢，5～10 s 更新一次就足够了，而管道内压力的更新周期则要求小于 1 s。这样，可以创建两个 I/O 设备：PLC1SLOW，数据更新周期为 5 s，和 PLC1FAST，数据更新周期为 1 s。

（3）单击“完成”按钮返回，在“SIMULATOR(仿真)”项目下面增加了一项“PLC1”。

如果要对 I/O 设备“PLC1”的配置进行修改，双击项目“PLC1”，会再次出现 PLC1 的“设备配置”对话框。若要删除 I/O 设备“PLC1”，用鼠标右键单击项目“PLC1”，在弹出的右键菜单中选择“删除”命令。

通常情况下，一个 I/O 设备需要更多的配置，如通信端口的配置（波特率、奇偶校验等）、超时时间、所使用的网卡的开关设置等。因为这是一个“仿真”I/O 驱动程序，它仿真“梯形图逻辑”和常用 I/O 驱动程序任务（实际上完全由 PC 完成），没有实际的与硬件的物理连接，所以不需要进行更多的配置。

现在，我们创建了一个名为“PLC1”的 I/O 设备，下面将要介绍到如何使用它。

4．创建实时数据库

数据库 DB 是整个应用系统的核心，是构建分布式应用系统的基础。它负责整个力控应用系统的实时数据处理、历史数据存储、统计数据处理、报警信息处理、数据服务请求处理。

在数据库中，我们操纵的对象是点（TAG），实时数据库根据点名字典决定数据库的结构，分配数据库的存储空间。

在点名字典中，每个点都包含若干参数。一个点可以包含一些系统预定义的标准点参数，还可包含若干个用户自定义参数。

我们引用点与参数的形式为“点名.参数名”。例如，“TAG1.DESC”表示点 TAG1 的点描述，“TAG1.PV”表示点 TAG1 的过程值。

点类型是实时数据库 DB 对具有相同特征的一类点的抽象。DB 预定义了一些标准点类型，利用这些标准点类型创建的点能够满足各种常规的需要。对于较为特殊的应用，可以创建用户自定义点类型。

DB 提供的标准点类型有：模拟 I/O 点、数字 I/O 点、累计点、控制点、运算点等。

不同的点类型完成的功能不同。比如，模拟 I/O 点的输入和输出量为模拟量，可完成输入信号量程变换、小信号切除、报警检查，输出限值等功能。数字 I/O 点输入值为离散量，可对输入信号进行状态检查。

有些类型包含一些相同的基本参数。例如，模拟 I/O 点和数字 I/O 点均包含三个参数：NAME，点名称；DESC，点说明信息；PV，以工程单位表示的现场测量值。

实时数据库根据工业装置的工艺特点，划分为若干区域，每个区域又划分为若干个单元，可以对应实际的生产车间和工段，极大地方便了数据的管理。在总貌画面中可以按区域和单元浏览数据；在报警画面中，可以按区域显示报警。

下面就以这个工程选择一种点类型，并建立实时数据库。先分析一下本工程要做什么。

入口阀门不断地向一个空的存储罐内注入某种液体，当存储罐的液位快满时，入口阀门要自动关闭，此时出口阀门自动打开，将存储罐内的液体排放出去。当存储罐的液位快空时，出口阀门自动关闭，入口阀门打开，重新开始向罐内注入液体。如此反复进行此过程。整个逻辑的控制过程都是用一台假想的 PLC（可编程控制器）来实现的,前面我们已经给这台假想的 PLC 设备命名为 PLC1。

PLC1 采集到存储罐的液位数据，并判断什么时候应该打开或关闭哪一个阀门。而我们除了在计算机屏幕上看到整个系统的运行情况（如存储罐的液位变化和出入口阀门的开关状态变化等），还可以控制 PLC 程序的启动与停止。

通过以上分析，确定在数据库中所要建的数据库点。

需要定义一个模拟 I/O 点，这个点的 PV 参数表示存储罐的液位值，把这点的名称定为 LEVEL。还需要一个数字 I/O 点来分别反映入口阀门的开关状态，当这个点的 PV 参数值为 0 时，表示入口阀门处于关闭状态，PV 参数值为 1 时，表示入口阀门处于开启状态，我们将这个点的点名定为 IN_VALVE。同样，要定义一个反映出口阀门开关状态的数字 I/O 点，命名为 OUT_VALVE。另外，在假想的 PLC 中还有一个开关量来控制整个系统的启动与停止，这个开关量可以由用户在计算机上进行控制，所以需要再定义一个数字 I/O 点，将其命名为“RUN”。

最终的数据库点如表 5.3.1 所示。

表 5.3.1 数据库点表

点 名 称	点 描 述	点 类 型	数 据 类 型
AI1	水灌液位值	模拟 I/O 点	实型常量
DO1	出水阀开关	数字 I/O 点	实型常量
DO2	水泵自动启/停信号	数字 I/O 点	实型常量
DO3	手动/自动转换信号	数字 I/O 点	实型常量
DO4	水泵手动启/停信	数字 I/O 点	实型常量

1）创建数据库点的步骤

（1）在工程项目导航器中双击“数据库组态”启动组态程序 DbManager（如果没有看到导航器窗口，激活 Draw 菜单命令“查看/导航器”。

（2）启动 DbManager 后出现图 5.3.12 所示的 DbManager 主窗口。

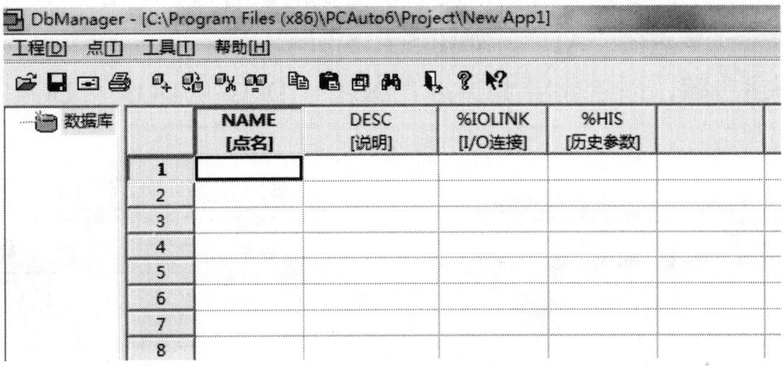

图 5.3.12 数据库组态窗口

（3）在“数据库”项右击，弹出对话框如图 5.3.13 所示，选择模拟量。

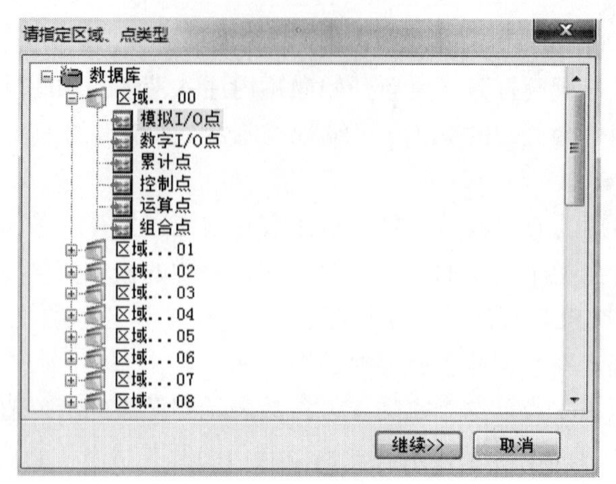

图 5.3.13　新建变量

（4）然后双击该点类型，出现图 5.3.14 所示的对话框，在“点名（NAME）”输入框内键入点名“AI1”。

新增 ： 区域0 － 模拟I/O点

基本参数　报警参数　数据连接　历史参数

点名(NAME)：AI1

点说明(DESC)：

单元(UNIT)：0　　测量初值(PV)：0.000

小数位(FORMAT)：3　　工程单位(EU)：

量程变换(SCALEFL)

量程下限(EULO)：0.000　　裸数据下限(PVRAWLO)：0.000

量程上限(EUHI)：100.000　　裸数据上限(PVRAWHI)：4095.000

数据转换　　滤波、统计

开平方(SQRTFL)　　统计(STATIS)　　滤波(ROC

分段线性化(LINEFL)

分段线性化　　滤波限值(ROC)：0.000

确定　取消　应用(A)

图 5.3.14　新建点

其他参数如量程、报警参数等可以采用系统提供的缺省值。单击 “确定” 按钮返回，在点名单元格中增加了一个点名“AI1”，如图 5.3.15 所示。

（5）按如上所述步骤，创建数字 I/O 点“DO1”“DO2”“DO3”“DO4”，创建后的点如图 5.3.16 所示。

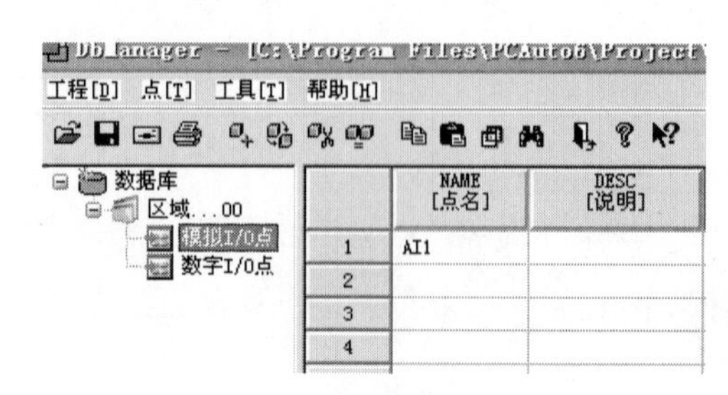

图 5.3.15　新建好的点

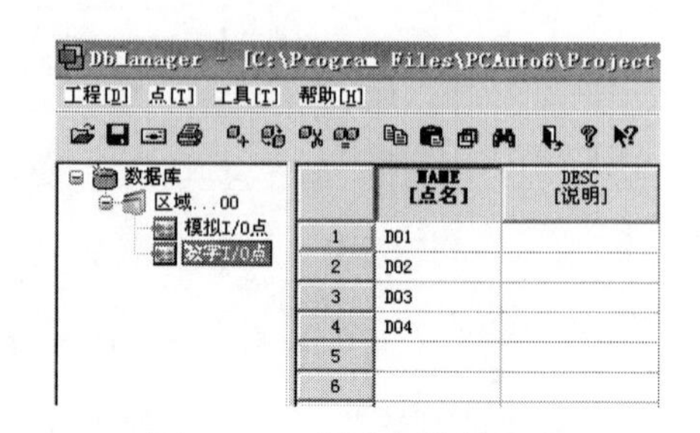

图 5.3.16　新建好的数字点

2）数据连接

已在前面创建了一个名为“PLC1”的 I/O 设备，而且它连接的正是我们假想的 PLC1 设备。现在的问题是如何将我们已经创建的五个数据库点与 PLC1 中的数据项联系起来，以使这五个点的 PV 参数值能与 I/O 设备 PLC1 进行实时数据交换。这个过程就是建立数据连接的过程。由于数据库可以与多个 I/O 设备进行数据交换，所以我们必须指定哪些点与哪个 I/O 的哪个数据项设备建立数据连接。

（1）双击数据库中点“AI1”所在的单元格，选择“数据连接”选项或双击 AI1 所对的“IOLINK［I/O 链接］”单元格，都会出现图 5.3.17 所示的对话框。

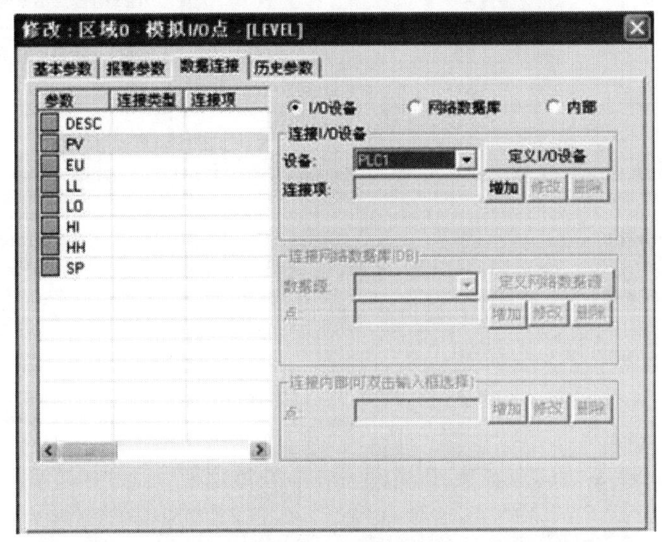

图 5.3.17　数据链接

（2）在数据连接窗口中选中“数据连接”标签，之后在“参数选择栏”选择“PV”项，并在“设备”栏选取“PLC1”设备后，单击增加按钮，出现 SIMULATOR 的数据连接对话框如图 5.3.18 所示，“寄存器地址”选择“0”，“寄存器类型”指定为“常量寄存器”，最大、最小值分别设定为“100”和“0”，然后单击“确定”按钮返回。

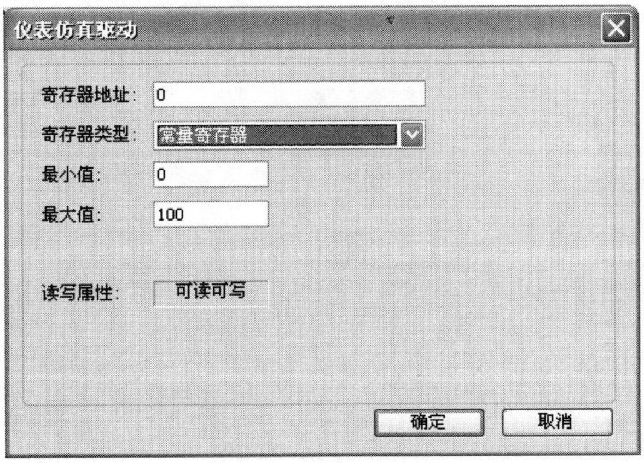

图 5.3.18　变量设置

（3）再为四个数字 I/O 点建立数据连接。

用同样的方法完成四个数字点数据连接的定义，其类型均为实型常量，数值范围均为“0～1”最后在数字 I/O 连接单元格中列出了点 DO1～DO4 的数据连接项如图 5.3.19 所示。

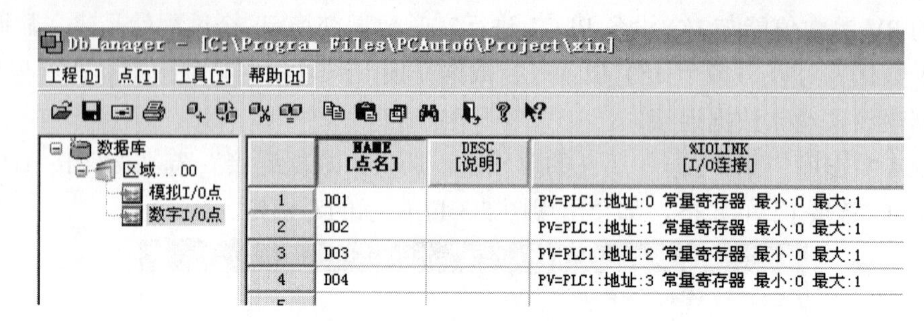

图 5.3.19　建好的连接点

当完成数据连接的所有组态后，单击保存按钮并退出 DbManager 窗口。

为了工程运行的需要，除了用到 I/O 变量外，还需用到一个名为“beng”内部变量。一般用组态自带的“中间变量”表达内部变量。中间变量的设置方法如下：

（4）在图 5.3.20 所示的窗口中双击“中间变量”，出现图 5.3.21 所示的 DbManager 主窗口。

（5）单击“添加变量”后，弹出图 5.3.22 所示的窗口。

图 5.3.20　新建变量工具

图 5.3.21　DbManager 主窗口

（6）输入框内键入变量名“beng”。在“类别”栏选取“实型”，并设置最大、最小值分别为“100”和“0”，其他参数如量程、报警参数等可以采用系统提供的缺省值。单击“确认”按钮返回。

当完成数据连接的所有组态后，单击保存按钮并退出 DbManager 窗口。

图 5.3.22 添加变量

5．制作动画连接

在前面已经做了很多事情，包括：制作显示画面、创建数据库点，并与 I/O 设备 PLC1 中的过程数据 1 连接起来。现在我们又要回到开发环境 Draw 中，通过制作动画连接使图形在画面上随 PLC1 数据的变化而活动起来。

首行涉及一个概念，“Draw 变量”窗口：Draw 变量就是在开发环境 Draw 中定义和引用的变量，简称为变量。开发环境 Draw、运行环境 View 和数据库 DB 都是力控的基本组成部分。但 Draw 和 View 主要完成的是人机界面的开发、组态和运行、显示，称之为界面系统。实时数据库 DB 主要完成过程实时数据的采集（通过 I/O Server 程序）、实时数据处理（包括：报警处理、统计处理等）、历史数据处理等。界面系统与数据库系统可以配合使用，也可以单独使用。比如：界面系统完全可以不使用数据库系统的数据，而通过 ActiveX 或其他接口从第三方应用程序中获取数据；数据库系统也完全可以不用界面系统来显示画面，它可以通过自身提供的 DBCOM 控件与其他应用程序或其他厂商的界面程序通信。力控系统之所以设计成这种结构，主要是为了使系统具有更好的开放性和灵活性。

动画连接是将画面中的图形对象与变量之间建立某种关系，当变量的值发生变化时，在画面上将图形对象的动画效果和动态变化方式体现出来。有了变量之后就可以制作动画连接了。一旦创建了一个图形对象，给它加上动画连接就相当于赋予它“生命”，使它动起来。

动画连接使对象按照变量的值改变其大小、颜色、位置等 。例如，一个泵在工作时是红色，而停止工作时变成绿色。

又比如，如果希望一个对象在存储罐的液面高于 80 开始闪烁，可以再添加一个圆形，代表灯，这个对象闪烁的表达式就为“AI1.PV>80”。

定义变量和制作动画连接这两件工作可以相互独立在完成。例如，使用“特殊功能/定义变量”，可以直接进入定义变量的环境。

下面，以所建的工程为例说明建立动画连接的步骤。

从最上面的入口阀门开始定义图形对象的动画连接。步骤：

(1)双击泵对象，弹出泵的动画连接对话框，如图 5.3.23 所示：在表达式中输入名为“beng”的变量名。

(2）双击出水阀对象，出现动画连接对话框，如图 5.3.24 所示，在表达式中输入名为“DO1.pv”的变量名。

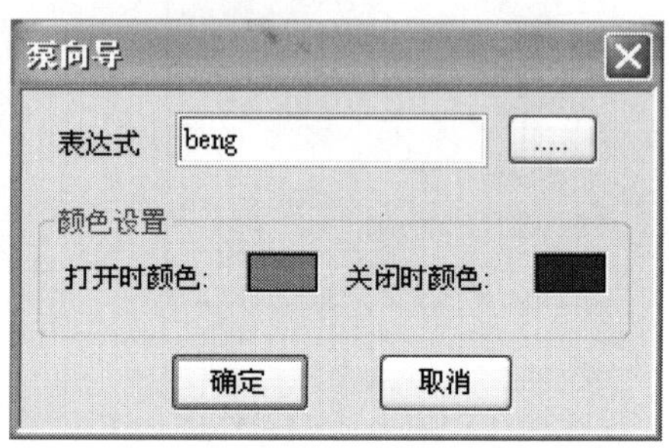

图 5.3.23　泵向导

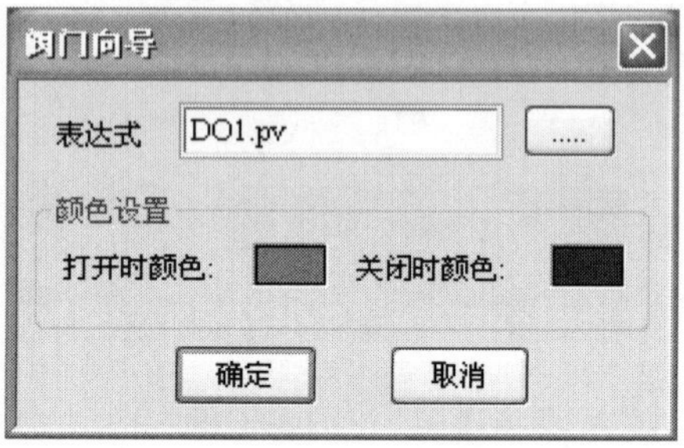

图 5.3.24　出水阀向导

(3）双击液位灌对象，出现动画连接对话框，如图 5.3.25 所示：在表达式中输入名为“AI1.pv”的变量名。在“填充设置”栏内，将“最大值”数值设为 100，“最小值”数值设为 0，“最大填充（%）”值设为 100，“最小填充（%）”值设为 0。

(4）处理有关液位值的显示。双击液位显示文本项，弹出图 5.3.26 所示的窗口。

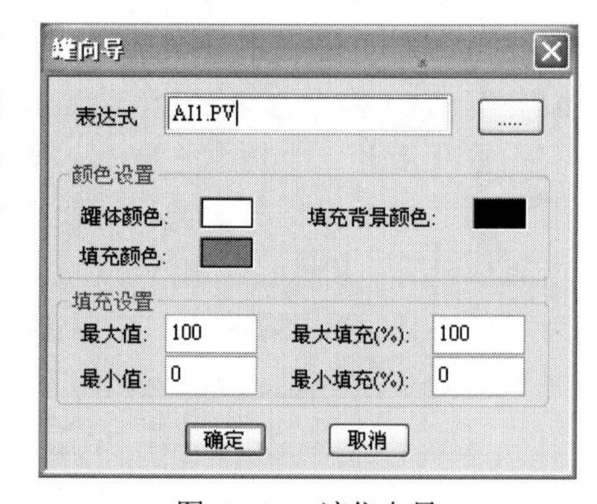

图 5.3.25　液位向导

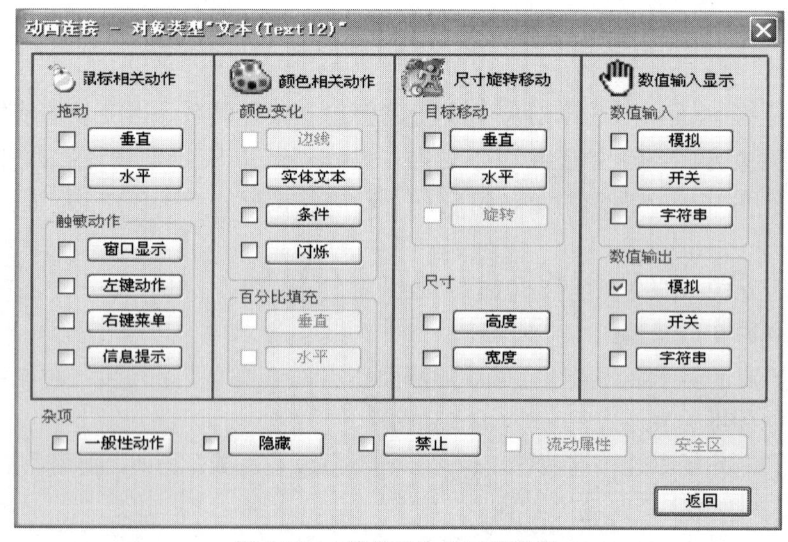

图 5.3.26　液位文本显示值设置

单击“数值输出”栏中的“模拟”项，打开图 5.3.27 所示的窗口。并在“表达式”栏中输入“AI1.PV”。之后单击“确认”按钮返回。

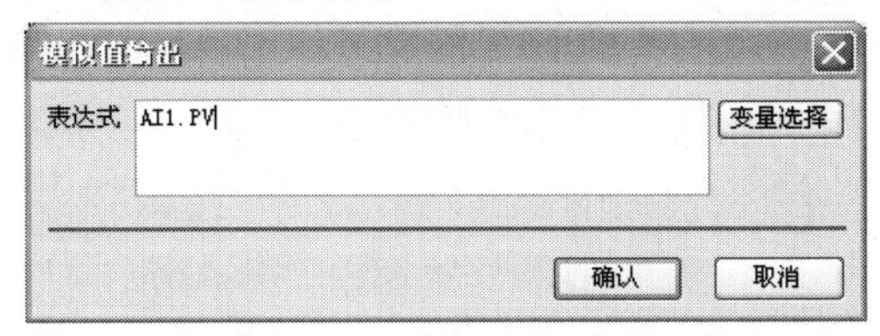

图 5.3.27　液位值变量选取

（5）处理水位警戒灯的动作。双击水位警戒灯打开动画连接窗口，在窗口中单击“颜色相关动作”栏内的“闪烁”项，打开如图 5.3.28 所示的窗口，在“条件”栏输入“AI1.PV>80”，在“属性”栏选取“颜色变化”，并指定一个填充颜色，比如黄色，在“频率”栏中选择一个合适的闪烁频率，比如“适中”。之后单击“确定”按钮返回。

在动画连接窗口中单击“杂项”栏中的“隐藏”项，打开图 5.3.29 所示的窗口，在表达式中输入“AI1.pv<=80”，之后点“确定”按钮。

图 5.3.28　液位报警灯闪烁设置

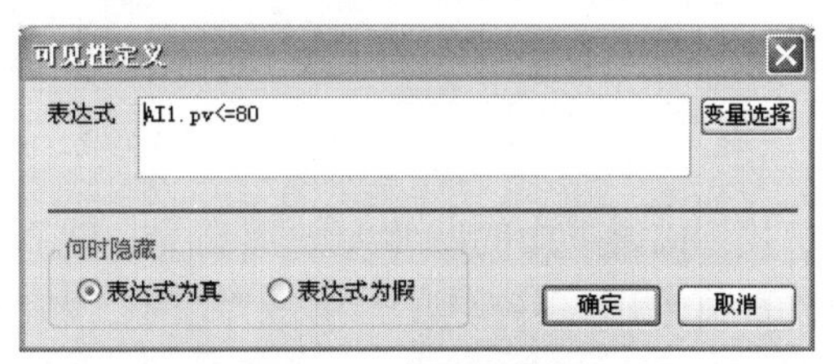

图 5.3.29　隐藏条件设置

（6）设置按钮的动作。双击“手动”按钮，弹出图 5.3.30 所示的动画连接窗口。

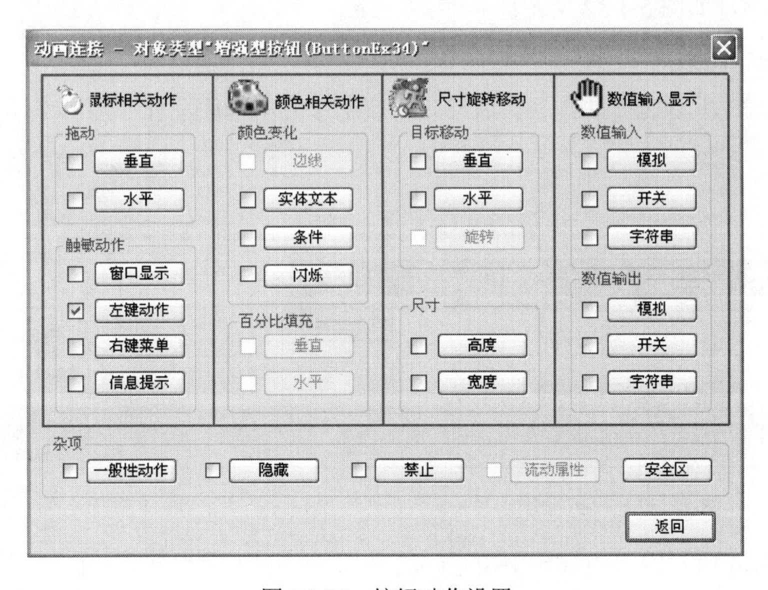

图 5.3.30　按钮动作设置

在窗口中单击“触敏动作”栏中的“左键动作”项，打开脚本编辑器窗口，在窗口的“按下鼠标”编辑区中输入语句“DO3.pv=0;”之后退出。

用同样的方法打开“自动”按钮的脚本编辑窗口，并在相应栏中输入语句“DO3.pv=1;”。

用同样的方法打开“启泵”按钮的脚本编辑窗口，并在相应栏中输入语句“DO4.PV=1;”。

用同样的方法打开“停泵”按钮的脚本编辑窗口，并在相应栏中输入语句“DO4.pv=0;”。

用同样的方法打开“开阀”按钮的脚本编辑窗口，并在相应栏中输入语句“DO1.pv=1;”。

用同样的方法打开“关阀”按钮的脚本编辑窗口，并在相应栏中输入语句“DO1.pv=0;”。

（7）将手动按钮屏蔽的方法。双击“启泵”按钮，弹出动画连接窗口中，单击“杂项”栏中的“隐藏”项，打开图 5.3.31 所示的窗口，在表达式栏中输入语句“DO3.pv==1”。用同样的方法分别将“停泵”、“开阀”、“关阀”设置为隐藏，条件均为“DO3.pv==1”。

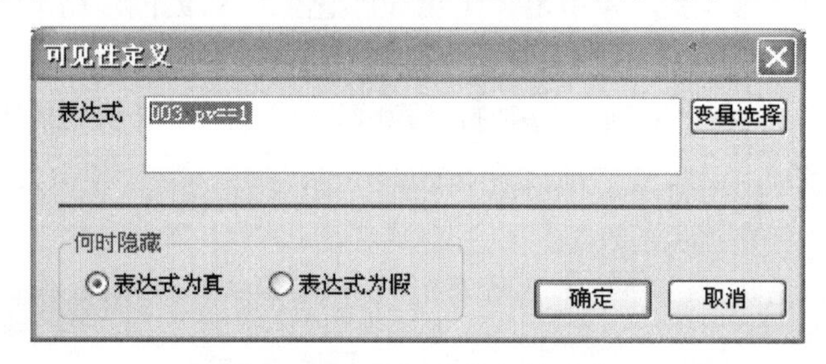

图 5.3.31　按钮屏蔽条件设置

找到储罐下面的#######.###符号，然后双击鼠标左键，出现动画连接对话框，在这里选用“数值输出——模拟”，单击“模拟”按钮，弹出“模拟值输出”对话框，在表达式项内输入“LEVEL.PV”或是单击“变量选择”按钮，出现变量选择对话框，然后选择点名“LEVEL”，在右边的参数列表中选择“PV”参数，单击“选择”按钮，“表达式”项中自动加入了变量名“LEVEL.PV”，如图 5.3.32 所示：

6．动作脚本的编写

单击图 5.3.33 所示的“动作”栏展开，并双击“应用程序动作”项。

图 5.3.32　模拟值输出显示

图 5.3.33　应用程序动作工具

打开图 5.3.34 所示的脚本编辑器窗口。

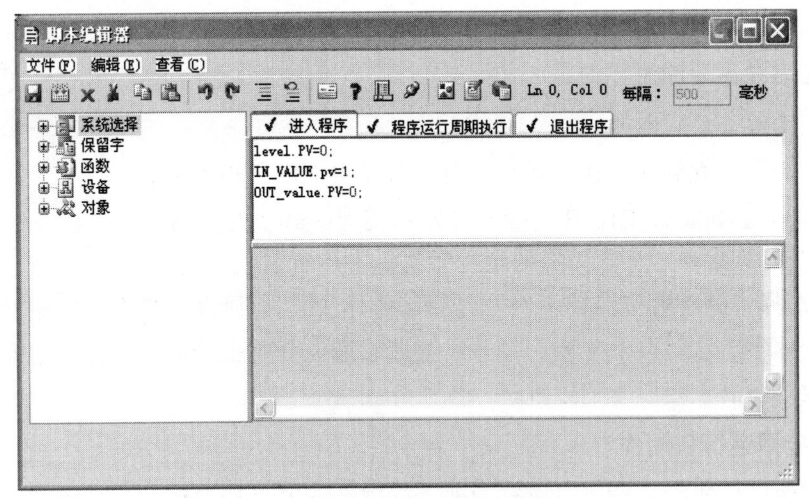

图 5.3.34 脚本编辑器窗口

在“进入程序”栏中输入如下语句：

```
beng=0;
AI1.pv=0;
DO1.pv=0;
DO2.pv=0;
DO3.pv=0;
DO4.pv=0;
```

在“程序运行周期执行”栏中输入如下程序段：

```
//手动
IF DO3.pv==0 && DO4.pv==1 &&AI1.pv<100 THEN AI1.pv=AI1.pv+5;
ENDIF
IF DO3.pv==0 && DO1.pv==1 &&AI1.pv>0 THEN AI1.pv=AI1.pv-5;
ENDIF
IF DO3.pv==0 THEN DO2.pv=0;
ENDIF
IF DO3.pv==1 THEN DO4.pv=0;
ENDIF
//自动
IF DO3.pv==1 && AI1.pv<5 THEN DO2.pv=1; DO1.pv=0;
ENDIF
IF DO3.pv==1 && AI1.pv>95 THEN DO2.pv=0; DO1.pv=1;
ENDIF
IF DO3.pv==1 && DO2.pv==1 && DO1.pv==0 THEN AI1.pv=AI1.pv+5;
ENDIF
IF DO3.pv==1 && DO1.pv==1 &&DO2.pv==0 THEN AI1.pv=AI1.pv-5;
ENDIF
//手动和自动变量融合
IF DO2.pv==1 THEN beng=1;
ENDIF
IF DO4.pv==1 THEN beng=1;
ENDIF
IF DO2.pv==0 && DO4.pv==0 THEN beng=0;
ENDIF
```

单击图 5.3.35 所示的小图标进行编译；如果有错，进行修改，直到编译通过，之后存盘返回主界面。

图 5.3.35　编译工具

7．运行

力控工程初步建立完成，进入运行阶段。首先保存所有组态内容，关闭 DbManager(假如没关闭)。在力控的开发系统（Draw）中选择“文件/进入运行”菜单命令，进入力控的运行系统。在运行系统中选择“文件/打开”命令，从“选择窗口”选择“储罐液位监控示例”。显示出力控的运行画面，单击“开始”按钮，开始运行 PLC1 的程序。这时会看见阀门打开，存储罐液位开始上升，一旦存储罐即将被注满，它会自动排放，然后重复以上的过程。

8．工程应用运行包制作

力控的制作运行包的功能，可以将当前工程组态的信息和力控的运行环境压缩成几个文件，形成 Setup 安装盘。当工程完成后，可以将这样一张安装盘交到用户的手上，当机器发生严重故障使控制应用受到破坏时，用户可以用这张 Setup 安装盘进行安装，一次性恢复完整的力控控制系统，确保了系统的安全，大大地减少了维护工作量。

制作运行安装包的步骤：

（1）选择开发系统的“文件/制作运行包”菜单，弹出图 5.3.36 所示的“生成运行环境及当前工程应用的安装包”对话框。

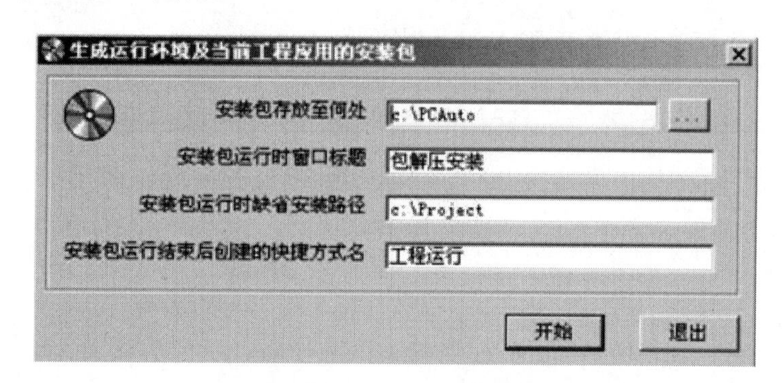

图 5.3.36　安装包制作界面

（2）选择生成的安装包存放的路径、输入安装运行时的窗口标题、安装包运行时的默认安装路径、安装后快捷方式的名称。可以使用默认设置，也可以根据工程的实际需要指定。单击“开始”按钮开始压缩。压缩完成时，提示结束对话框。此时，在 C 盘生成一个 PCAuto 文件夹，文件夹内是安装包文件。

思　考　题

1. 什么是集散控制系统？主要有哪些应用？
2. 什么是工业组态？常用的组态软件有哪些？
3. 在力控组态软件中，I/O 设备的组态主要功能是什么？

4. 在力控组态软件中，数据组态的数据类型主要有哪两种变量？

5. 在力控组态软件中，数据库变量对象的数据连接主要功能是什么？

6. 简述监控系统中上位机和下位机的相互关系。

7. 在力控组态软件中，对象的动画连接主要功能是什么？

8. 在力控组态工程开发状态下，如何将一个窗口设置为初始运行窗口？

9. 在力控组态软件中，控制策略的主要功能是什么？

10. 在力控组态软件中，工程应用运行包的作用是什么？如何制作一个工程运行压缩包？

11. 试描述利用力控软件进行一般工程组态的基本过程。

单元 6 DDC 监控系统

学习目标

（1）学会对 DDC 编程、软件组态应用、LonWorks 网络应用和照明系统控制等；

（2）了解 LONMARK 软件，掌握其在 DDC 控制中的编程应用；

（3）掌握 DDC 监控系统在典型设备中的应用。

6.1 系统概述

6.1.1 DDC 监控及照明控制系统

DDC 监控及照明控制系统由 DDC 控制器、LonWorks 接口卡、上位监控系统（力控组态软件）、照明控制箱和照明灯具组成。系统框图如图 6.1.1 所示。

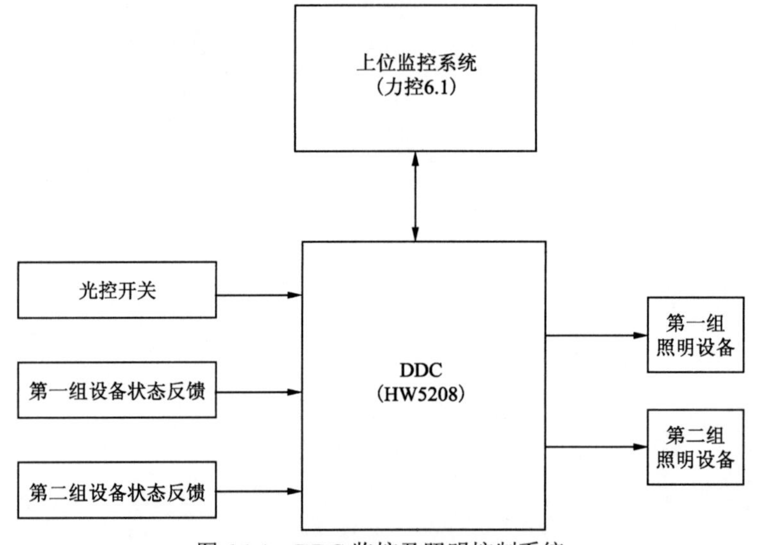

图 6.1.1 DDC 监控及照明控制系统

6.1.2 楼宇设备中的典型 DDC 控制模块

1. HW-BA5208 DDC 控制模块

HW-BA5208 DDC 控制模块是智能楼宇控制系统的一种模块，采用 LONWORKS 现场总线技术与外界进行通信，具有网络布线简单、易于维护等特点。它可完成对楼控系统及各种工业现场标准开关量信号的采集，并且对各种开关量设备进行控制。该模块具有五路干触点输入端口，DI 口配置可以自由选择。具有五路触点输出端口，可提供无源常开和常闭触点，并对其进行不同方式的处理。控制器内部集成多种软件功能模块，通过相应的 Plug_in，可方便地对其进行配置。通过配置，可使控制器内部各软件功能模块任意组合，相互作用，从而实现各种逻辑运算与算术运算功能。

1）结构特征

HW-BA5208DDC 控制模块主要由 CONTROL MODULE 板、模块板和外壳等组成，其外观示意如图 6.1.2 所示。

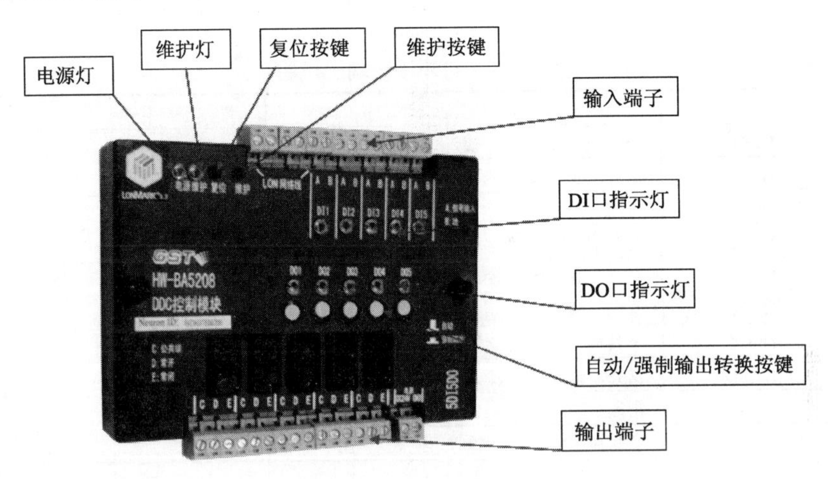

图 6.1.2　外观示意图

电源灯（红色）：当接通电源后，应常亮。

维护灯（黄色）：在正常监控下不亮，只有当下载程序时闪亮。

DI 口指示灯（绿色，5 个）：当某输入口有高电平时，此口对应的指示灯点亮。

DO 口指示灯（绿色，5 个）：当某路继电器吸合时，此路对应的指示灯点亮。

维护键：维护按键。

复位键：复位按键。

DO1~DO5：自动/强制输出转换按键，按键按下时相应路为强制输出。

2）技术特性

① 工作电压：DC 24V；

② 工作电流：106 mA；

③ 网络：协议，LONTALK；

④ 通信介质：双绞线，推荐使用 Keystone LonWorks 16AWG（1.3 mm）Cable Service 网络安装；

⑤ I/O 数量： 5 个 DI，5 个 DO；

⑥ 输入信号类型：有源开关量信号，无源开关量信号；

⑦ 输入保护：信号输入口具有防反接与过压保护功能；

⑧ 数字输出：5 路数字输出；

250VAC/5A 继电器，具有手/自动转换开关。输出为常开或常闭选择。具有 LED 指示灯；

⑨ 输出信号类型：DO 触点容量250VAC/5A，具手/自动转换开关，输出为常开或常闭选择。

3）安装与调试

（1）对外接线端子说明。本模块的对外接线端子共分四类：DO端子、DI端子、电源端子、LON网络线端子。对外接线端子从左下角开始按逆时针方向编号依次说明如表6.1.1所示。

表6.1.1 对外接线端子说明

序号	端子名	注释	序号	端子名	注释
1	DO1C	公共端，脉冲/数字输入	17	DC24V	电源-
2	DO1D	常开，脉冲/数字输入	18	DI5B	地
3	DO1E	常闭，脉冲/数字输入	19	DI5A	输入
4	DO2C	公共端，脉冲/数字输入	20	DI4B	地
5	DO2D	常开，脉冲/数字输入	21	DI4A	输入
6	DO2E	常闭，脉冲/数字输入	22	DI3B	地
7	DO3C	公共端，脉冲/数字输入	23	DI3A	输入
8	DO3D	常开，脉冲/数字输入	24	DI2B	地
9	DO3E	常闭	25	DI2A	输入
10	DO4C	公共端，脉冲/数字输入	26	DI1B	地
11	DO4D	常开，脉冲/数字输入	27	DI1A	输入
12	DO4E	常闭	28	NETA	LON网线端子
13	DO5C	公共端，脉冲/数字输入	29	NETB	LON网线端子
14	DO5D	常开，脉冲/数字输入	30	NETA	LON网线端子
15	DO5E	常闭	31	NETB	LON网线端子
16	DC24V+	电源			

（2）调试。DO输出口有强制输出功能，它是专为调试使用的。当需要对某输出端口进行调试时，可以将该端口对应的强制输出按钮按下，此时，继电器吸合，可以对DO口进行调试。

2. HW-BA5210DDC控制模块

1）结构特征与工作原理

（1）结构特征

HW-BA5210DDC控制模块是智能楼宇控制系统的一种模块，它采用LONWORKS现场总线技术与外界进行通信，具有网络布线简单、易于维护等特点。控制器内部有时钟芯片，从而可以通过该模块对整个系统的时间进行校准；控制器内部有串行EEPROM（电可擦编程只读存储器）芯片，从而可对一些数据进行记录；控制器内部集成多种软件功能模块，通过相应的Plug_in，可对其方便地进行配置；通过配置，可使控制器内部各软件功能模块任意组合，相互作用，从而实现各种逻辑运算与算术运算功能。

HW-BA5210DDC控制模块主要由CONTROL MODULE板、模块板和外壳等组成，其外观示意图如图6.1.3所示。说明：

电源灯（红色）：当接通电源后，应常亮；

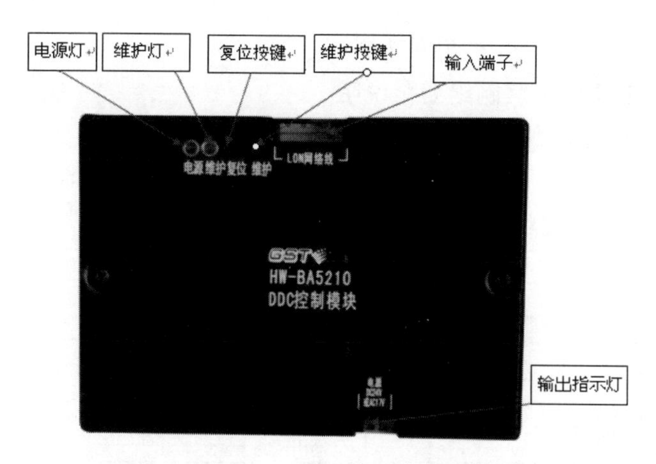

图 6.1.3　5210 外观示意图

维护灯（黄色）：在正常监控下不亮，只有当下载程序时闪亮；

维护键：维护按键；

复位键：复位按键。

（2）工作原理

硬件部分主要由电源整流、电源变换、神经元模块、时钟芯片、串行 EEPROM、按键、指示等七部分组成。电源整流将无极性 24V 直流电源或 17V 交流电源转换为有极性 24V 直流电源；电源变换电路将输入的 24V 电压变换为 5V 输出电压，电压变换芯片采用 LM2575；神经元模块为 CPU；时钟芯片为 PCF8563；串行 EEPROM 芯片为 AT24C64。

2）技术特性

① 工作电压：DC 24V；

② 工作电流：25 mA；

③ 网络：协议，LONTALK；

④ 通信介质：双绞线（推荐使用：Keystone LonWorks 16AWG（1.3mm）Cable Service 网络安装）。

3）安装与调试

本模块的对外接线端子共分两类：电源端子、LON 网络线端子。从左下角开始按逆时针方向编号依次说明如表 6.1.2 所示：

表 6.1.2　对外接线端子说明

序　号	端 子 名 称	注　释
1	DC24V+	电源
2	DC24V−	电源
3	NETA	LON 网双绞线端子
4	NETB	LON 网双绞线端子
5	NETA	LON 网双绞线端子
6	NETB	LON 网双绞线端子

6.1.3　通用控制程序基本功能介绍

HW-BA5210 节能运行模块共包含两种类型的功能模块，即 RealTime（实时时钟）功能模块和 EventScheduler（任务列表）功能模块。

1．RealTime 功能模块及其网络变量说明

RealTime 功能模块提供当前日期、时间、星期，并提供日期、时间、星期的校准，如表 6.1.3 所示。

表 6.1.3　RealTime 功能模块网络变量说明

默认名称	默认类型	描　　述
nvi_TimeSet	SNVT_time_stamp	输入网络变量，对系统日期和时间进行校准，内容包括年、月、日、时、分、秒
nvo_RealTime	SNVT_time-stamp	输出网络变量，输出当前系统日期和时间如年、月、日、时、分，　1 min 刷新一次
nvi_WeekSet	SNVT_data_day	输入网络变量，对系统的星期进行校准
nvo_NowWeek	SNVT_data_day	输出网络变量，输出当日是星期几

2．EventScheduler 功能模块及其网络变量说明

EventScheduler 功能模块根据当前时间、星期、及用户输入的周计划表对设备进行定时启停控制。EventScheduler 功能模块的网络变量说明如表 6.1.4 所述。

表 6.1.4　EventScheduler 功能模块网络变量说明

默认名称	默认类型	描　　述
nvi_SchEvent	UNVT_sch	输入网络变量，用于任务列表内容的设置。该网络变量为自定义网络变量，其结构说明如下所述。 typedef struct { unsigned short enable; unsigned short subenable; unsigned short action; unsigned short hour1; unsigned short minute1; unsigned short week1; unsigned short hour2; unsigned short minute2; unsigned short week2; unsigned short hour3; unsigned short minute3; unsigned short week3; unsigned short hour4; unsigned short minute4; unsigned short week4; unsigned short hour5; unsigned short minute5; unsigned short week5; unsigned short hour6; unsigned short minute6; unsigned short week6; unsigned short hour7; unsigned short minute7; unsigned short week7; unsigned short hour8; unsigned short minute8; unsigned short week8; }UNVT_sch,

续表

默认名称	默认类型	描述
nvi_SchEvent	UNVT_sch	enable：任务列表总使能，0：屏蔽，1：使能。 subenable：各时间点的动作使能，0：无效，1：有效 第 7 位：第 1 时间段有效性；第 6 位：第 2 时间段有效性；第 5 位：第 3 时间段有效性；第 4 位：第 4 时间段有效性；第 3 位：第 5 时间段有效性；第 2 位：第 6 时间段有效性；第 1 位：第 7 时间段有效性；第 0 位：第 8 时间段有效性。 action：各时间点动作，0 表示停，1 表示启。各位意义如下所述： 第 7 位：第 1 时间段动作；第 6 位：第 2 时间段动作；第 5 位：第 3 时间段动作；第 4 位：第 4 时间段动作；第 3 位：第 5 时间段动作；第 2 位：第 6 时间段动作；第 1 位：第 7 时间段动作；第 0 位：第 8 时间段动作。 hours N：第 N 个时间点的小时数，取值为 0~23； minute N：第 N 个时间点的分钟数，取值为 0~59； week N：第 N 个时间段周的相关性，0 表示无效，1 表示有效。 第 6 位：星期日的有效性；第 5 位：星期一的有效性；第 4 位：星期二的有效性；第 3 位：星期三的有效性； 第 2 位：星期四的有效性；第 1 位：星期五的有效性 第 0 位：星期六的有效性
nvo_SchEvent	UNVT_sch	输出网络变量，用于输出任务列表设置内容，其数据结构同上
nvo_Out	SNVT_switch	输出网络变量，用于输出任务动作

3. HW-BA5210 节能运行模块及其 Plug_in 配置界面说明

1）RealTime 功能模块

RealTime 功能模块用来输出系统时间，并对系统时间进行校准。该功能模块无 Plug_in 配置程序，用户只需操作表 6.1.5 中说明的网络变量即可完成相应的功能。

2）EventScheduler 功能模块

EventScheduler 功能模块用来设置任务列表，从而对现场设备进行定时启停。EventScheduler 功能模块无相应的 Plug_in 配置程序，用户只需操作表 6.1.5 中说明的网络变量即可对任务列表进行设置。

3）EventScheduler 功能模块使用说明

任务列表功能模块用来完成对开关量设备的定时启停操作，具体功能与特点如下：

（1）设定一台设备在一天当中的八个时间点的启停时间表，启停时间表仅在一周当中指定的几天中有效；

（2）按照已经设定好的启停时间表，通过网络变量准时输出启停命令；

（3）可以使能或禁用已经设定好的启停时间表；

（4）设定好的启停时间表掉电不丢失，且上位机可随时读取已经设定好的时间表。

HW-BA5210 时钟模块中共集成有九个任务列表功能模块。每个功能模块均包含一个用于控制设备启停的输出网络变量，将该输出网络变量绑定到与被控设备对应的输入网络变量上，即可实现对被控设备的定时启停操作。由于每个任务列表功能模块可提供八个启停时间点，所以当一台或多台被控设备需要超过八个的启停时间点时，就需要由多个任务列表功能模块来配合使用。当一个系统中有多台设备需要进行定时启停控制时，应该按如下步骤进行操作：

（1）将系统中一直具有相同启停任务表的设备归为一组；

（2）为每一组设备分配一个或多个任务列表模块；

（3）将任务列表模块的启停输出网络变量绑定到与其对应的一组设备的输入网络变量上。

4）EventScheduler 功能模块应用举例

假设有一组设备，该组内的设备具有相同的起停时间任务表，其中设备共有八个起停时间点。可见各用一个任务列表功能模块就可以实现，然后将任务列表功能模块的启停命令输出网络变量绑定到与其对应的设备的相应输入网络变量上。

（1）确定该组设备的定时启停时间如表 6.1.5 所示。

表 6.1.5　设备启停时间控制表

设备组号	时间列表
1	周一到周五日程：①6:00 开 ②11:50 关 ③13:00 开 ④17:00 关 周六、周日日程：⑤9:00 开 ⑥16:00 关

（2）根据该组设备的定时启停时间表，可对任务列表功能模块配置如表 6.1.6 所示。

表 6.1.6　任务列表功能模块

使能	时间点	动作	星期设置						
✓	6:00	开	日	一	二	三	四	五	六
			×	✓	✓	✓	✓	✓	×
✓	11:50	关	日	一	二	三	四	五	六
			×	✓	✓	✓	✓	✓	×
✓	13:00	开	日	一	二	三	四	五	六
			×	✓	✓	✓	✓	✓	×
✓	17:00	关	日	一	二	三	四	五	六
			×	✓	✓	✓	✓	✓	×
✓	9:00	开	日	一	二	三	四	五	六
			✓	×	×	×	×	×	✓
✓	16:00	关	日	一	二	三	四	五	六
			✓	×	×	×	×	×	✓
×	无关	无关	无关						
×	无关	无关	无关						

（3）该表对应的网络变量数据为：0x01,0xfc,0xa8,0x06,0x00,0x3e,0x0b,0x32,0x3e,0x0d,0x00,0x3e,0x11,0x00,0x3e,0x09,0x00,0x41,0x10,0x00,0x41,0x00,0x00,0x00,0x00,0x00,0x00

（4）将其转化为十进制数，数据之间用空格隔开。1 252 168 6 0 62 11 50 62 13 0 62 17 0 62 9 0 65 16 0 65 0 0 0 0 0 0

（5）将计算出来的数值写入网络变量 nvi_SchEvent，并下载到设备。

注意：

① 不支持同一天内两个时间点相同，但动作相反的任务，因为启动和停止设定在一个时间点上，可能引起设备的反复起停。由上位机完成时间点重合时动作是否一致的判定，若不一致，给用户提示重新设定。

② 当一个动作需要跨越两天时，不需分段处理。例如某一类设备的启动时间是：周一 20:00 启动，到周二的 8:00 停止。应该设定为：第一点，周一 20:00 启动；第二点，周二 8:00 停止。

6.1.4 DDC 控制箱

DDC 控制箱由电源、DDC 模块、继电器等组成，主要完成 DDC 照明控制系统的集成。接线端子如图 6.1.4 所示。

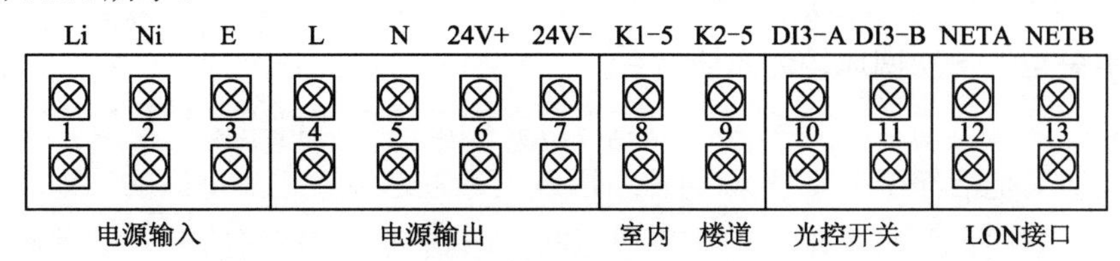

图 6.1.4 DDC 控制箱接线端子

Li、Ni：AC 220V 电源输入。

L、N：AC 220V 电源输出，带漏电保护。

24V+、24V−：DC 24V/3A 电源输出。

K1−5、K2−5：继电器 K1、K2 常开输出端（DC 24V+），分别接室内、楼道两路照明灯的一端（灯的另一端接到 DC 24V−）。

DI3−A、DI3−B：DDC5208 第 3 路输入口，接光控开关的 COM、NO。

NETA、NETB：DDC 控制器 LON 接口。

DDC 监控及照明控制系统接线图如图 6.1.5 所示。

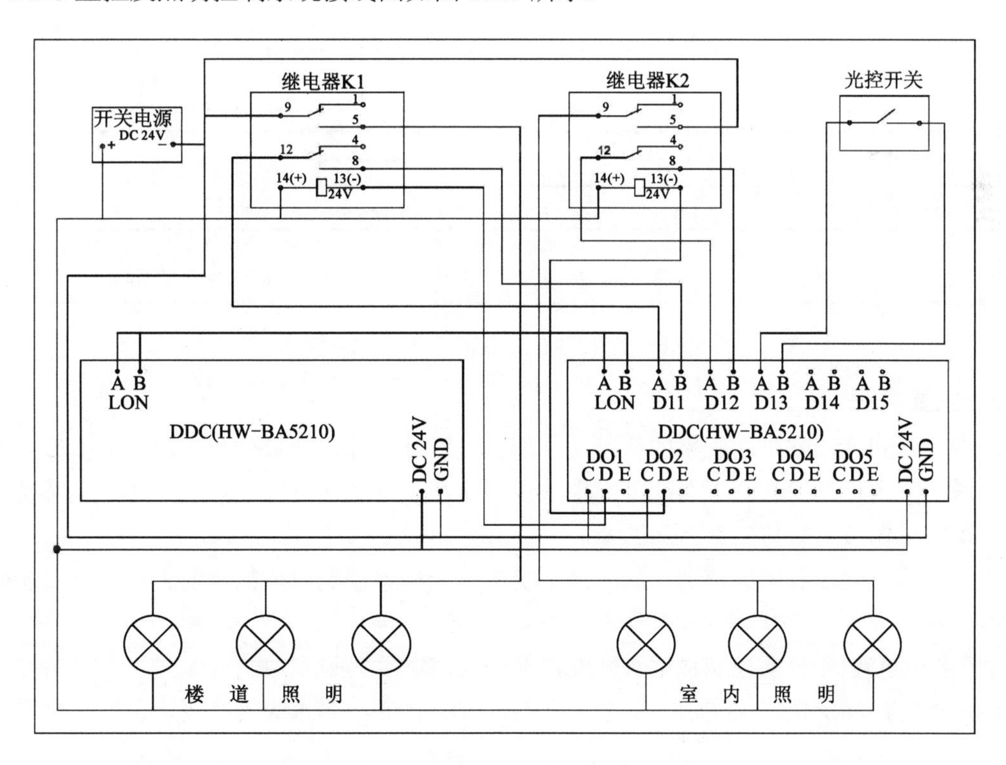

图 6.1.5 DDC 监控及照明控制系统接线图

6.2 中央空调监控系统

6.2.1 中央空调一次回风控制系统原理

1. 中央空调一次回风控制系统介绍

空调机组集中设置在空调机房，房间内所需风量用空调机组进行冷却、加热、加湿、初效和中效（如果是洁净空调系统），而后用送风机通过送风管送到房间的吊顶上方，再经过高效过滤器（洁净房间）或普通风口（普通房间）送到室内。室内的空气由回风口收集后，再由回风管送回到空调机组的回风段，与新风混合后再次循环。中央空调一次回风控制系统原理图如图 6.2.1 所示。

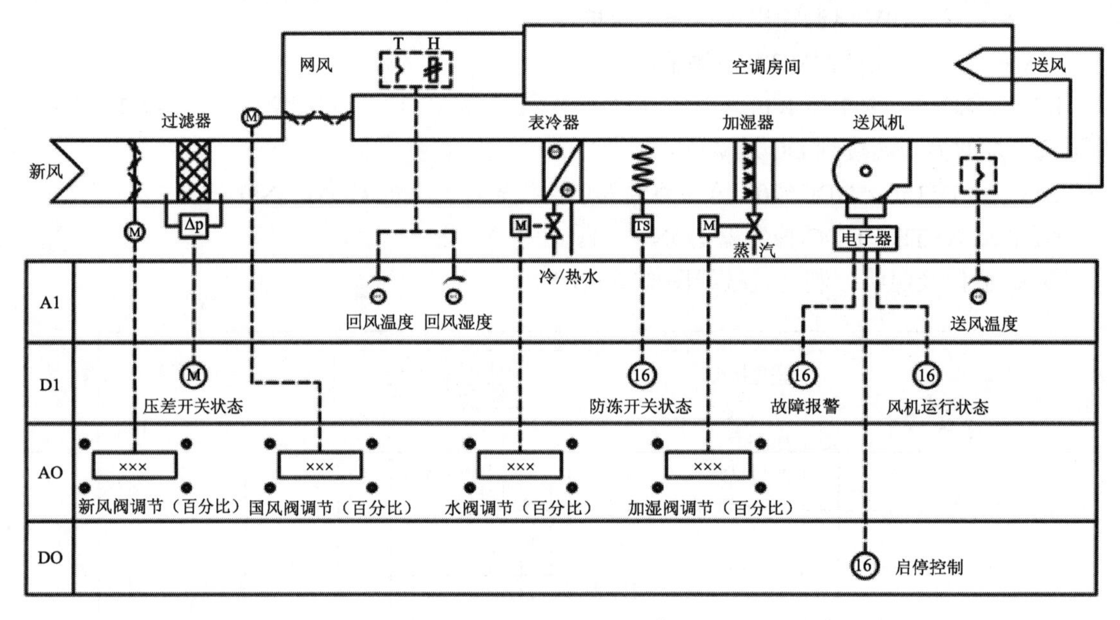

图 6.2.1　中央空调一次回风控制系统原理图

2. 主要术语

所谓一次回风，就是送进来的新风，一部分是室外新风，一部分是室内回风，二者混合后一起送入室内称为一次回风系统。中央空调一次回风系统通过回风处理，较好地解决了夏季、冬季空气调节质量与效率之间的矛盾。

本系统旨在完成对中央空调一次回风系统中几个典型控制对象的调节、控制。控制要求如下：

回风湿度控制：自动控制加湿阀开度，保证送风湿度为设定值。

回风温度控制：根据设定值与测量值之差，PID 控制冷热水阀的开度，保证回风温度为设定值。

在夏季工况时，当回风温度升高时，控制器控制电动二通阀开大水阀；当回风温度降低时，控制器控制电动二通阀关小水阀。

在冬季工况时，当回风温度升高时，控制器控制电动二通阀关小水阀；当回风温度降低时，控制器控制电动二通阀开大水阀。

3．中央空调一次回风系统的控制

（1）回风温度控制：根据设定值与测量值之差，PID 控制冷/热水阀的开度，保证回风温度为设定值。

（2）回风湿度控制：自动控制加湿阀启停，保证回风湿度为设定值。

（3）压差开关用来检测过滤网的清洁程度，过滤网过脏，过滤网两边的压差越大，达到某一数值后输出报警信号。

（4）防冻开关防止盘管温度太低，起保护作用。当盘管温度过低时，发出报警信号，并且关闭风机和风阀，同时打开冷热水调节阀。

（5）风阀执行器与风机联锁，保证风机停机时电动风阀也关闭。

6.2.2 中央空调系统典型 DDC 介绍

1．TH-BA1108 控制器的组成

TH-BA1108 DDC 控制模块由核心板、控制主板和外壳等组成，其外观图如图 6.2.2 所示。

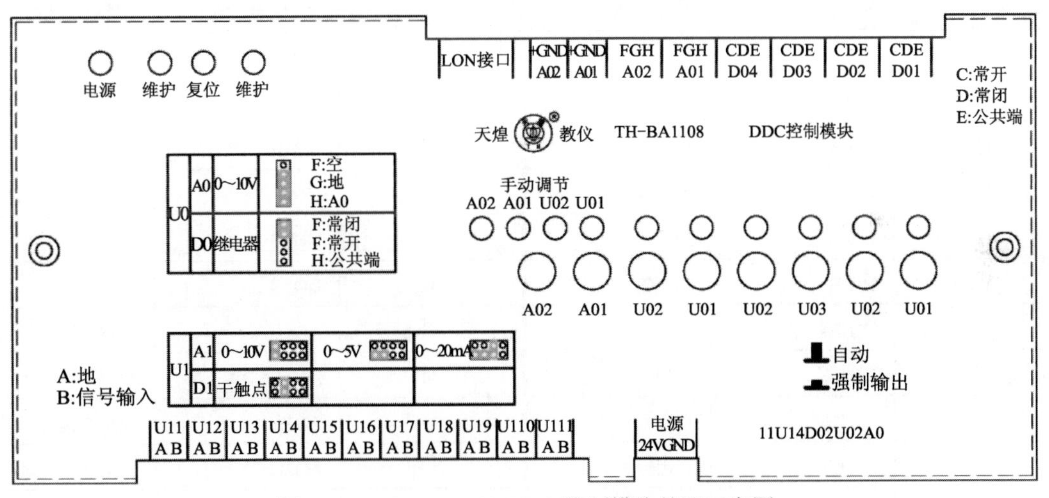

图 6.2.2 TH-BA1108 DDC 控制模块外观示意图

面板上主要包括以下功能部件：

指示灯： 维护灯（绿色）：正常监控下不亮，下载程序时闪亮。

电源灯（红色）：模块上电后常亮。

DO1～DO4，UO1～UO2（黄色）：相应路继电器吸合时亮。

按键：维护键、复位键。

DO1～DO4，UO1～UO2，AO1~AO2：自动/强制输出转换按键，按键按下时相应路为强制输出。

2．TH-BA1108 控制器的接线端子说明

本模块的接线端子共分六类：UI 端子、电源端子、DO 端子、UO 端子、AO 端子、LON

网络线端子。从左下角开始按逆时针方向编号依次定义如表 6.2.1 所示。

表 6.2.1　对外接线端子说明

序　号	端子名称	注　释	序　号	端子名称	注　释
1	UI1 A	地	25	DO1C	常闭
2	UI1 B	通用输入 1	26	DO1D	常开
3	UI2A	地	27	DO1E	公共端
4	UI2 B	通用输入 2	28	DO2C	常闭
5	UI3 A	地	29	DO2D	常开
6	UI3 B	通用输入 3	30	DO2E	公共端
7	UI4 A	地	31	DO3C	常闭
8	UI4 B	通用输入 4	32	DO3D	常开
9	UI5 A	地	33	DO3E	公共端
10	UI5 B	通用输入 5	34	DO4C	常闭
11	UI6 A	地	35	DO4D	常开
12	UI6 B	通用输入 6	36	DO4E	公共端
13	UI7 A	地	37	UO1F	常闭
14	UI7 B	通用输入 7	38	UO1G	常开
15	UI8 A	地	39	UO1H	公共端
16	UI8 B	通用输入 8	40	UO2F	常闭
17	UI9 A	地	41	UO2G	常开
18	UI9 B	通用输入 9	42	UO2H	公共端
19	UI10 A	地	43	AO1+	模拟 1 输出
20	UI10 B	通用输入 10	44	AO1GND	模拟 1 输出地
21	UI11 A	地	45	AO2+	模拟 2 输出
22	UI11 B	通用输入 11	46	AO2GND	模拟 2 输出地
23	DC24	电源输入+	47	NETA	LON 网双绞线端子
24	GND	电源输入-	48	NETB	LON 网双绞线端子

3. TH-BA1108 控制器的跳线说明

通过短路帽跳线可将 UI 设置成 0~10V、0~5V、0~20mA 模拟量输入模式或干触点开关量输入模式。短路帽放置位置与输入模式对应关系如图 6.2.3 所示。其中表示将相邻的两个插针用短路帽短接。（通道 UI1-UI11 对应 JP1-JP11 插针，插针位置见图 6.2.3）

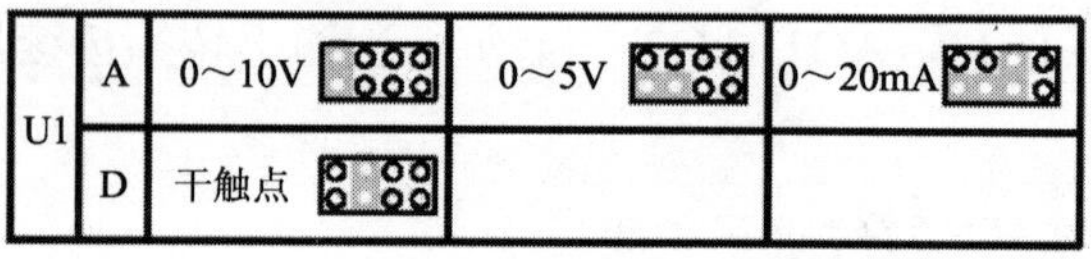

<table>
<tr><td rowspan="2">U1</td><td>A</td><td>0～10V</td><td>0～5V</td><td>0～20mA</td></tr>
<tr><td>D</td><td>干触点</td><td></td><td></td></tr>
</table>

图 6.2.3　UI 跳线说明

通过跳线可将 UO 设置成 0~10V 模拟量输出模式或继电器输出模式。短路帽放置位置与输出模式对应关系如图 6.2.4 所示。其中表示将相邻的两个插针用短路帽短接。（UO1 和 UO2 分别对应 J7 和 J5 插针，插针位置见图 6.2.4）

U0	A0	0~10V	F:空 G:地 H:A0
	D0	继电器	F:常闭 G:常开 H:公共端

图 6.2.4　UO 跳线说明

4．主要功能模块原理与使用

IO 功能模块包括以下四种：通用输入功能模块（UI）、开关量输出功能模块（DO）、模拟量输出功能模块（AO）、通用输出功能模块（UO），分别用于监控 DDC 控制器的通用输入、开关量输出、模拟量输出和通用输出通道，如表 6.2.2 所示。

表 6.2.2　IO 功能模块使用的网络变量说明

功能模块名称	默认网络变量名称	变 量 类 型	描　述
通用输入功能模块（UI）	nvo_AI[0]~nvo_AI[10]	SNVT_temp_f	11 路输出各输入口的模拟量测量值
	nvo_DI[0]~nvo_DI[10]	SNVT_switch	11 路输出各输入口的开关量测量值
开关量输出功能模块（DO）	nvi_DO[0]~nvi_DO[3]	SNVT_switch	用以驱动 4 路开关量输出
通用输出功能模块（UO）	nvi_UAO[0]~nvi_UAO[1]	SNVT_lev_cont_f	用以驱动 2 路通用输出口
	nvi_UDO[0]~nvi_UDO[1]	SNVT_switch	用以驱动 2 路通用输出口
模拟量输出功能模块(AO)	nvi_AO[0]~nvi_AO[1]	SNVT_lev_cont_f	用以驱动 2 路模拟量输出口

（1）通用输入功能模块（UI）及其插件如图 6.2.5 所示。输入控制模块配置界面如图 6.2.6 所示。

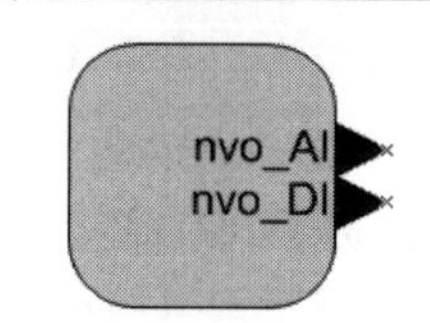

图 6.2.5　通用输入功能模块（UI）

TH1108UI

Device

Universal Input

nvo_AI_1:	0	nvo_DI_1:	100.0 1	UCPTsampleTime:	0 0 0 1 0
nvo_AI_2:	0	nvo_DI_2:	0.0 0	UCPTsampleTime:	0 0 0 0 0
nvo_AI_3:	0	nvo_DI_3:	0.0 0	UCPTsampleTime:	0 0 0 0 0
nvo_AI_4:	0	nvo_DI_4:	0.0 0	UCPTsampleTime:	0 0 0 0 0
nvo_AI_5:	0	nvo_DI_5:	0.0 0	UCPTsampleTime:	0 0 0 0 0
nvo_AI_6:	0	nvo_DI_6:	0.0 0	UCPTsampleTime:	0 0 0 0 0
nvo_AI_7:	0	nvo_DI_7:	0.0 0	UCPTsampleTime:	0 0 0 0 0
nvo_AI_8:	0	nvo_DI_8:	0.0 0	UCPTsampleTime:	0 0 0 0 0
nvo_AI_9:	0	nvo_DI_9:	0.0 0	UCPTsampleTime:	0 0 0 0 0
nvo_AI_10:	0	nvo_DI_10:	0.0 0	UCPTsampleTime:	0 0 0 0 0
nvo_AI_11:	0	nvo_DI_11:	0.0 0	UCPTsampleTime:	0 0 0 0 0

UCPTsampleTime:

通道采样时间，其数据格式为天 时 分 秒 毫秒。

Cancel　Apply

TEST　Cnfg Online　M　NodeObject　Normal

图 6.2.6　输入控制模块配置界面

说明：通过该界面，可对 DDC 控制器的 11 路通用输入的状态进行监测，其中变量 nvo_AI_X 表示模拟量输入（范围 0.0～100.0，浮点数，表示输入量程的百分比），nvo_DI_X 表示开关量状态，“0.0 0”表示开关无动作，“100.0 1”表示开关动作，其中只有最后一位状态有效。UCPTsampleTime 表示采样时间，格式为天、时、分、秒、毫秒。其中只有秒有效，范围为 0～60。

注意：对于未使用的通道，请将采样时间设置为 0 0 0 0 0，这样可以缩短 CPU 扫描周期。

（2）开关量输出功能模块（DO）及其插件，如图 6.2.7 所示。输出控制模块配置界面如图 6.2.8 所示。

图 6.2.7　开关量输出功能模块（DO）

TH1108DO

Device

Digital Output

nvi_UDO_1: 0.0 0

nvi_UDO_2: 0.0 0

nvi_DO_1: 0.0 0

nvi_DO_2: 0.0 0

nvi_DO_3: 0.0 0

nvi_DO_4: 0.0 0

说明：

输入数值“0.0 1”控制输出继电器动作，

输入数值“0.0 0”控制输出继电器恢复。

Cancel　Apply

TEST　Cnfg Online　M　NodeObject　Normal

图 6.2.8　输出控制模块配置界面

说明：输入数值“0.0 1”控制继电器动作，输入数值“0.0 0”控制继电器恢复，其中只有最后一位状态有效，1 实现开，0 实现关。

（3）模拟量输出功能模块（AO）及其插件如图 6.2.9 所示。

模拟量输出配置界面如图 6.2.10 所示。

说明：输入数值“0-100”控制模拟量输出百分比（0～100%对应 0～10V）。

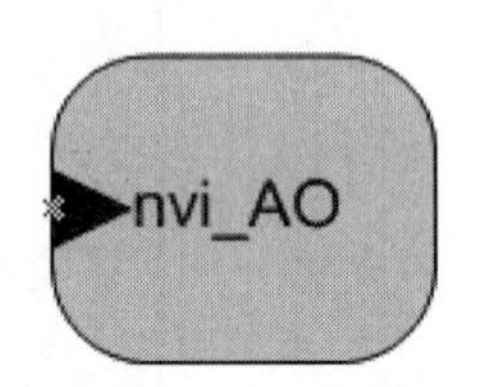

图 6.2.9　模拟量输出功能模块（AO）

TH1108AO
Device
Analog Output
nvi_UAO_1: 0 %
nvi_UAO_2: 0 %
nvi_AO_1: 0 %
nvi_AO_2: 0 %
说明：
输入数值“0-100”控制模拟量输出百分比。
Cancel Apply
TEST Cnfg Online M NodeObject Normal

图 6.2.10　模拟量输出配置界面

（4）通用输出功能模块（UO）及其插件如图 6.2.11 所示。

每个通用输出功能模块具有两个插件即模拟量输出（AO）和开关量输出（DO），其插件与模拟量输出（AO）和开关量输出（DO）的插件相同。

（5）通用 PID 功能模块及其插件。通用 PID 功能模块根据过程变量（PV）与设定值（Setpoint）对输出网络变量（CV）的值进行控制。过程变量由测量环境参数的传感器得来；设定值表明了要求过程变量最终达到的值。PID 控制器根据这些值进行 PID 运算，输出一个控制变量，从而驱动用以影响环境变量的执行器。该 PID 功能模块采用增量式 PID 进行设计，可以完成基本的单回路控制，同时该功能模块具有手/自动切换功能。该功能模块接收的网络变量和控制输出的网络变量全部为物理变量的百分比，如图 6.2.12 所示。

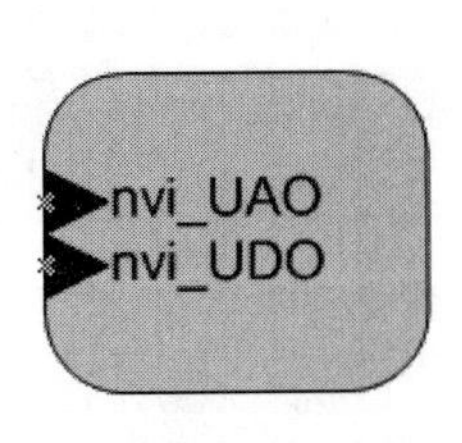

图 6.2.11　通用输出功能模块（UO）

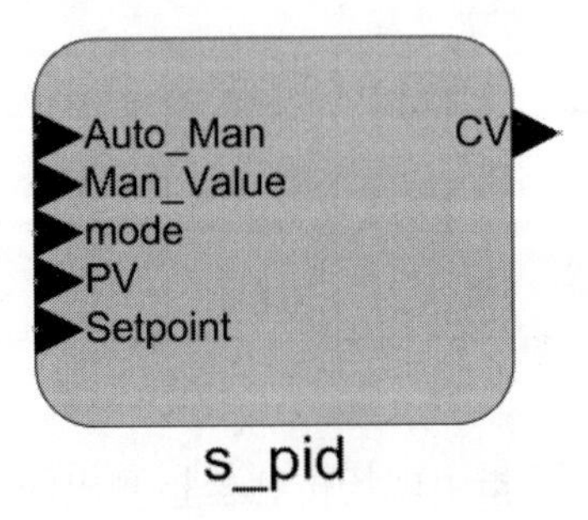

图 6.2.12　通用 PID 功能模块

网络变量说明如表6.2.3所示。

表6.2.3　通用PID功能模块使用的网络变量说明

缺省名称	缺省类型	描述
Auto_Man	SNVT_switch	手/自动输入网络变量，该网络变量的值为0.0 0时，表示自动模式，为0.0 1时，表示手动模式。
Man_Value	SNVT_lev_cont_f	当为手动模式时对水阀的手动设定值。
PV	SNVT_temp_f	过程网络变量（过程值）
Setpoint	SNVT_temp_f	设定网络变量（设定值）
CV	SNVT_lev_cont_f	控制输出网络变量（控制输出）
UCPTdeadband	浮点型	PID控制的死区
UCPTpidCoefficients	PID控制参数	struct{ FLOAT Pterm　比例系数 FLOAT Iterm　积分系数（单位：秒） FLOAT Dterm　微分系数（单位：秒） FLOAT bias　　无用 UNVT_Boolean reversing　正/反作用　未使用 UNVT_Boolean cascade 未使用 } UCPTpidCoefficients
UCPTsampleIntervalMult1	长整形数	PID控制器的采样时间间隔（单位：秒）

PID功能模块插件如图6.2.13所示。

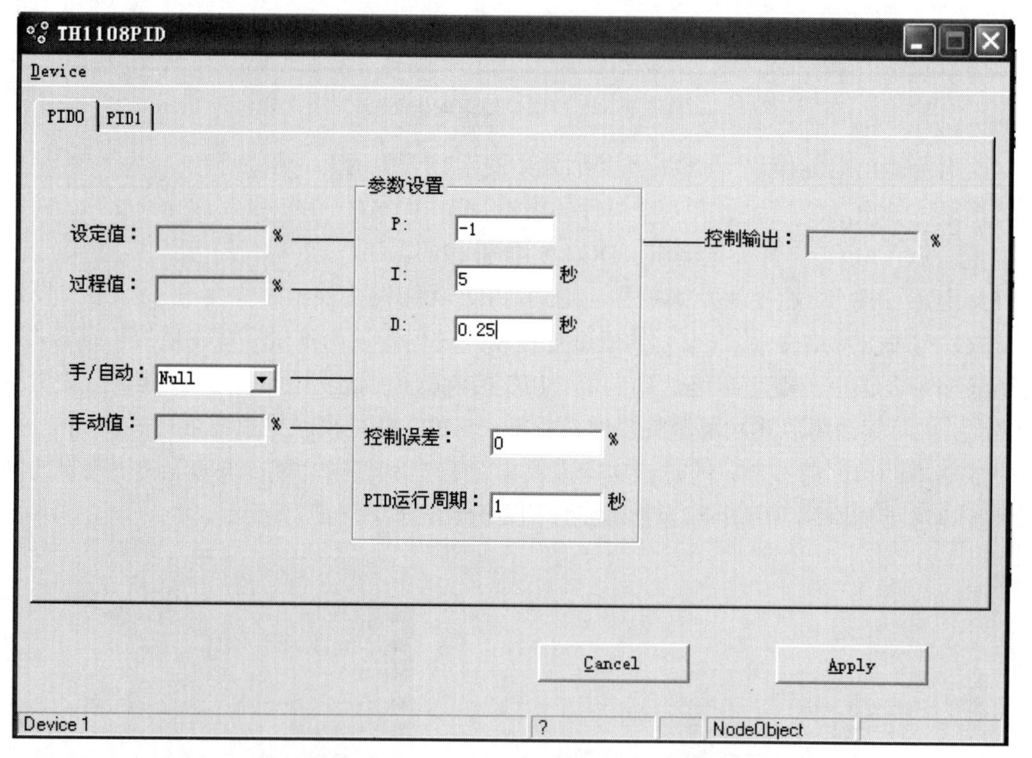

图6.2.13　通用PID功能模块配置界面

过程值：指由现场传感器检测出的环境变量数值，范围（0%～100%）。

设定值：指所要控制的目标数值，范围（0%～100%）。

手/自动：指 PID 控制器的控制方式，有手动和自动两种方式可以选择。

手动值：指手动控制方式下的控制器所控制输出的数值。

P: 指 PID 控制器的比例放大系数。

I: 指 PID 控制器的积分时间。

D: 指 PID 控制器的微分时间。

控制误差：指 PID 控制器的控制误差范围。

PID 运行周期：指 PID 控制器两次运算之间的时间间隔。

控制输出：指 PID 控制器的运算结果（0%～100%），用于控制执行器的动作。

6.3 DDC 照明监控系统

6.3.1 组网

打开 LONWORK 设计界面，按住鼠标左键拖动“Device”设备并依次添加两个 DDC 控制器（5208、5210），如图 6.3.1 所示。

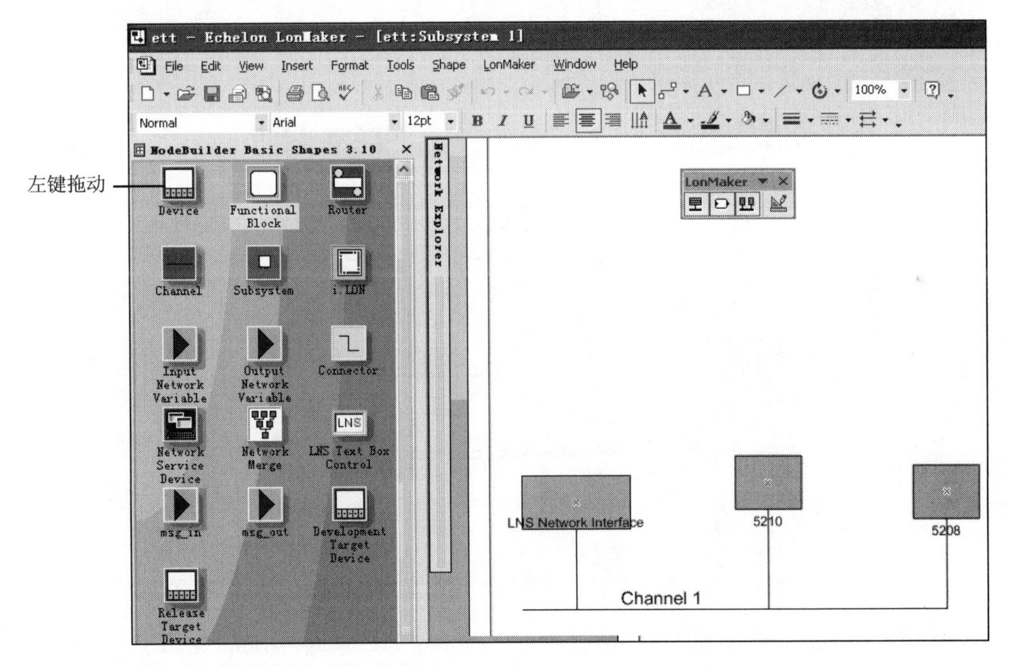

图 6.3.1　照明系统组网界面

6.3.2 设备 5208 的编程设计

1. 为 5208 添加两个数字输出功能模块 DO1、DO2

按住鼠标左键拖动“Functionan Block”（见图 6.3.2）到编辑窗口中，弹出图 6.3.3 所示的对话框。

在 6.3.3 对话框中按图示选择好各选项后，单击“Next”按钮，进入图 6.3.4 所示的设置窗口。

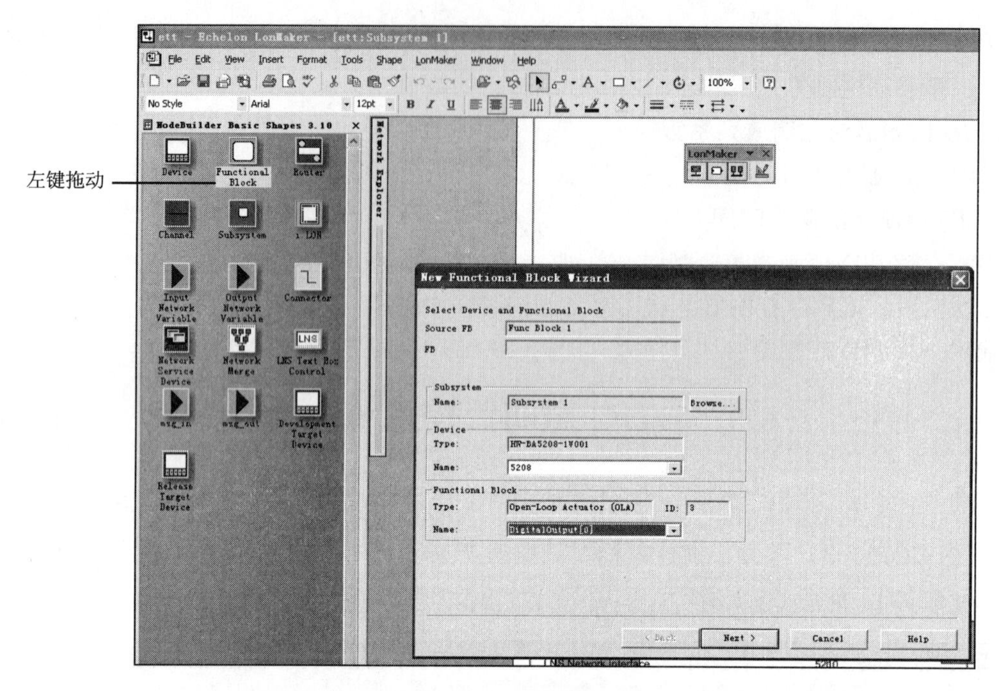

图 6.3.2　为 5208 添加一个数字输出功能模块 DO1

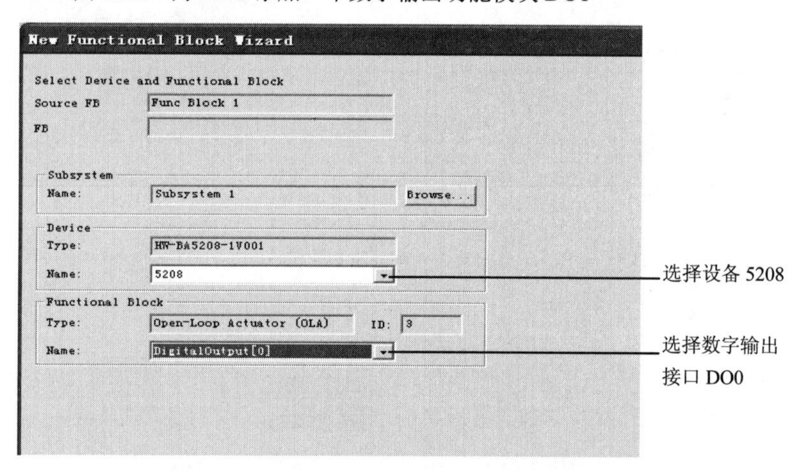

图 6.3.3　为 5208 添加一个数字输出功能模块 DO1

在 6.3.4 对话框中按图示选择好各选项后，单击“Finish”按钮，即可编辑窗口中生成 DO1 模块，生成后 DO1 模块图形如图 6.3.5 所示。

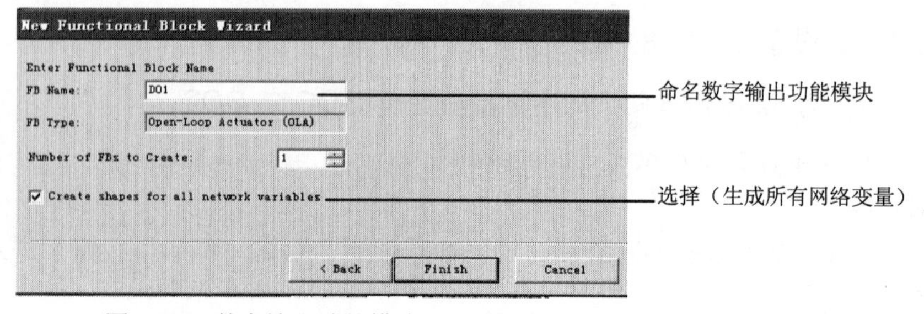

图 6.3.4　数字输出功能模块 DO1 设置

该数字输出功能模块对应的网络输入变量为 nvi_DO。以同样方法添加另外一个数字输出功能模块 DO2。

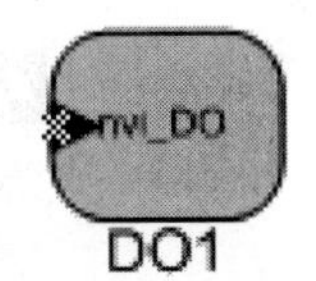

图 6.3.5 生成的 DO1

2．为 5208 添加一个数字输入功能模块 DI3。

按住鼠标左键拖动“Functionan Block”（见图 6.3.2）到编辑窗口中，弹出图 6.3.6 所示对话框。

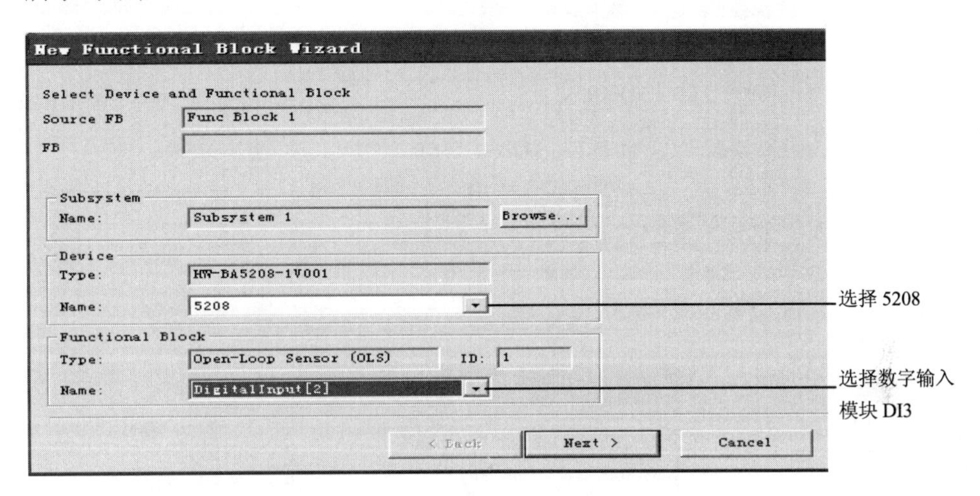

图 6.3.6 为 5208 添加一个数字输入功能模块 DI3

在图 6.3.6 所示对话框中选择好各选项后，单击“Next”按钮，进入图 6.3.7 所示界面。

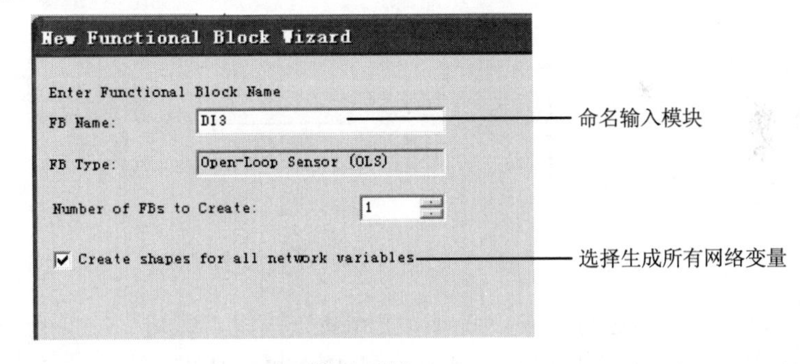

图 6.3.7 设置模块属性

在图 6.3.7 所示对话框中选择好各选项后，单击“Finish”按钮，即可编辑窗口中生成 DI3 模块，生成后 DI3 模块图形如图 6.3.8 所示。

该数字输入功能模块对应的网络输出变量为 nvo_DI。

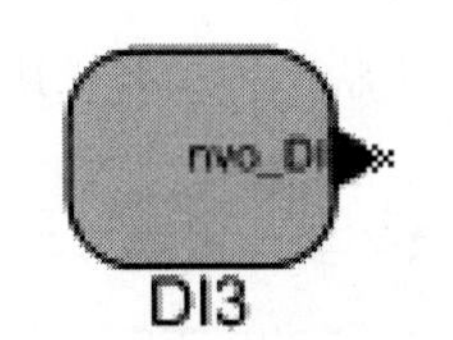

图 6.3.8 生成的功能模块 DI3

3．为 5208 添加一个小状态机模块 SMT

按住鼠标左键拖动“Functionan Block”（见图 6.3.2）到编辑窗口中，弹出图 6.3.9（a）所示的对话框。

按图 6.3.9 所示进行设置，单击“Next”按钮，进入图 6.3.10 所示界面。

New Functional Block Wizard
Select Device and Functional Block
Source FB　Func Block 1
FB
Subsystem
Name:　Subsystem 1　Browse...
Device
Type:　HW-BA5208-1V001
Name:　5208　选择 5208
Functional Block
Type:　Object Type <3:20002>　ID:　3:20002
Name:　smallST[0]　选择小状态机
< Back　Next >　Cancel　Help

（a）为 5208 添加一个状态功能模块 SMT

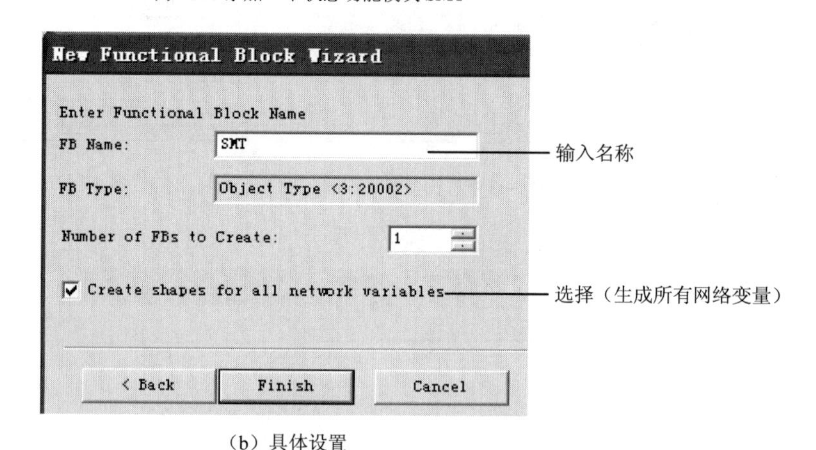

（b）具体设置

图 6.3.9　设置 SMT 属性

按图 6.3.9 所示进行设置，单击“Finish”按钮，即可编辑窗口中生成小状态机模块，生成后小状态机模块图形如图 6.3.10 所示。

小状态机功能模块对应 2 个输入网络变量为 nvi_in11 和 nvi_in21。

3 个输出网络变量为 nvo_out1、nvo_out2 和 nvo_out3。

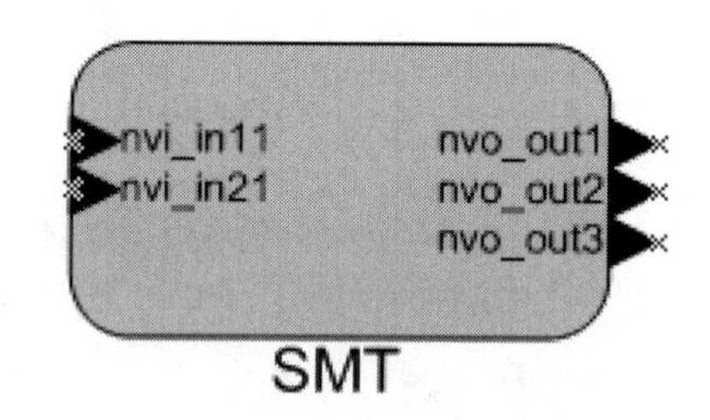

图 6.3.10　生成的小状态机模块

4．5208 不同功能模块之间网络变量的绑定

在 LONWORK 中是通过连线将不同网络变量连接起来的，如果 6.3.11 所示，拖动“Connector”至 SMT 模块中的“nvo_out1”上，直到出现红点时松开鼠标，连线的起始端即与“nvo_out1”相连，之后再拖动连线的另一端至 DO1 模块中的“nvi_DO”端子处，直到红点出现时松开鼠标，即实现两个网络变量的绑定。如图 6.3.11 所示。

用同样的方法绑定其他网络变量，如图 6.3.12 所示。

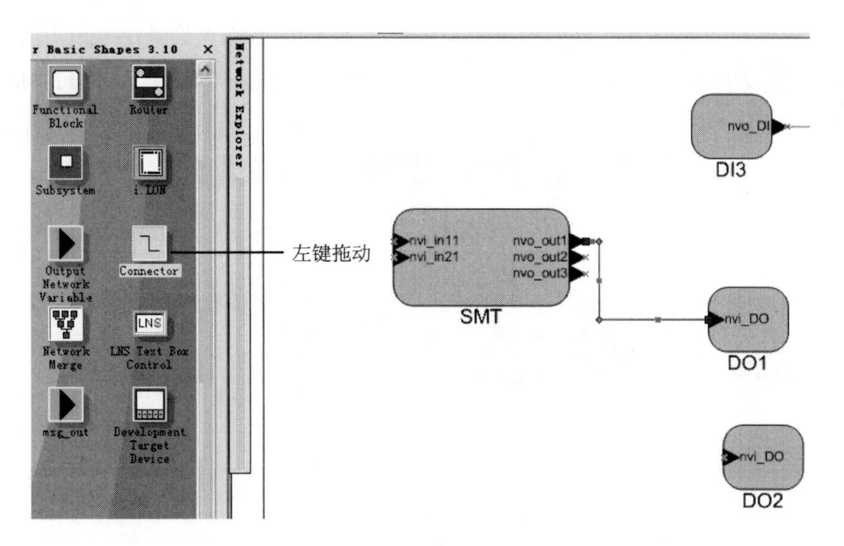

图 6.3.11　模块与网络变量的绑定

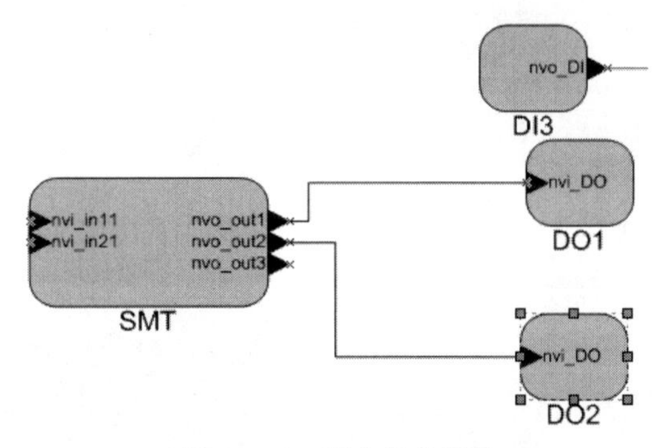

图 6.3.12　绑定好的模块

6.3.3　设备 5210 的编程设计

1．为 5210 添加一个任务列表功能模块

按住鼠标左键拖动“Functionan Block”（见图 6.3.2）到编辑窗口中，弹出图 6.3.13 所示对话框。

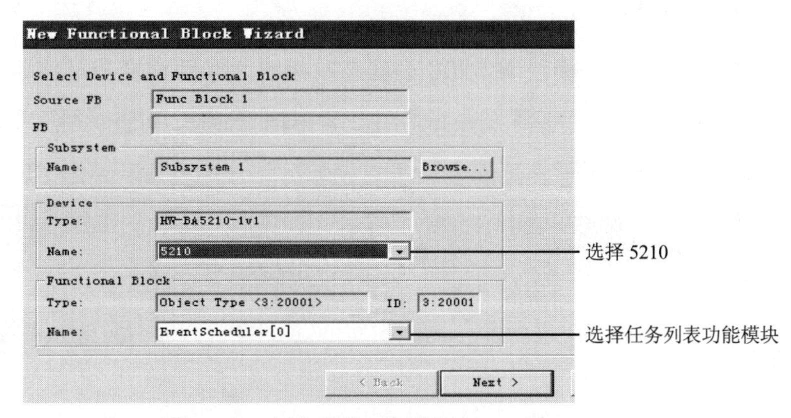

图 6.3.13　添加模块对话框

按图 6.3.13 所示设置好各选项后单击“Next”按钮，弹出图 6.3.14 所示对话框，并按图示命名模块名称，然后单击“Finish”按钮，即可建成任务列表功能模块，建成后的界面如图 6.3.15 所示。

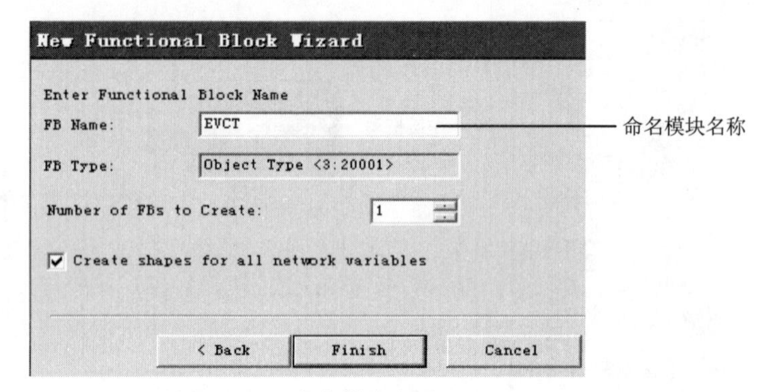

图 6.3.14　命名模块名称

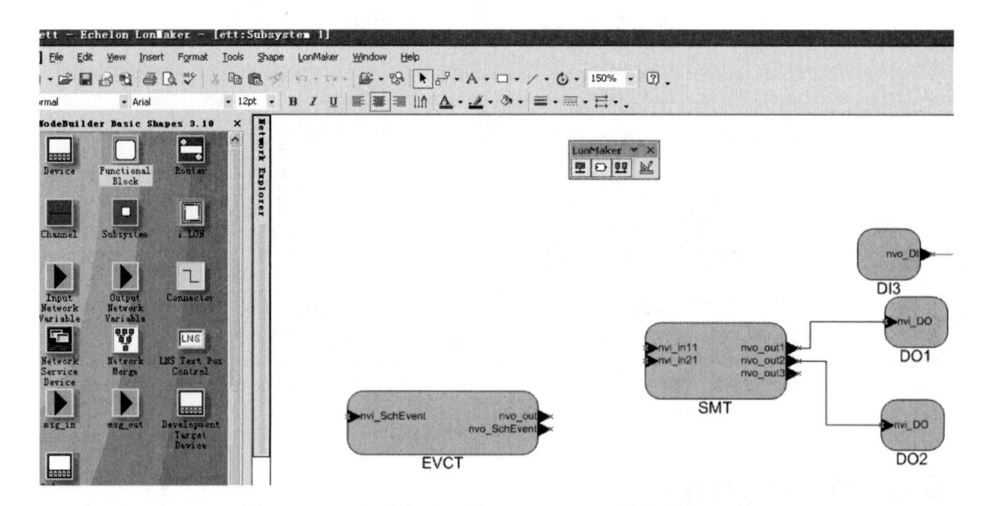

图 6.3.15　建成任务列表（EVCT）后的设计界面

任务列表功能模块 EVCT 包含的变量主要有：

1 个输入网络变量为：nvi_SchEvent；

2 个输出网络变量为：nvo_out 、nvo_SchEvent。

2．5210 任务列表模块与 5208 小状态机模块之间网络变量的绑定

参照 5208 不同模块网络变量的绑定方法，对照图 6.4.16 所示绑定 5210 与 5208 之间的网络变量，绑定后的网络系统如图 6.3.16 所示。

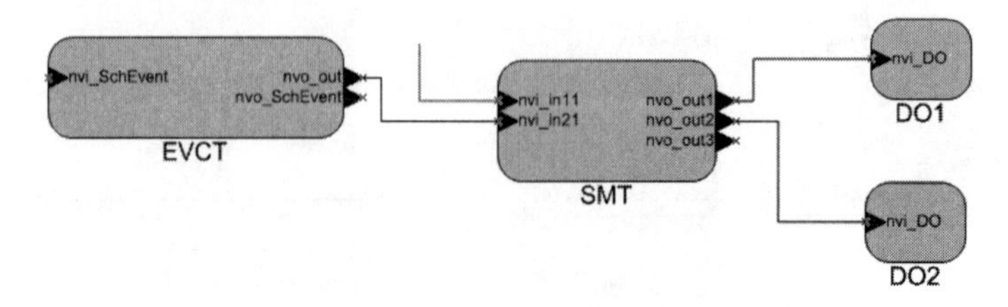

图 6.3.16　绑定后的网络系统

3. 为 5210 添加一个实时时钟功能模块

按住鼠标左键拖动“Functionan Block”（见图 6.3.2）到编辑窗口中，弹出图 6.3.17 所示对话框。

New Functional Block Wizard
Select Device and Functional Block
Source FB: Func Block 1
FB:
Subsystem Name: Subsystem 1 Browse...
Device Type: HW-BA5210-1v1
Name: 5210
Functional Block Type: Object Type <3:20000> ID: 3:20000
Name: RealTime
< Back | Next > | Cancel | Help

选取 5210

选择实时时钟模块

图 6.3.17 弹出对话框

按图 6.3.17 所示设置好各选项，然后单击“Next”按钮，弹出图 6.3.18 所示的对话框，按图示命名模块名称后单击“Finish”按钮，即可建成任务列表功能模块，建成后的界面如图 6.3.19 所示。

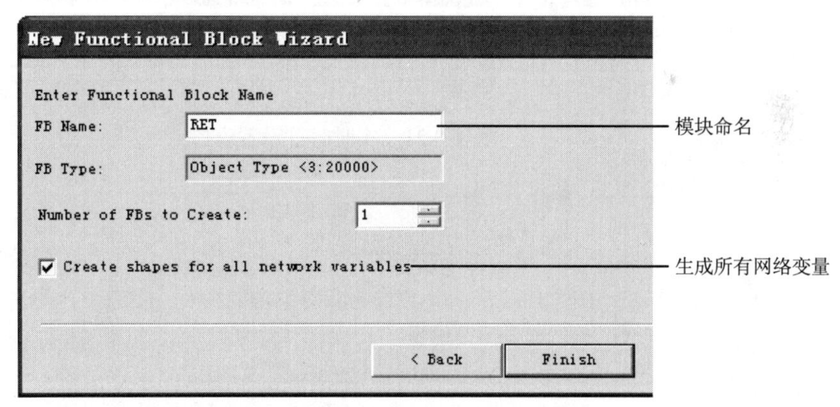

图 6.3.18 “New Functional Block Wizard”对话框

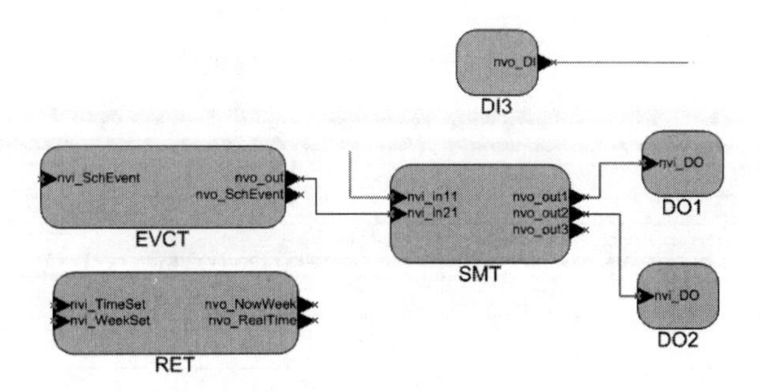

图 6.3.19 建成实时时钟（RET）后的设计界面

实时时钟功能模块所包含的网络变量主要有：

2 个输入网络变量：nvi_TimeSet 、nvi_WeekSet。

2 个输出网络变量：nvo_NowWeek 、nvo_RealTime。

4. 实时时钟模块的时间设定

右击实时时钟模块，弹出图 6.3.20 所示的快捷菜单，单击“Configure…”命令，打开图 6.3.21 所示的对话框，对话框的蓝色内容为可更改项，主要用于修改系统时间及星期。系统时间格式为“年/月/日 时:分:秒”，如系统时间为 2016 年 12 月 8 日 9 点 8 分，其格式应为：“2016/12/08 09:08:00”。设置完成后，单击“⇅”方可生效。

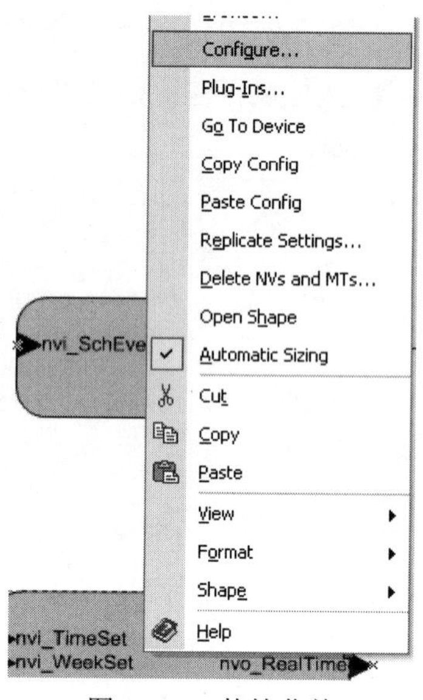

图 6.3.20　快捷菜单

5. 任务列表模块 EVTC 的编程

右击任务列表模块 EVTC 模块，弹出图 6.3.22 所示的快捷菜单，单击“Configure…”命令，打开图 6.3.23 所示的对话框，设置完成后，单击“⇅”方可生效。

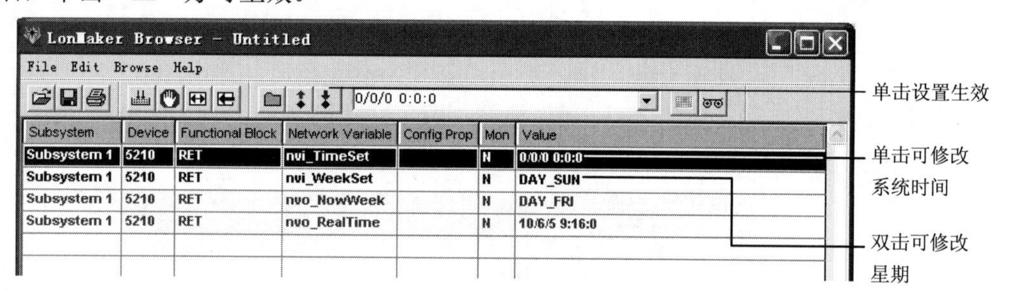

图 6.3.21　实时时钟设置窗口

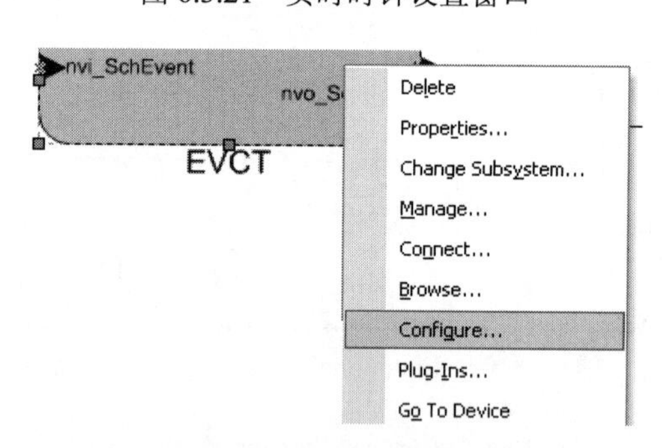

图 6.3.22　任务列表模块快捷菜单

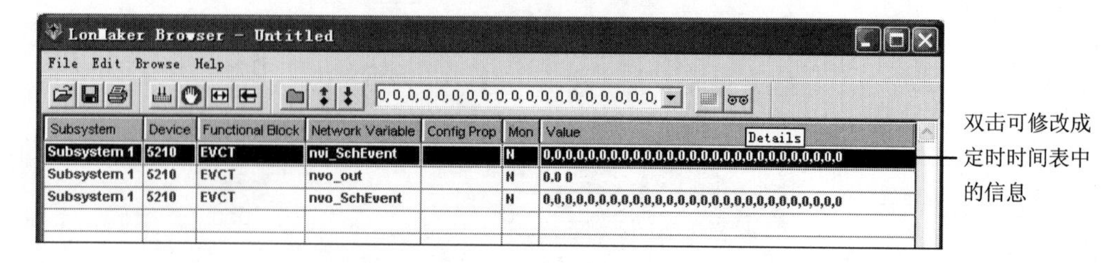

图 6.3.23　任务列表设置

双击图 6.3.23 所示的项目，弹出图 6.3.24 所示时间列表设置对话框。

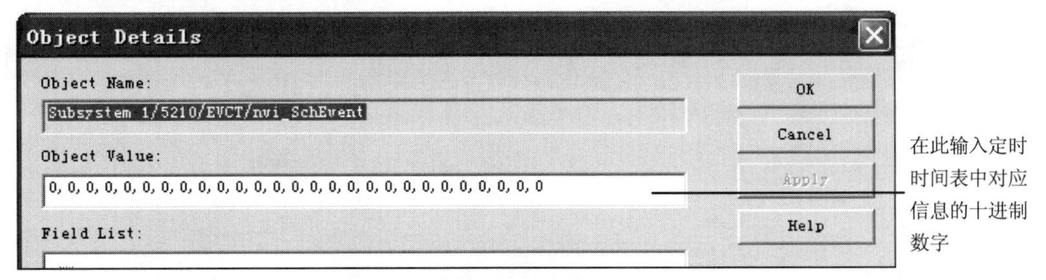

图 6.3.24　时间列表设置

图 6.3.25 所示的内容按十进制形式输入时间列表后，单击“OK”按钮，返回图 6.3.26 所示的界面，之后单击“↧”完成设置。

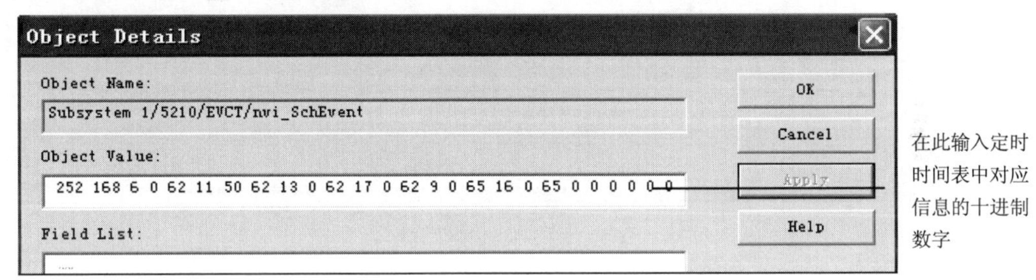

图 6.3.25　输入时间信息

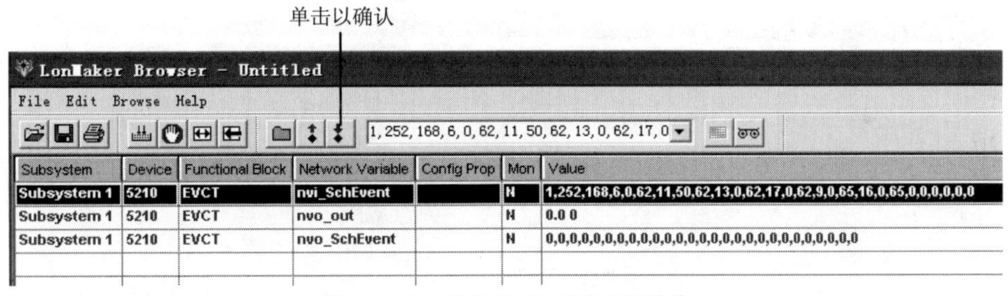

图 6.3.26　设置后的时间列表信息

6．小状态机 SMT 的编程

右击小状态机 SMT 模块，弹出图 6.3.27 所示的快捷菜单，单击“Configure…”，打开图 6.3.28 所示的对话框。

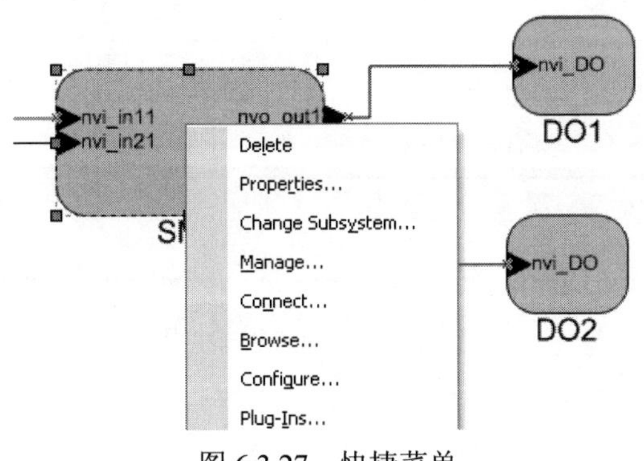

图 6.3.27　快捷菜单

（1）设置端口，按图 6.3.28 所示设置各端口网络变量。

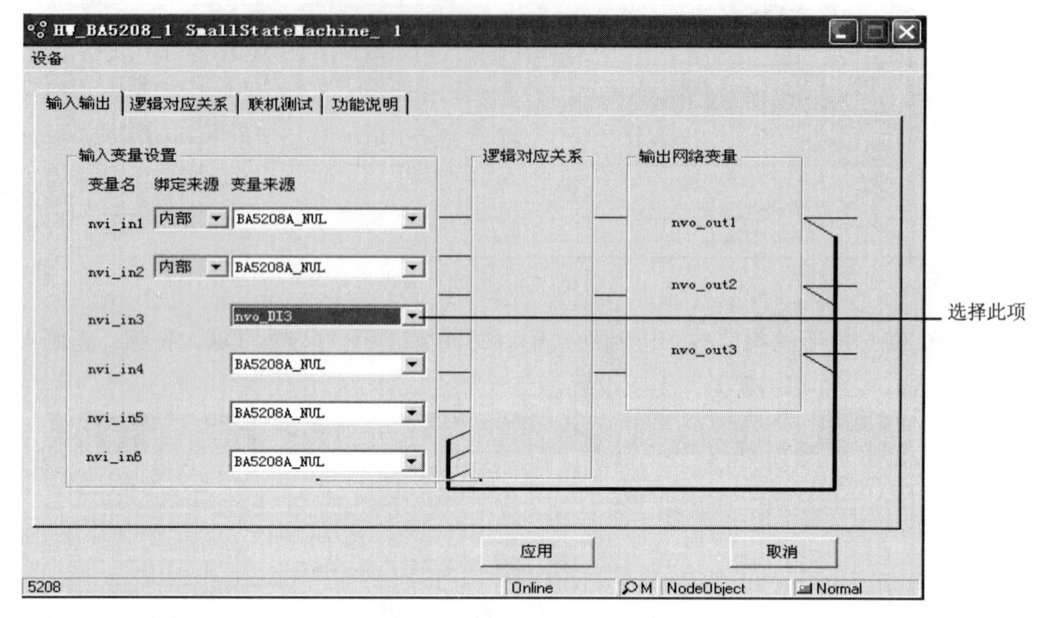

图 6.3.28　设置端口

（2）设置状态一：按图 6.3.29 所示设置第一个状态。

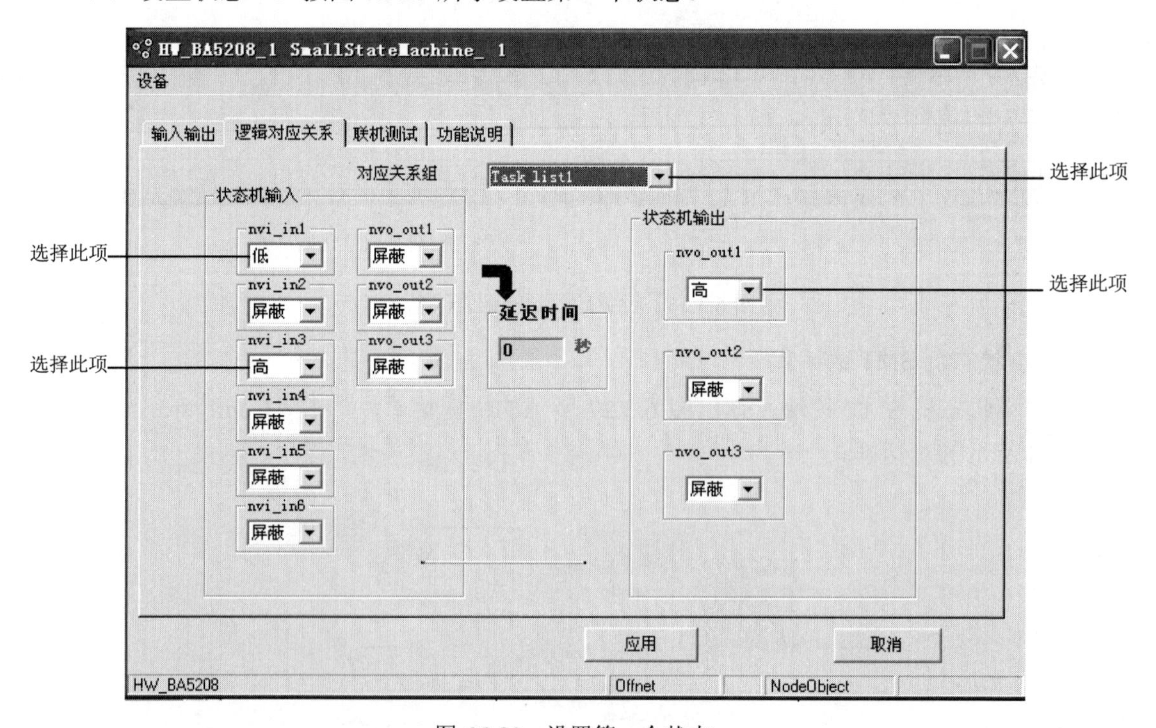

图 6.3.29　设置第一个状态

（3）设置状态二：按图 6.3.30 所示设置第二个状态。

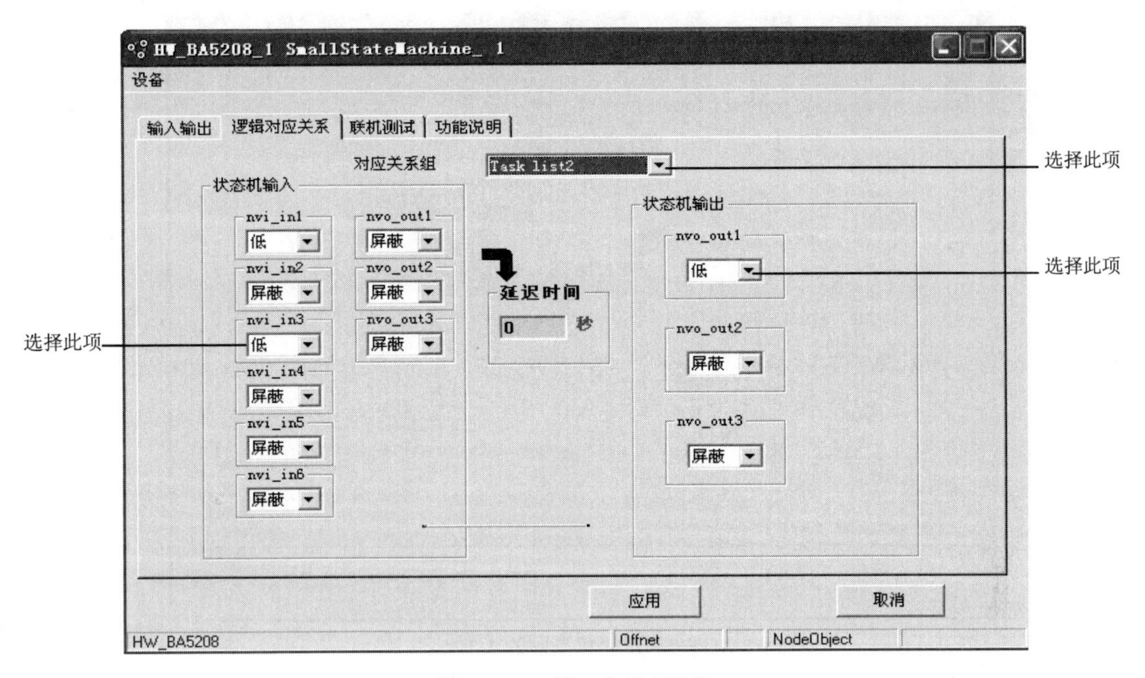

图 6.3.30　第二个状态设置

（3）设置状态三：按图 6.3.31 所示设置第三个状态。

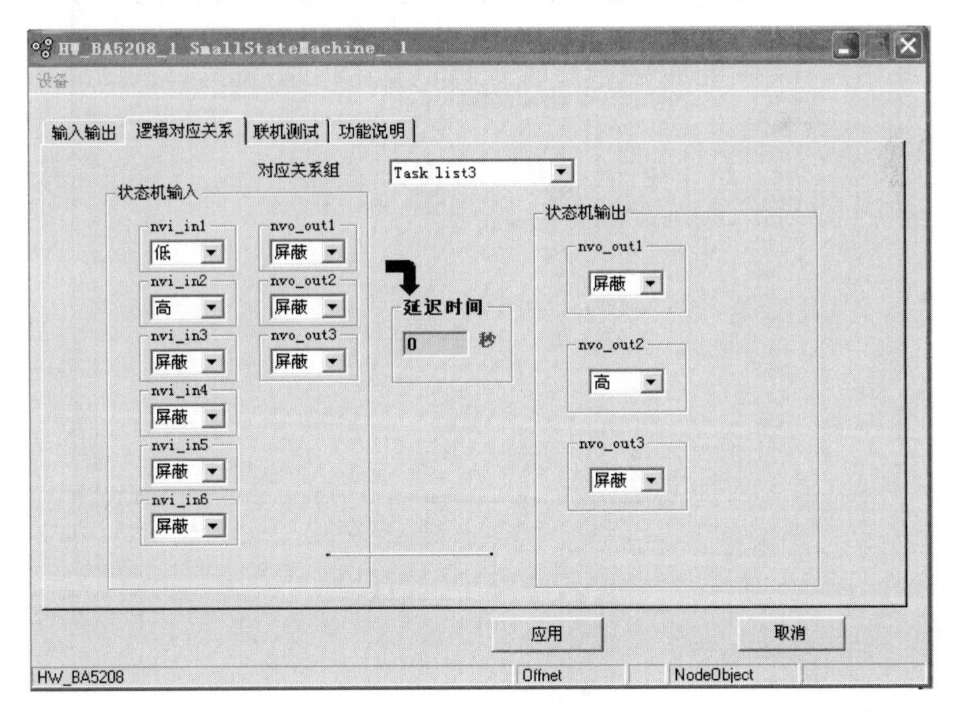

图 6.3.31　设置第三个状态

（4）设置状态四：按图 6.3.32 所示设置第四个状态。

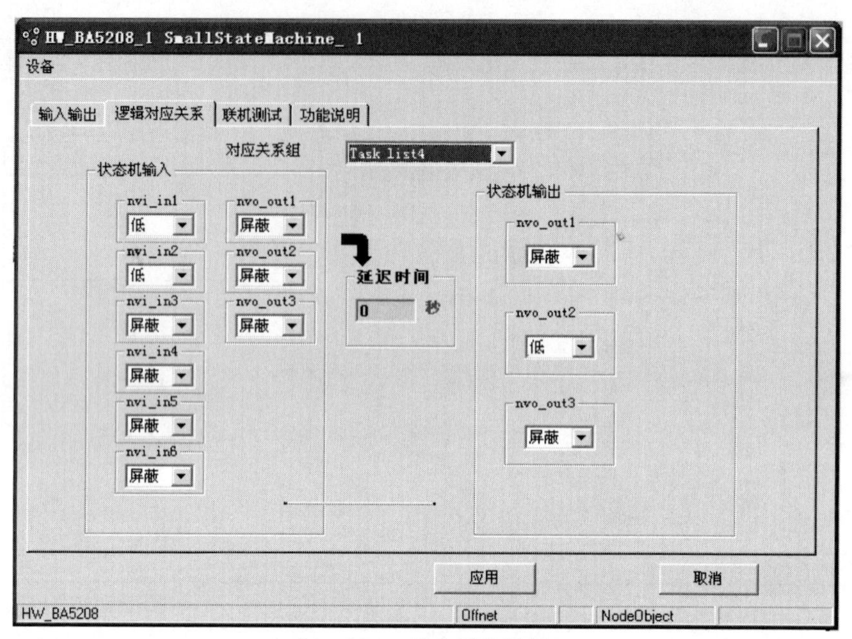

图 6.3.32　状态四的设置

（5）设置状态五：按图 6.3.33 所示设置第五个状态。

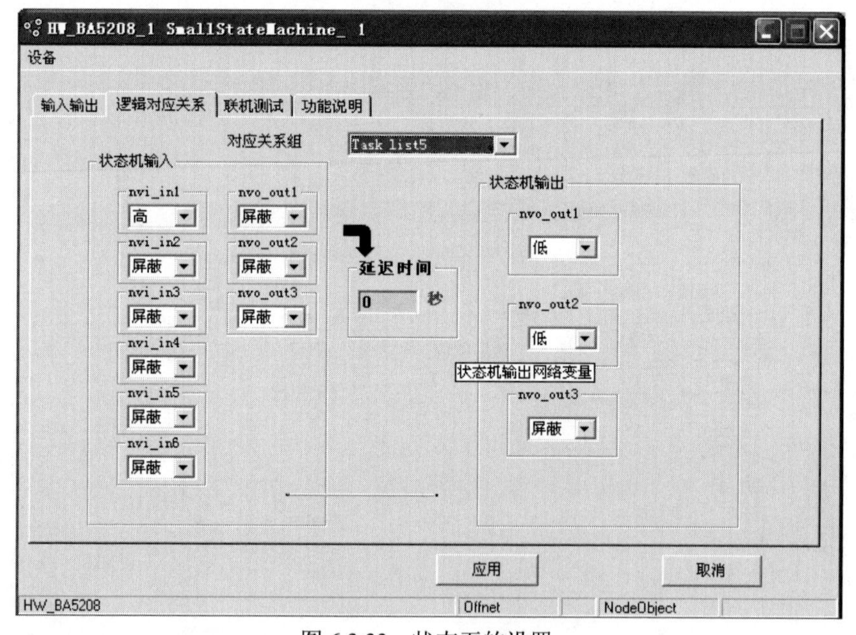

图 6.3.33　状态五的设置

6.3.4　力控组态软件编程

1. 定义 IO 设备

用力控组态软件新建一个“楼宇监控平台”工程，进入设计界面，如图 6.3.34 所示。双击“IO 设备组态”，在弹出对话框中选择 LNS。

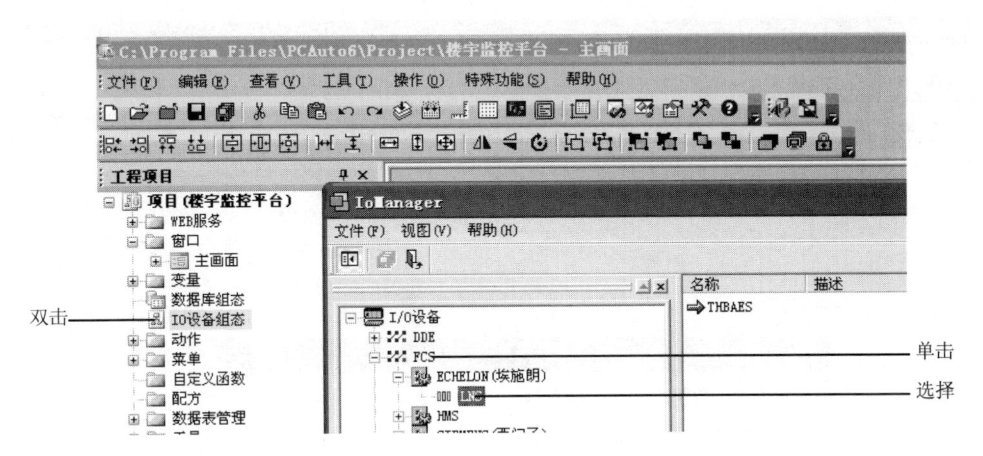

图 6.3.34 IO 设备组态界面

在图 6.3.34 所示界面中单击“LNS”，打开图 6.3.35 所示的对话框，并按图示设置好，然后单击“确认”按钮。

图 6.3.35 通信设置

2. 数据库组态

在图 6.3.36 所示窗口中双击“数据库组态”，打开图 6.3.37 所示的数据库组态窗口。

图 6.3.36 设计界面

（1）输入数字量的设置

按图 6.3.37 所示选择数字 IO 点，并双击“DI 1 ”点，打开图 6.3.38 所示的对话框。

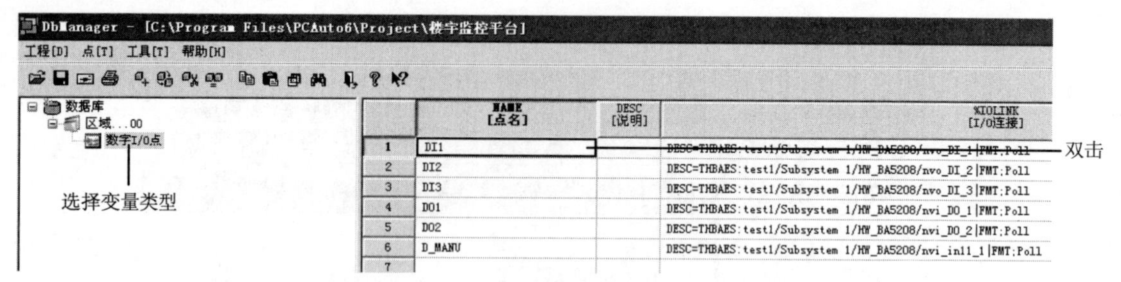

图 6.3.37 数据库组态

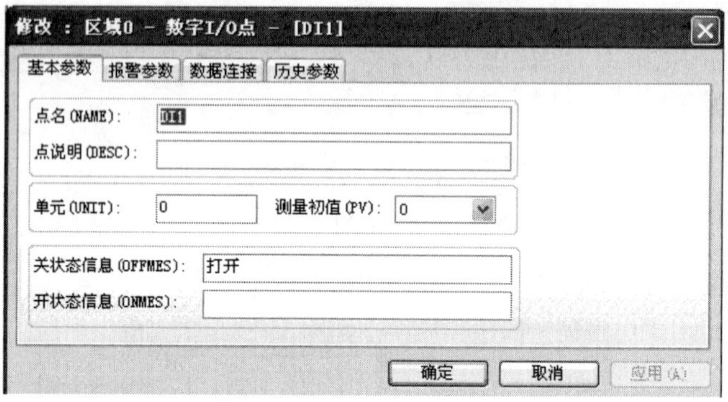

修改：区域0 - 数字I/O点 - [DI1]

基本参数	报警参数	数据连接	历史参数

点名(NAME)：DI1
点说明(DESC)：
单元(UNIT)：0　测量初值(PV)：0
关状态信息(OFFMES)：打开
开状态信息(ONMES)：

确定　取消　应用(A)

图 6.3.38 变量设置

以同样的方法将变量 DI2 与设备的 nvo_DI_2 连接，将变量 DI3 与设备的 nvo_DI_3 连接如图 6.3.39 和图 6.3.40 所示。

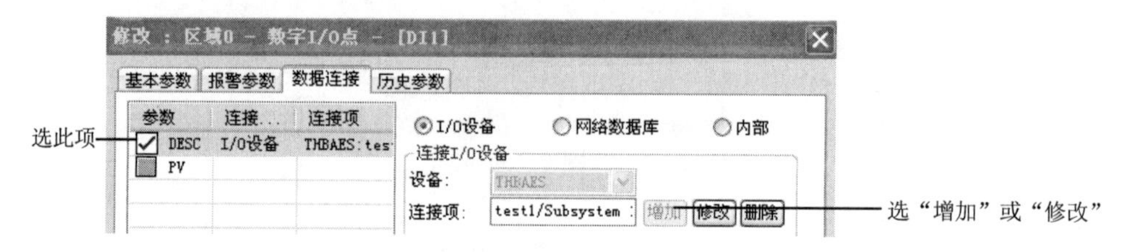

图 6.3.39 数据连接

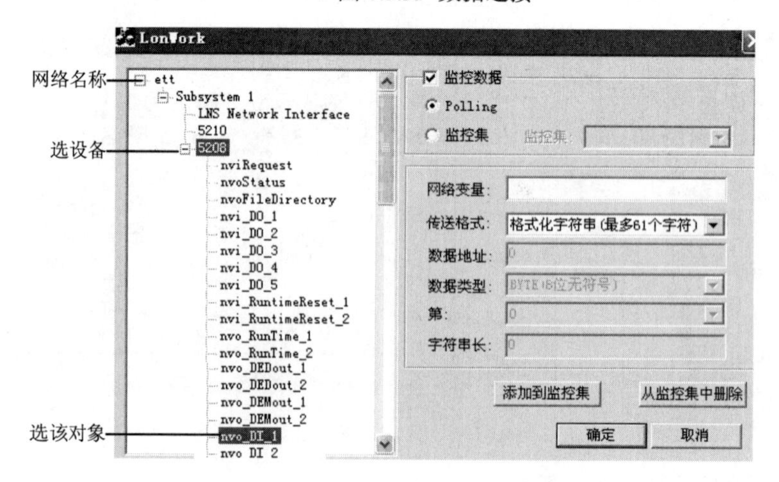

图 6.3.40 设备网络变量选取

（2）输出数字量的设置

按图 6.3.37 所示，选择数字 IO 点，并双击“DO 1 ”点，打开图 6.3.41 所示的对话框。

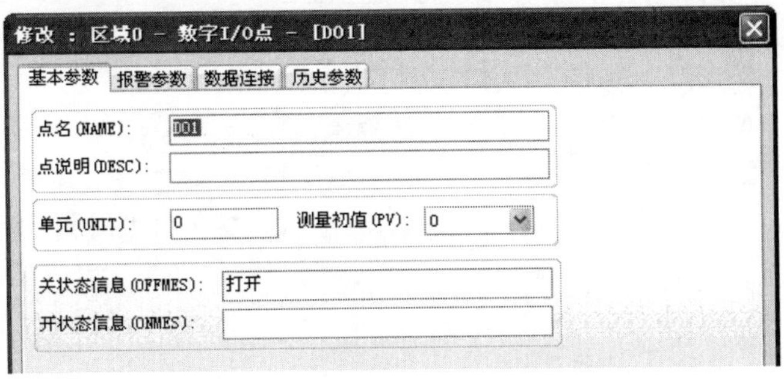

图 6.3.41　输出变量 DO1 的数据连接

参照前述方法在将 DO1 与设备的 nvi_DO_1 建立连接，如图 6.3.42 所示。

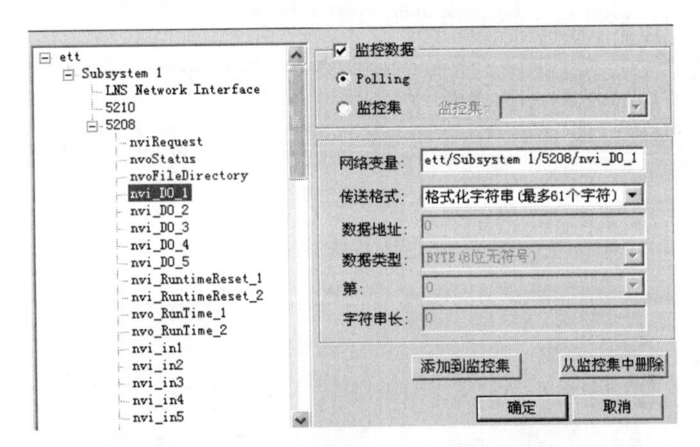

图 6.3.42　输出变量 DO1 的连接对象选取

再以同样的方式为 DO2 与设备的 nvi_DO_2 建立连接。

（3）中间变量的数据连接

按图 6.3.37 所示选择数字 IO 点，并双击“D_MANU”，打开图 6.3.43 所示的对话框。

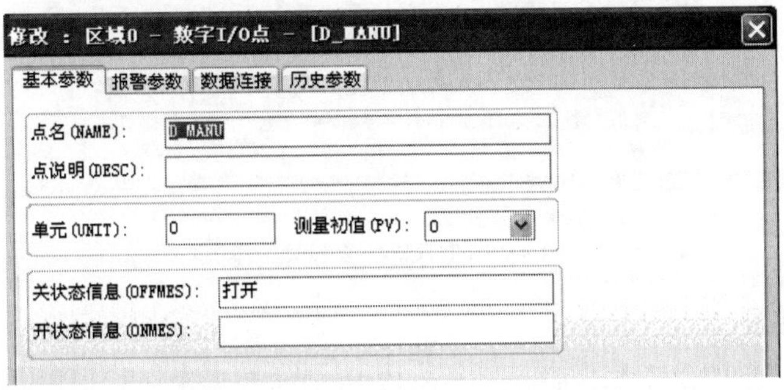

图 6.3.43　中间变量 D_MANU 的连接

参照前述方法在为 D_MANU 与设备的 nvi_in11_1 建立连接，如图 6.3.44 所示。

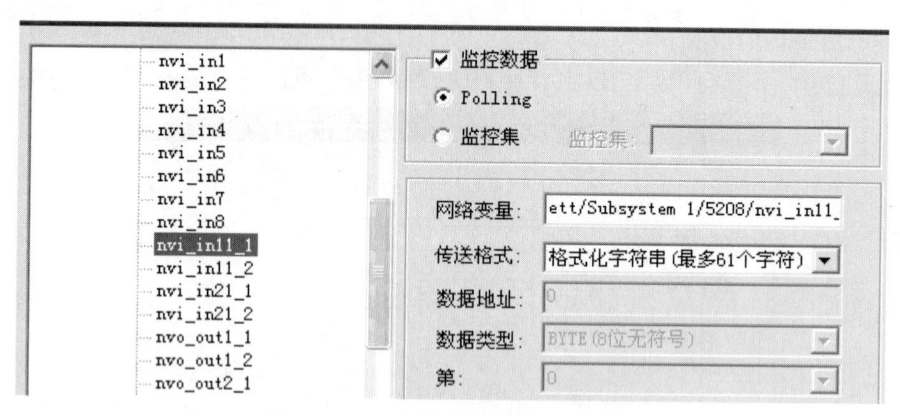

图 6.3.44 中间变量的连接对象选取

3. 设计工程窗口

按照图 6.3.45 所示设计楼宇智能化照明系统主控窗口。

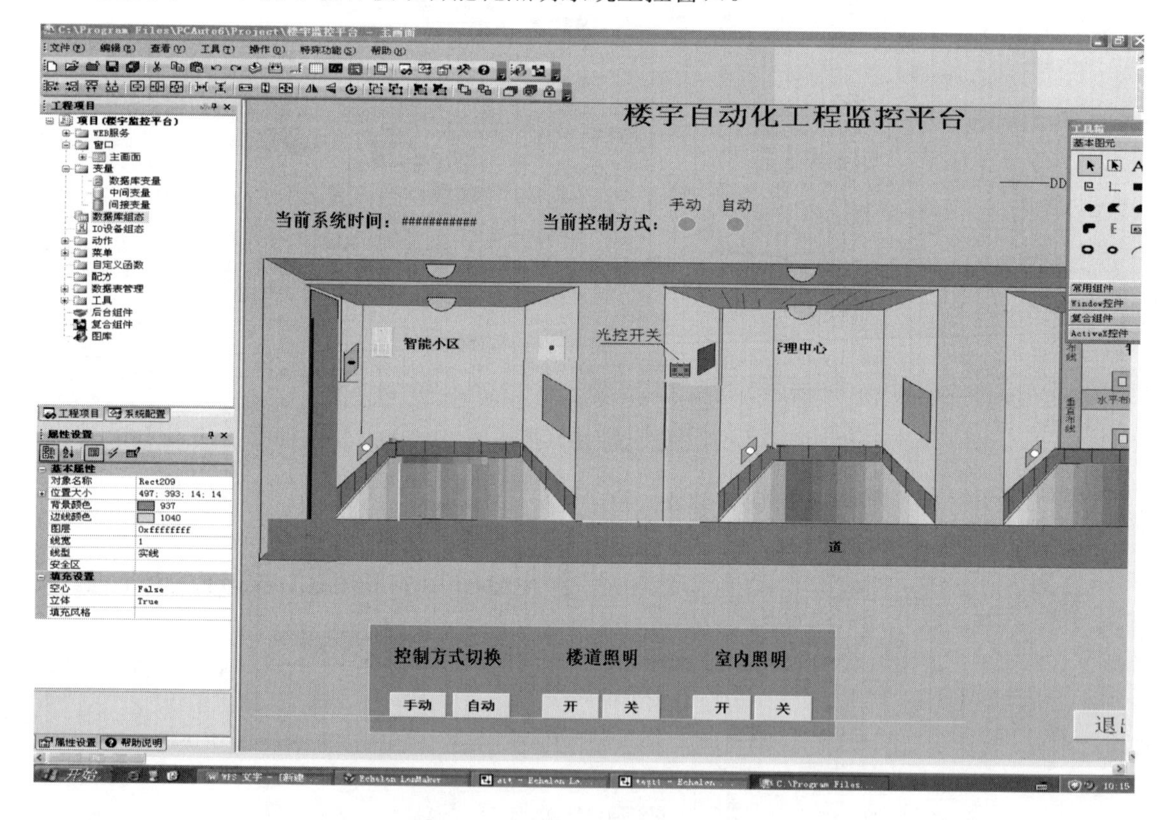

图 6.3.45 照明监控系统主控窗口

4. 设置动画连接

单击图 6.3.46 所示的文本框，弹出图 6.3.47 所示的变量选择对话框，再按图 6.3.48 所示选择系统时间变量，然后单击“选择”按钮即完成时间设置。

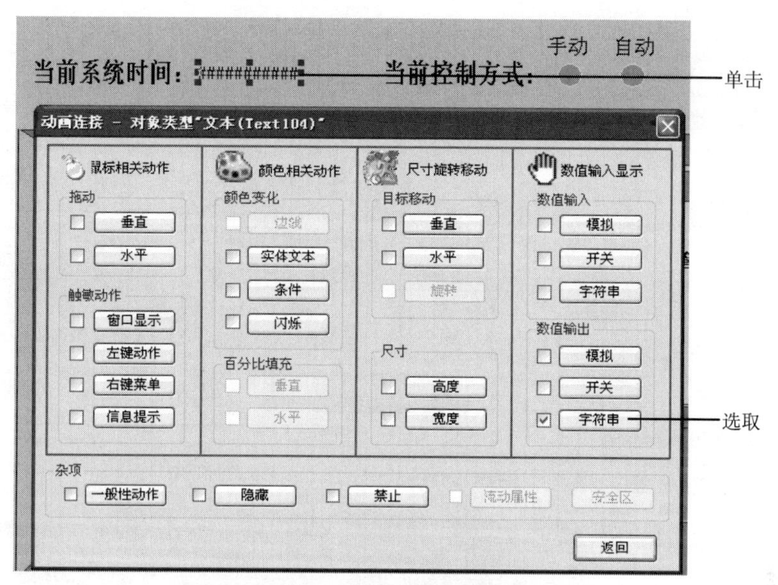

图 6.3.46 系统时间设置

图 6.3.47 变量选择

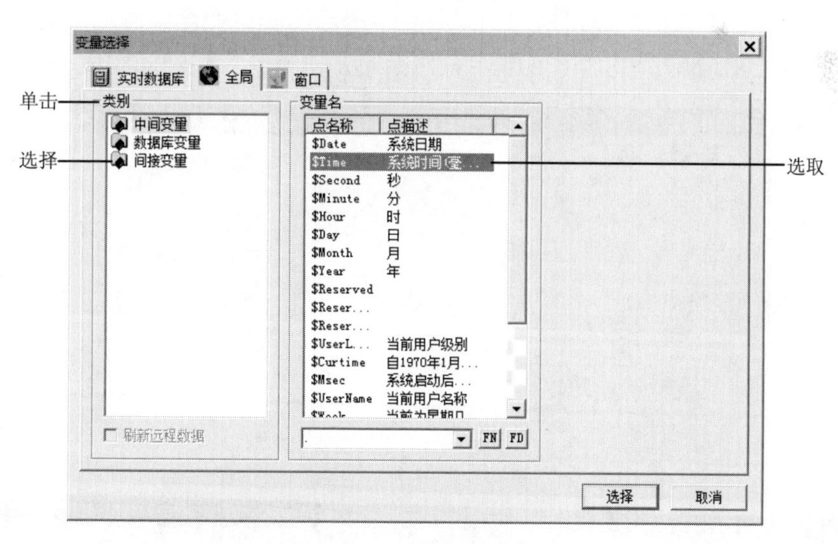

图 6.3.48 系统变量选取

5．设置手动指示灯动画连接

双击图 6.3.49 主控窗口中的手动指示灯图标，打开设置好手动指示灯的动画连接对话框，从中单击“颜色相关动作”栏内的“条件”项，打开“颜色变化”对话框，如图 6.3.49 所示。

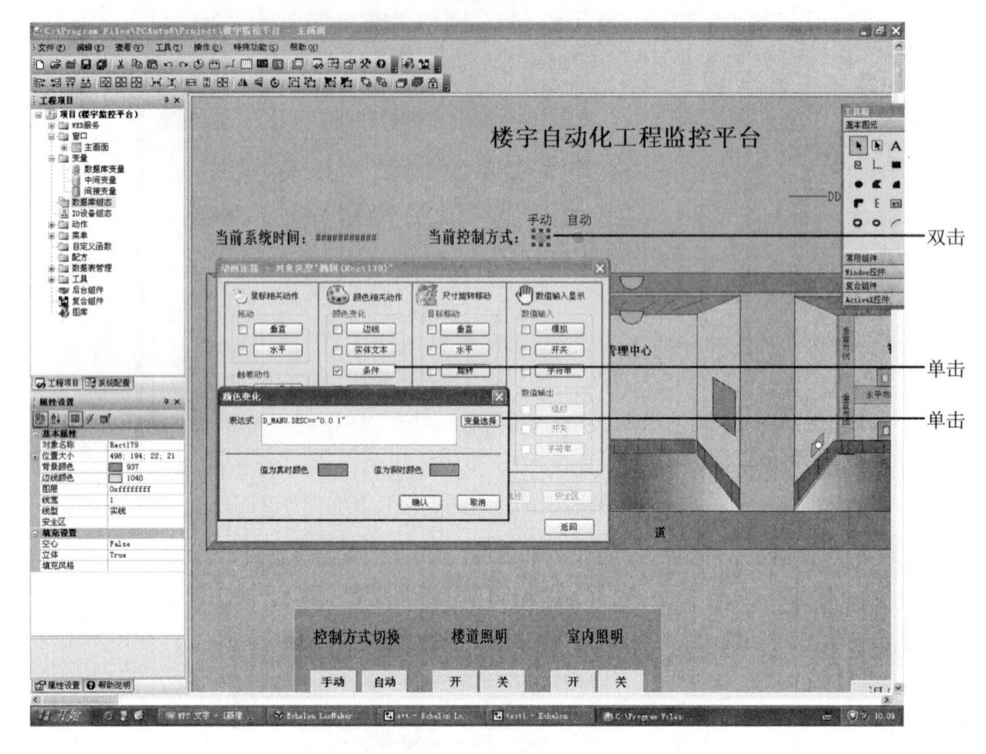

图 6.3.49　手动模式组态

在“颜色变化”对话框中单击“变量选择”按钮，即打开图 6.3.50 所示的对话框，按图示选择变量后，单击“选择”按钮返回到图 6.3.51 所示的颜色变化条件对话框，按图示在表达式栏中输入“D_MANU.DESC=="0.0 1"”，之后单击“确认”按钮即完成动画连接。

图 6.3.50　变量选择

5. 设置自动指示灯动画连接

参照手动指示灯动画连接过程，对照图 6.3.52 设置自动指示灯动画连接，其中条件表达式栏中输入的条件为“D_MANU.DESC=="0.0 0";”。

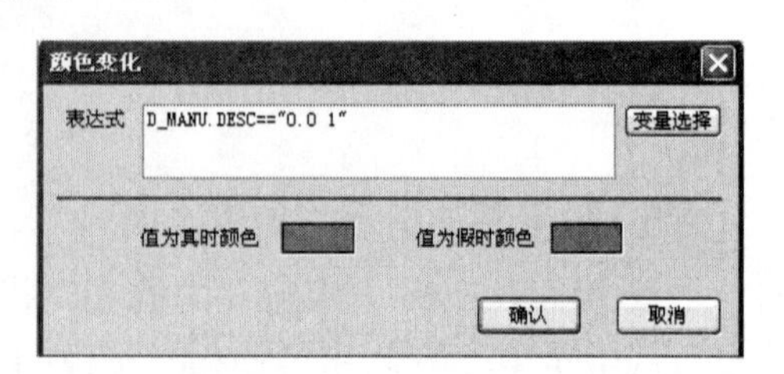

图 6.3.51　手动指示条件设置

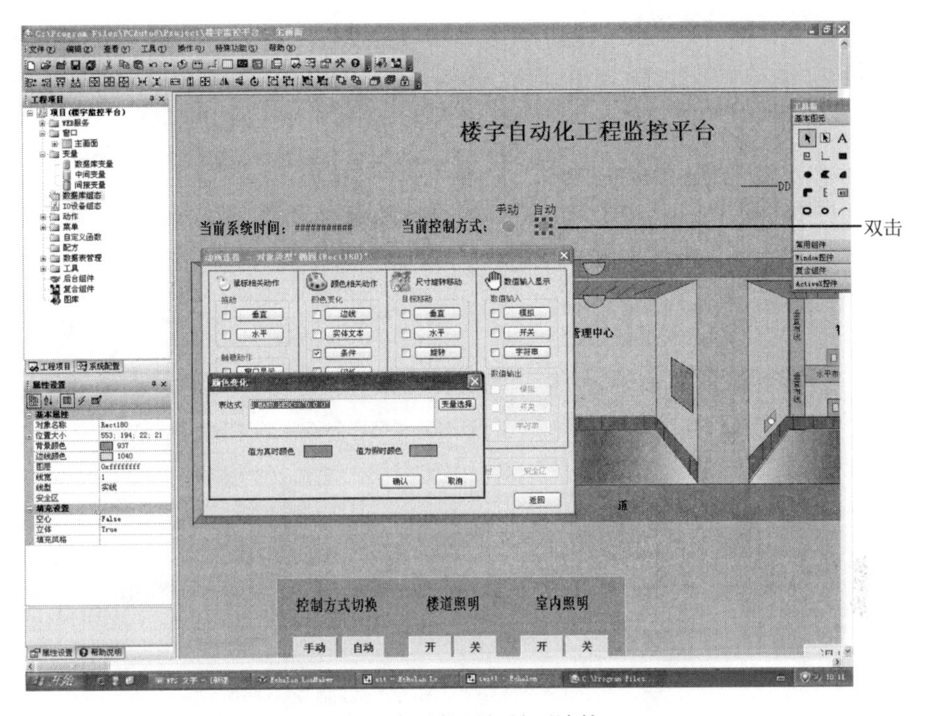

图 6.3.52　自动指示灯动画连接

6．室外指示灯的动画连接

参照手动指示灯动画连接过程，对照图 6.3.53 设置自动指示灯动画连接，其中条件表达式栏中输入的条件为“DI1.DESC=="100.0 1";”。

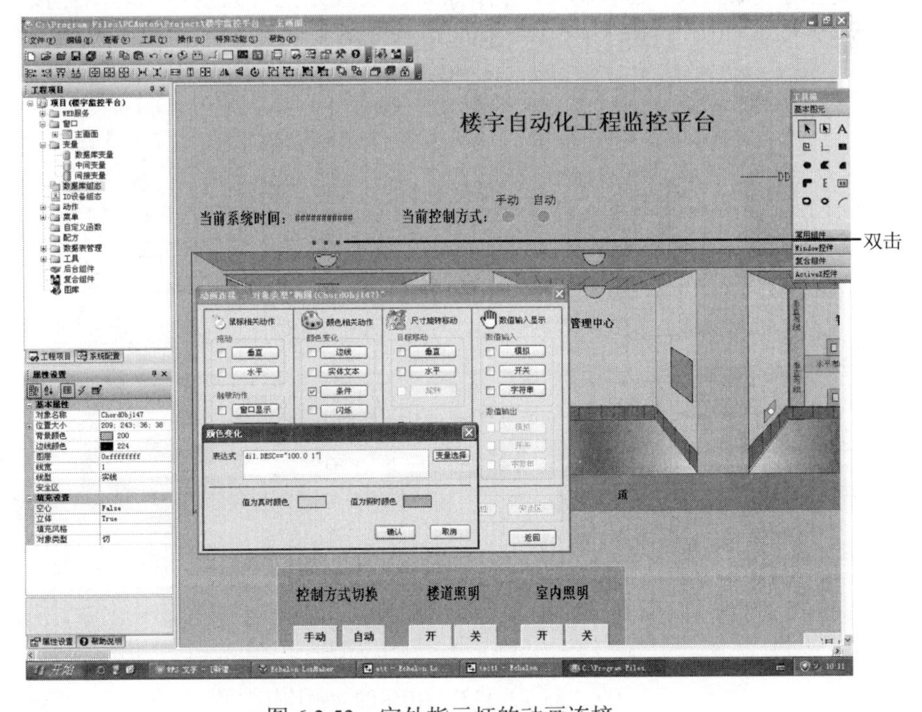

图 6.3.53　室外指示灯的动画连接

7. 室内指示灯的动画连接

参照手动指示灯动画连接过程，对照图 6.3.54 设置自动指示灯动画连接，其中条件表达式栏中输入的条件为“DI2.DESC=="100.0 1";”。

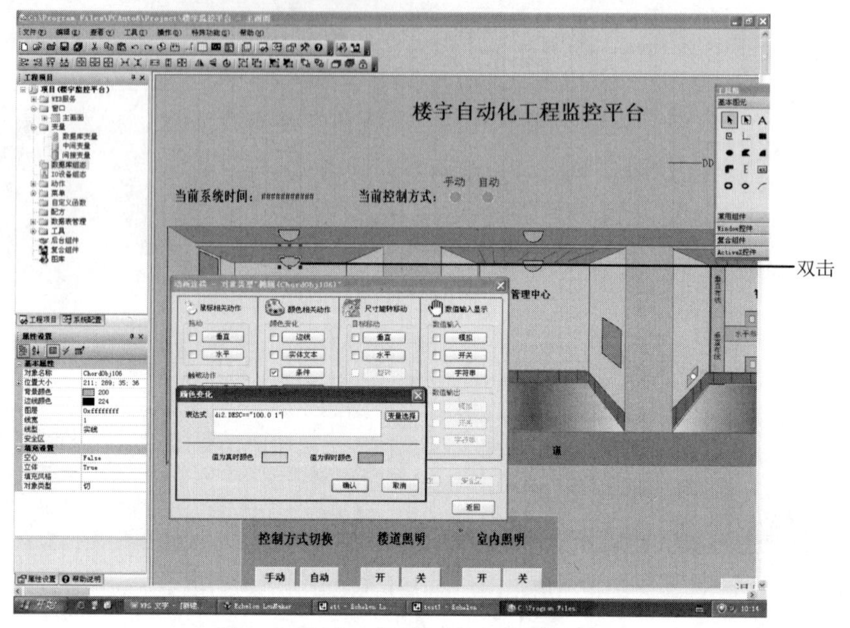

图 6.3.54 室内指示灯的动画连接

8. 光控开关指示的动画连接

参照手动指示灯动画连接过程，对照图 6.3.55 设置光控开关指示的动画连接，其中条件表达式栏中输入的条件为“DI3.DESC=="100.0 1",”。

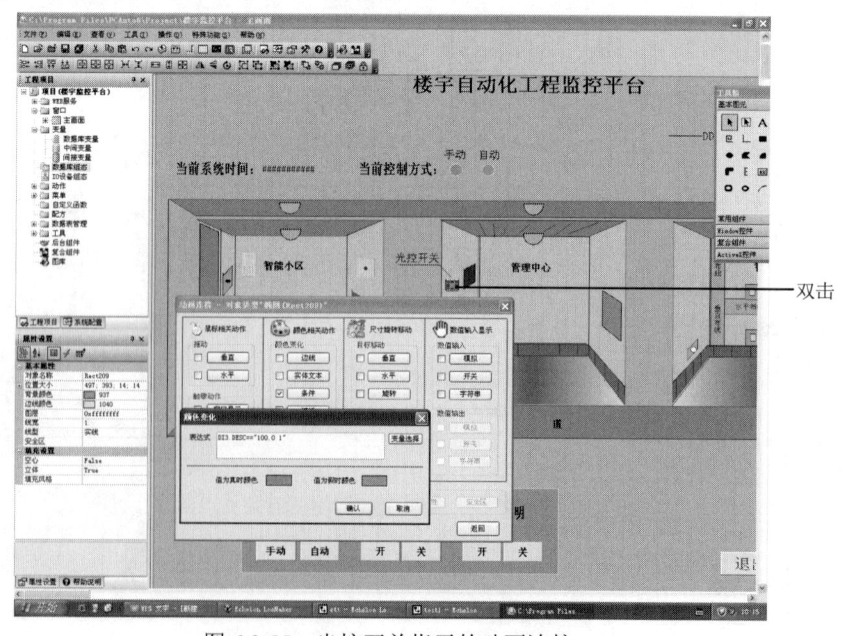

图 6.3.55 光控开关指示的动画连接

9．手动按钮的的动画连接

在图 6.3.56 所示的主控窗口中双击“手动”按钮，打开“动画连接”对话框，在对话框中单击“左键动作”按钮，打开如图 6.3.57 所示的脚本编辑器窗口，设置光控开关指示的动画连接。

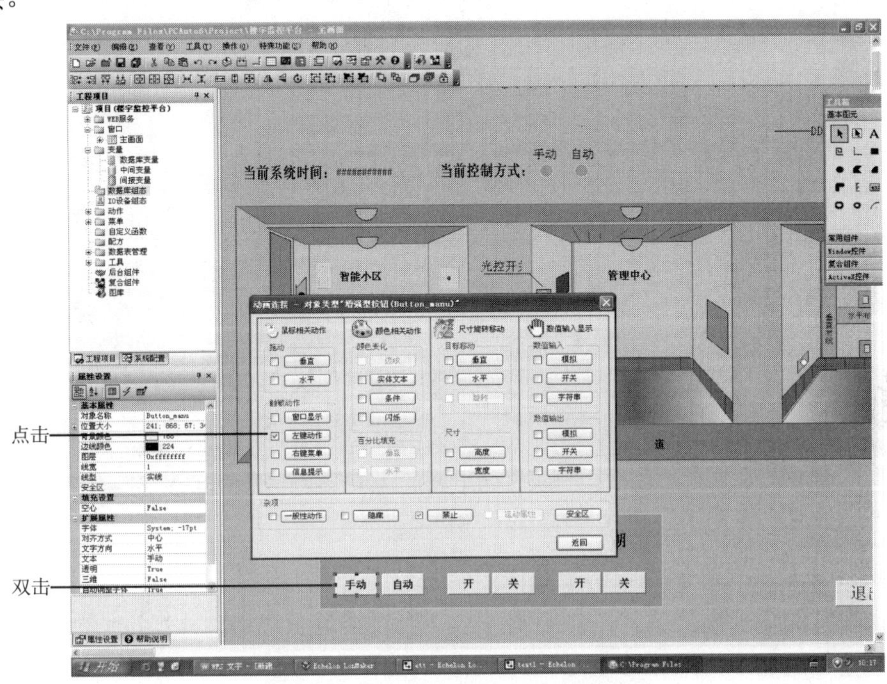

图 6.3.56　光控开关指示的动画连接

在图 6.3.57 所示的脚本编程器中选择“按下鼠标”标签，在栏中输入程序：“D_MANU. DESC=="0.0 1";”，之后关闭窗口即完成动作连接。

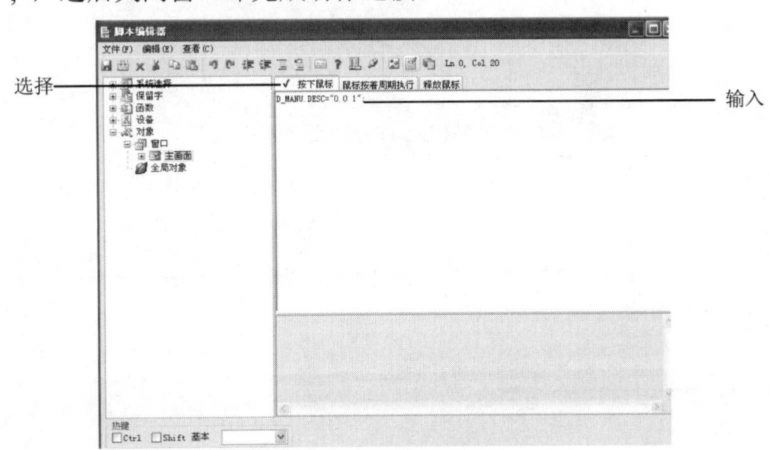

图 6.3.57　脚本编程器

10．自动按钮的的动画连接

参照手动按钮的动画连接过程，对照图 6.3.58 设置自动按钮的的动画连接，其中脚本栏中输入的程序为“D_MANU.DESC=="0.0 0";”。

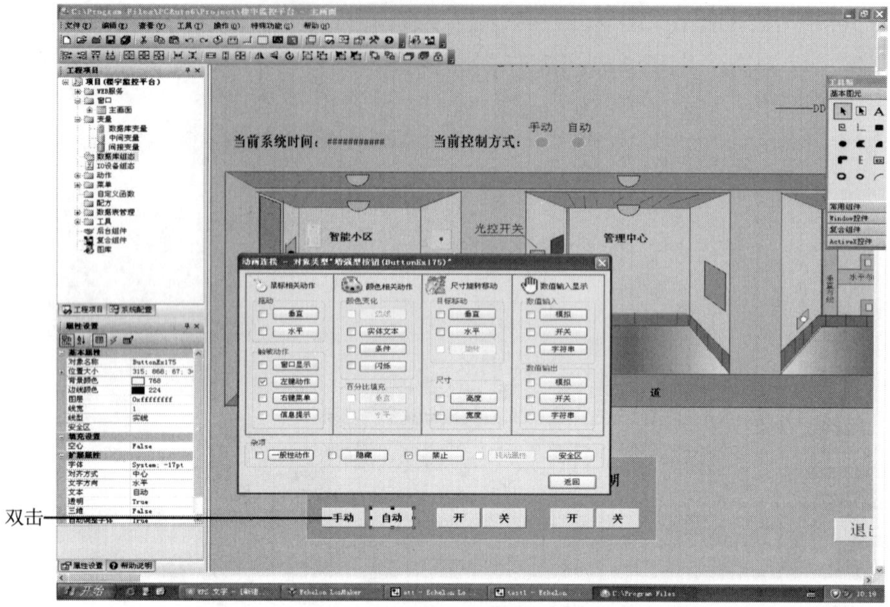

图 6.3.58　自动按钮的动画连接

11．楼道照明手动开灯按钮的动画连接

参照手动按钮的动画连接过程，对照图 6.3.59 设置楼道照明手动开灯按钮的动画连接，其中脚本栏中输入的程序为：“DO1.DESC=="0.0 1";”。

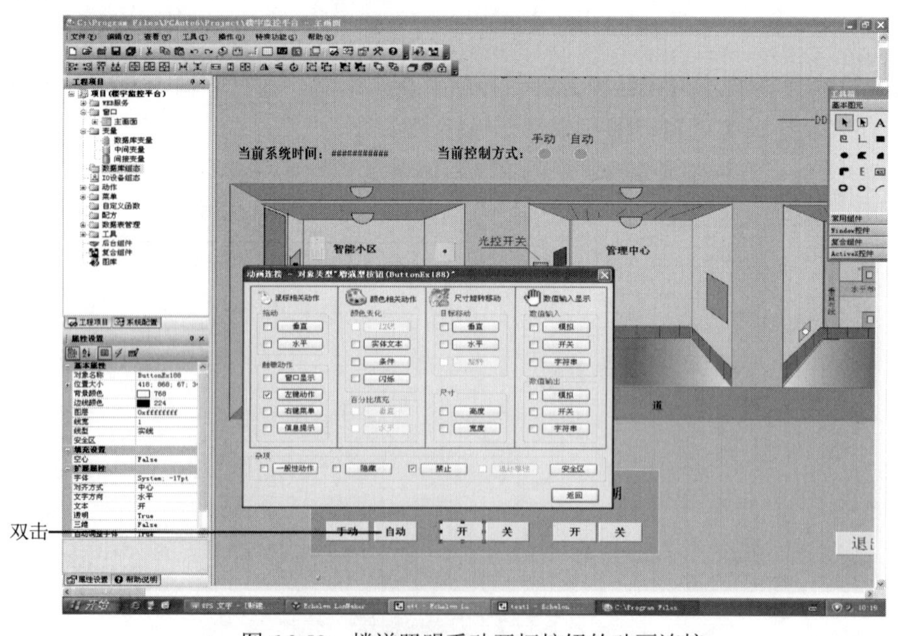

图 6.3.59　楼道照明手动开灯按钮的动画连接

12．楼道照明手动关灯按钮的动画连接

参照手动按钮的动画连接过程，对照图 6.3.60 设置楼道照明手动关灯按钮的动画连接，

其中脚本栏中输入的程序为："DO1.DESC=="0.0 0".”。

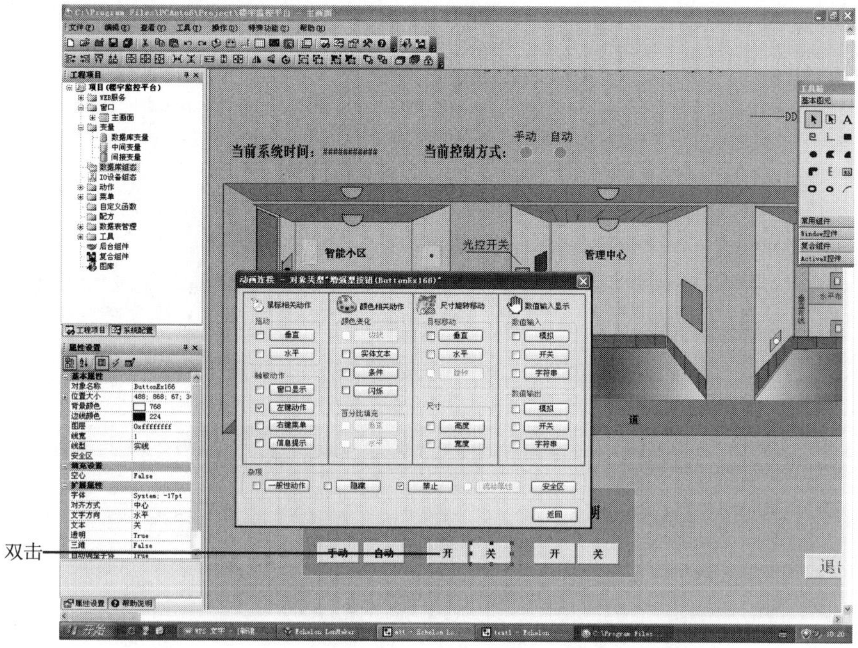

图 6.3.60 楼道照明手动关灯按钮的动画连接

13. 室内照明手动开灯按钮的动画连接

参照手动按钮的动画连接过程，对照图 6.3.61 设置室内照明手动开灯按钮的动画连接，其中脚本栏中输入的程序为："DO2.DESC=="0.0 1";”。

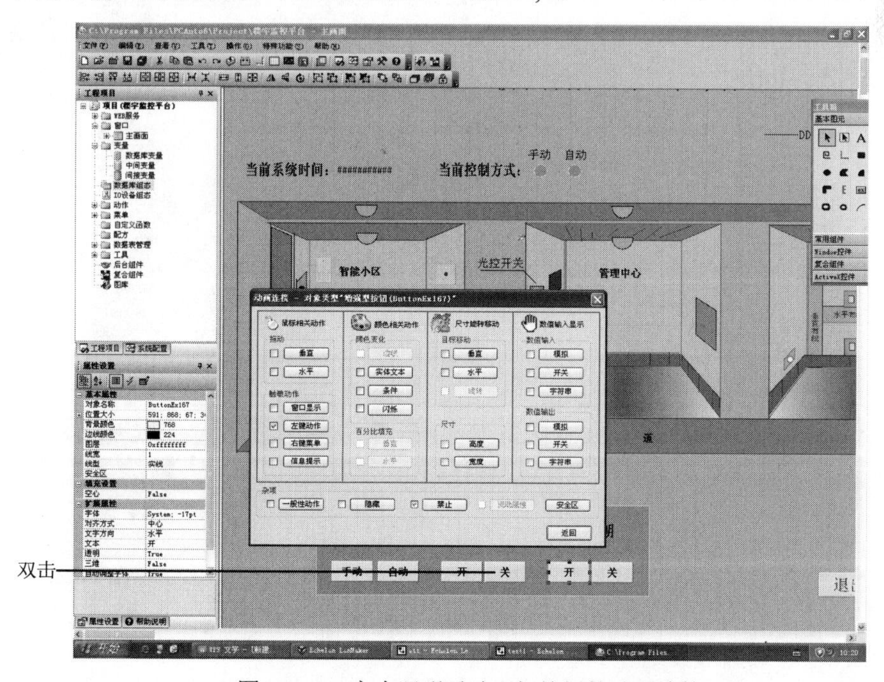

图 6.3.61 室内照明手动开灯按钮的动画连接

14．室内照明手动关灯按钮的动画连接

参照手动按钮的动画连接过程，对照图 6.3.62 设置室内照明手动关灯按钮的动画连接，其中脚本栏中输入的程序为：“DO2.DESC=="0.0 0";”。

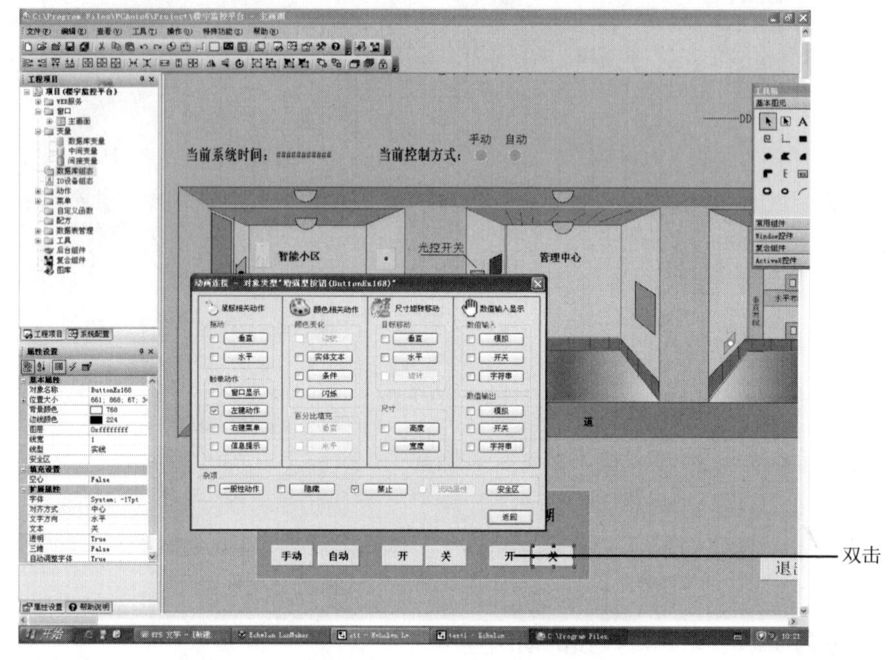

图 6.3.62　室内照明手动关灯按钮的动画连接

15．退出按钮的动画连接

参照手动按钮的动画连接过程，对照图 6.3.63 设置退出按钮的动画连接，其中脚本栏中输入的程序为：“Exit(0);”。

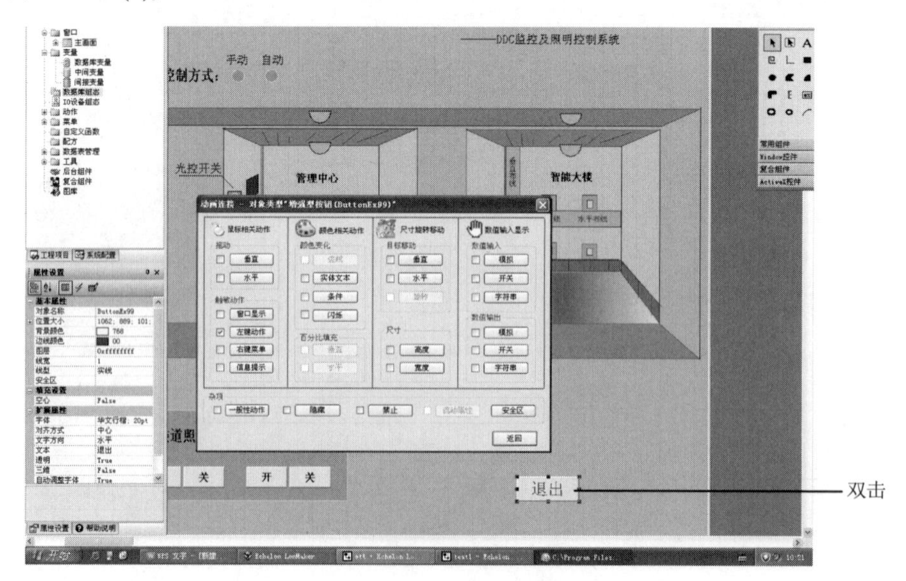

图 6.3.63　退出按钮的动画连接

6.4 技能实训

◎ 实训目的

（1）掌握一次回风中央空调系统的 DDC 基本控制过程；

（2）学会使用 LonMaker 软件进行 DDC 编程。

◎ 实训内容

（1）完成 DDC 模块中的 AI、DI、AO、DO 信号与直接数字控制器的硬件连接，并绘出 DDC 硬件连接图。

（2）通过楼宇实训模块中 AI 信号的电压输入信号、电阻输入信号，通过直接数字控制器面板或 DDC 编程软件观察模拟输入信号的变化。

（3）通过 DDC 编程软件改变模拟输出信号，观察通用 I/O 实训模块中 AO 信号的变化。

（4）通过 DDC 编程软件修改数字输出信号，观察通用 I/O 实训模块中 DO 信号的变化。

◎ 实训步骤

1．DDC 工程的建立

（1）准备工作：把 THDDC1108 双 PID 节点程序/内的所有文件复制到 C:\LonWorks\Import 中。

参考“LonMaker6.1 软件的插件注册”，将 THDDC1108 双 PID 插件文件中所有插件注册到系统中。

（2）配置节点端口。功能模块是 Visio 图版中 Functional Block 的英文直译，TH-BA1108 模块的 I/O 口的配置属性也需要拖入功能模块设置，在此称为节点端口。以区别 PID、状态机等实现各种逻辑、计算及控制作用的功能模块。

（3）启动 LonMaker，“开始”菜单面板→程序→LonMaker for Windows，然后单击“New Network”按钮建立一个新的网络文件，如图 6.4.1 所示。

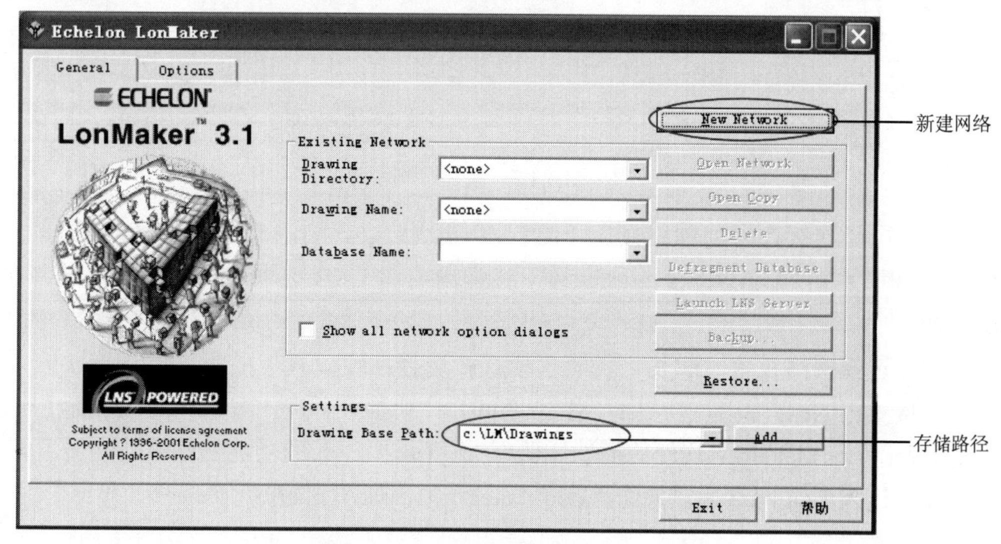

图 6.4.1 开始新建界面

（4）在图 6.4.1 所示的界面是否加载宏定义选项，单击“Enable Macros”按钮即可，如图 6.4.2 所示。

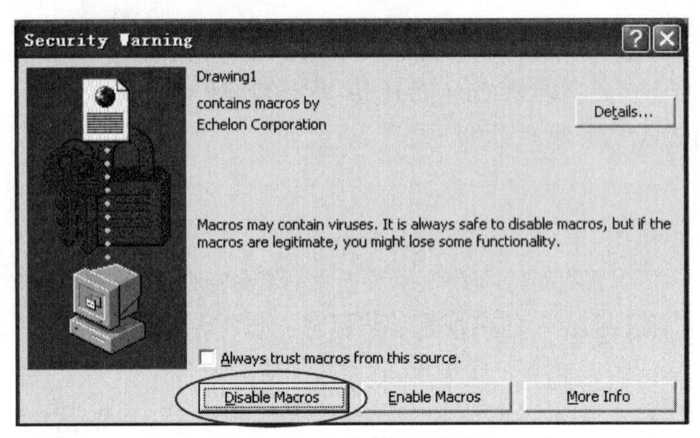

图 6.4.2　宏定义选项界面

（5）输入网络文件名称如“BAS”，如图 6.4.3 所示。

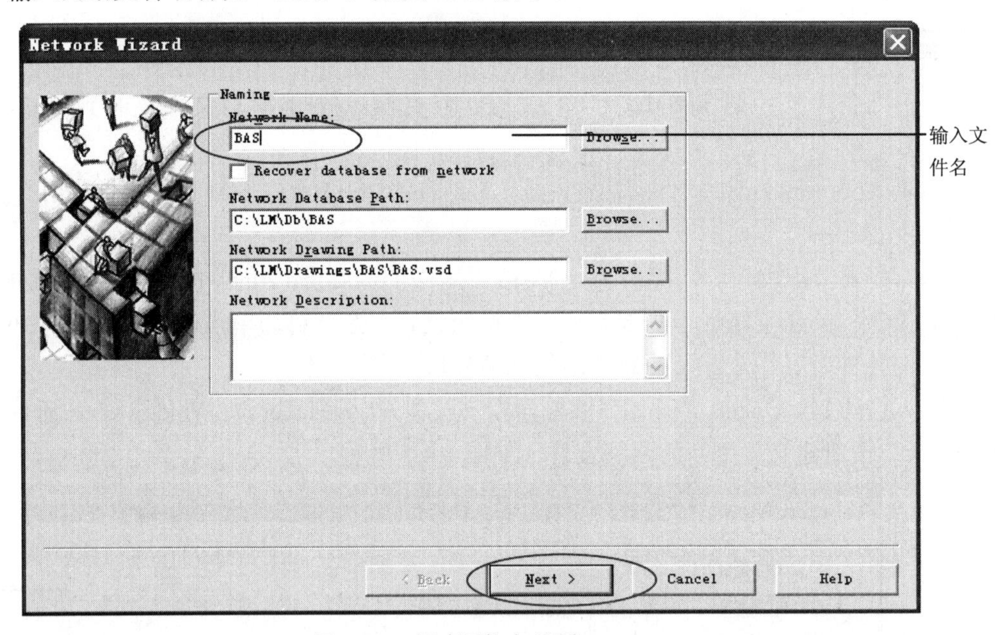

图 6.4.3　新建网络名界面

（6）选择连接在用的网络接口（注意：一般默认应用接口为 LON1，可通过“开始”—“控制面板”双击“LonWorks Interfaces”，在弹出窗口 USB 选项中查看应用接口），如图 6.4.4 所示。

（7）选择网络设备“DDC”的管理模式：选择在线模式，如图 6.4.5 所示。

直接单击 Next 弹出注册界面，单击 Finish 注册插件，进入编辑界面。如需注册的插件没注册参照“LonMaker6.1 软件的插件注册”，选择需要注册的功能插件重新注册。

（8）进入 Lon 网络编辑界面“LonMaker”中，如图 6.4.6 所示。

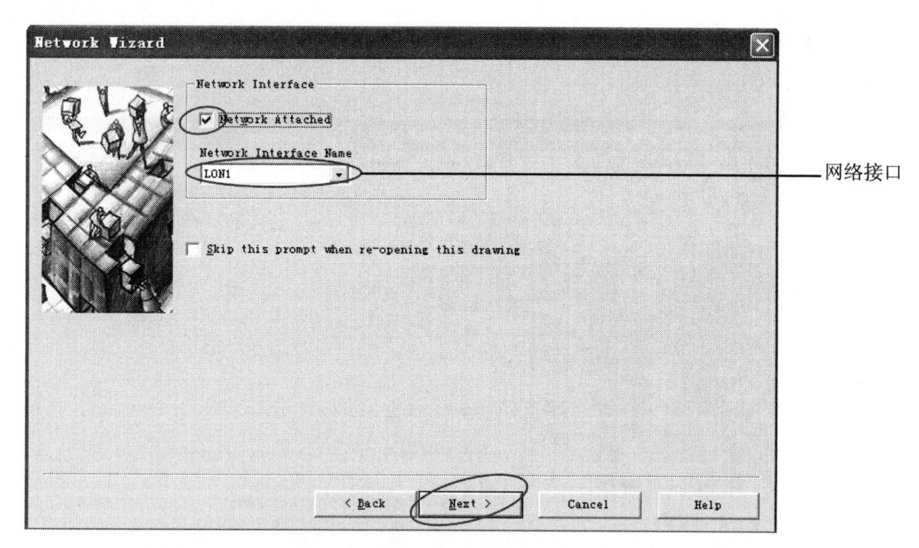

图 6.4.4　接口选择界面

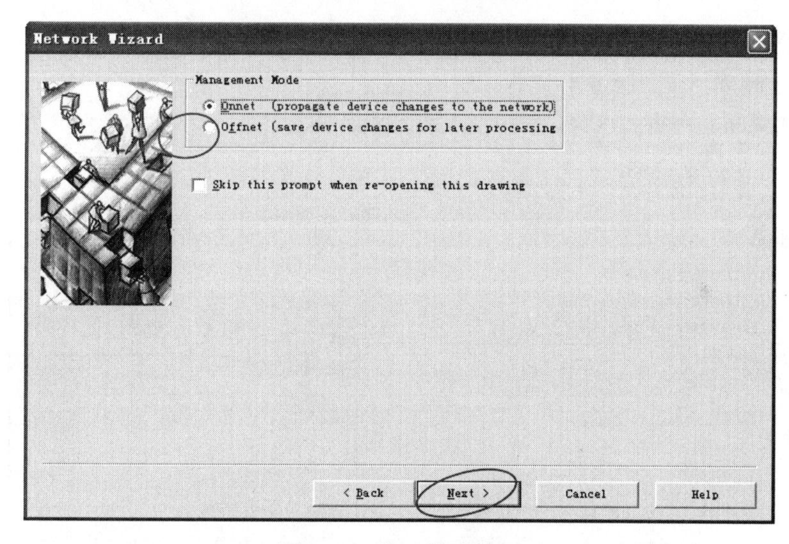

图 6.4.5　管理模式界面

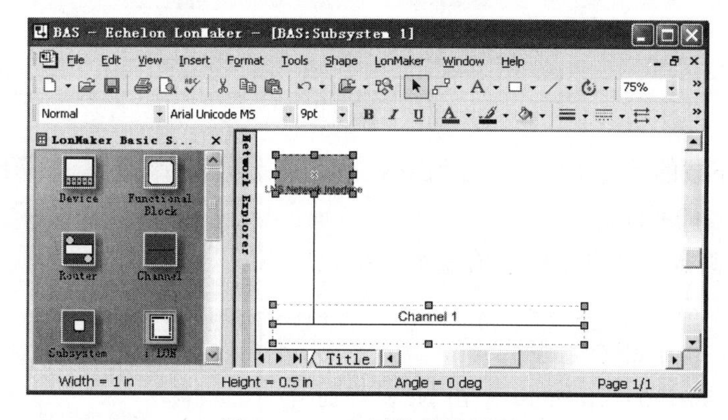

图 6.4.6　Lon 网络编辑界面

（9）在 Lon 网络文件中添加设备。从左侧的 LonMaker 基本图形库中拖出一个设备图形到右侧编辑区，如图 6.4.7 所示。

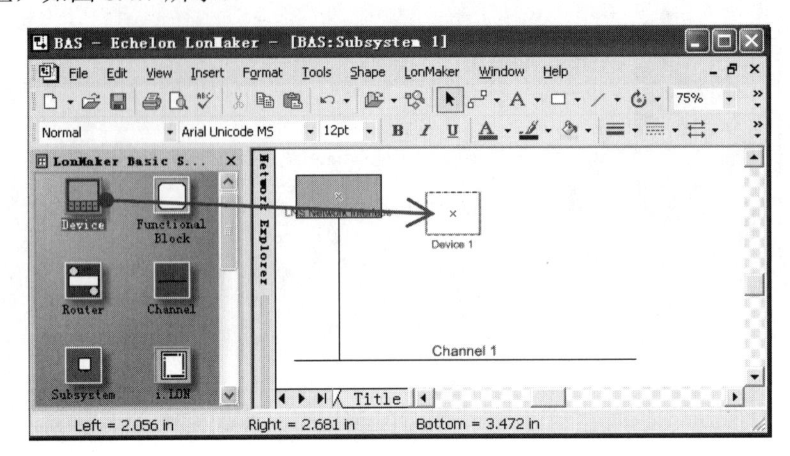

图 6.4.7　添加设备

（10）输入设备名称“BA1108”，勾选 Commission Device ，然后单击“Next”进入“New Device Wizard”画面，如图 6.4.8 所示。

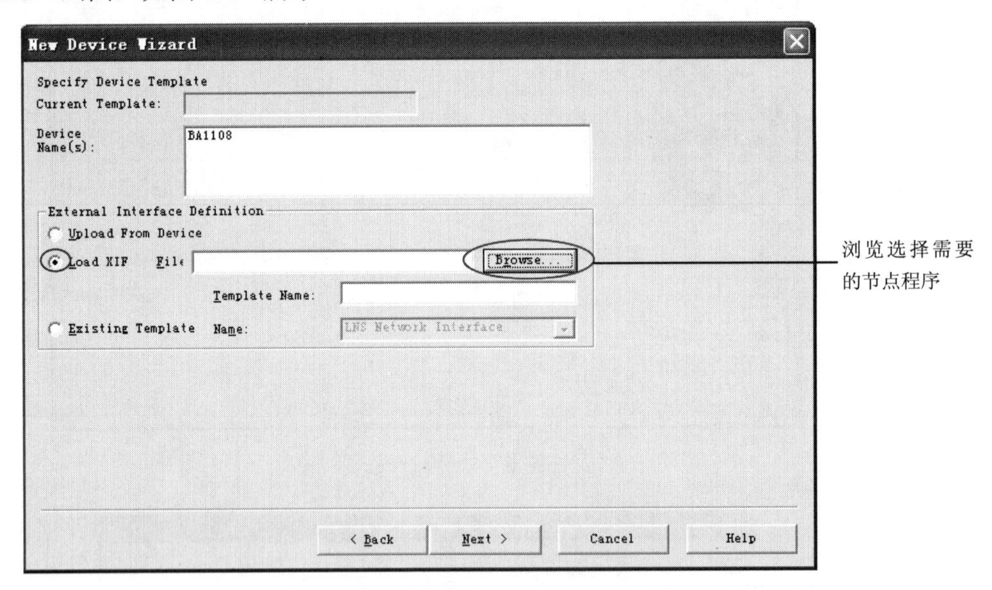

图 6.4.8　下载节点（1）

（11）选择要下载的节点程序，单击“Browse…”，出现如图 6.4.9 所示的界面。

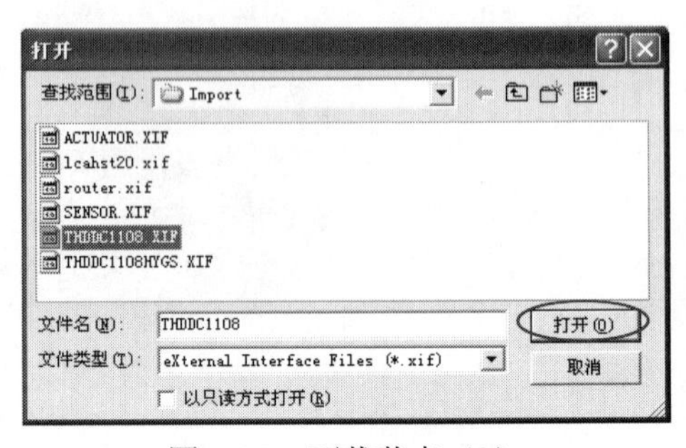

图 6.4.9　下载节点（2）

（12）选择要下载的节点程序（给排水系统选择 THDDC1108HYGS.XIF，中央空调一次回风系统选择 THDDC1108.XIF）即开始时复制的文件。

完成后的界面如图 6.4.10 所示，单击 Next 直到出现图 6.4.11 所示画面，在图 6.4.11 所示界面中选中

Service Pin，然后单击 Next，出现图 6.4.12 所示的界面。

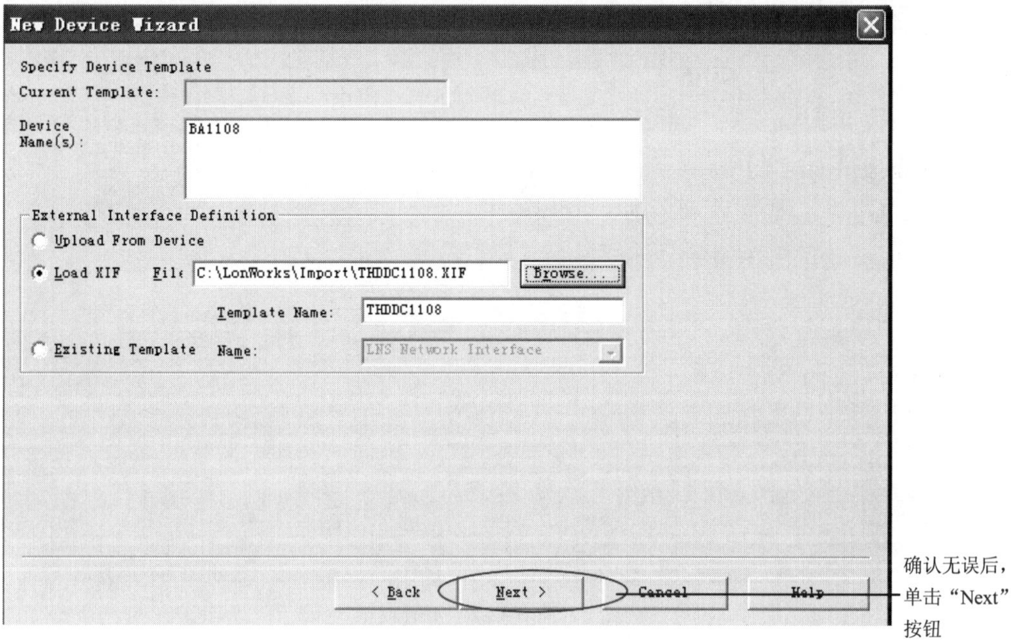

确认无误后，单击“Next”按钮

图 6.4.10　下载节点（3）

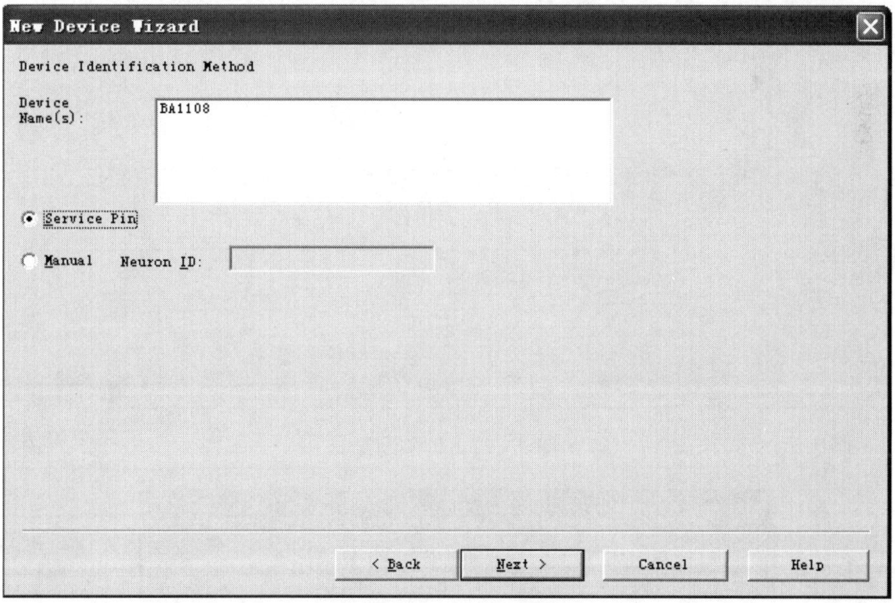

图 6.4.11　下载方式选择

勾选“Load Application Image”确认后单击“Next”，出现图 6.4.13 所示的界面。

（13）确认设备初始状态和配置属性资源。单击“Finish”按钮，进入联机调试准备界面，如图 6.4.14 所示。

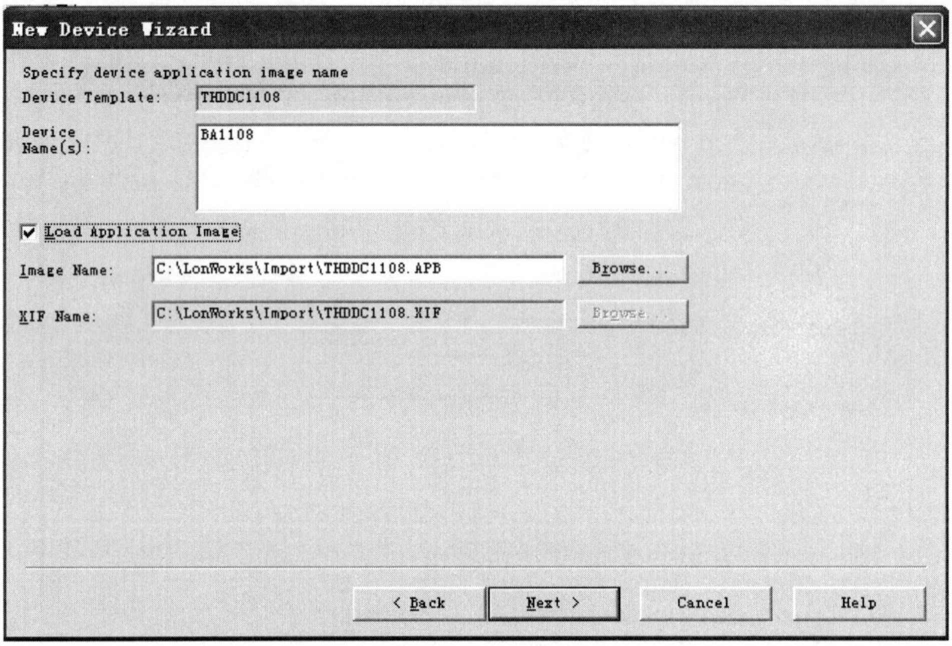

New Device Wizard
Specify device application image name
Device Template: THDDC1108
Device Name(s): BA1108
Load Application Image
Image Name: C:\LonWorks\Import\THDDC1108.APB
Browse...
XIF Name: C:\LonWorks\Import\THDDC1108.XIF
Browse...
< Back
Next >
Cancel
Help

图 6.4.12　下载模板

New Device Wizard
Specify the initial state of the device and the source of CP
Device Name(s): BA1108
State
Default
Offline
Online
Disable
Source of Configuration Property Values
Current values in database
Default values
Current values in device
< Back
Finish
Cancel
Help
默认值
设置完成，开始检测设备下载节点程序

图 6.4.13　设备设置

Echelon LonMaker
Please press the service pin on device 'BA1108'...
Options
Display data from service pin
Filter on program ID
Filter on channel
Total Received
0
Cancel
Continue
Help

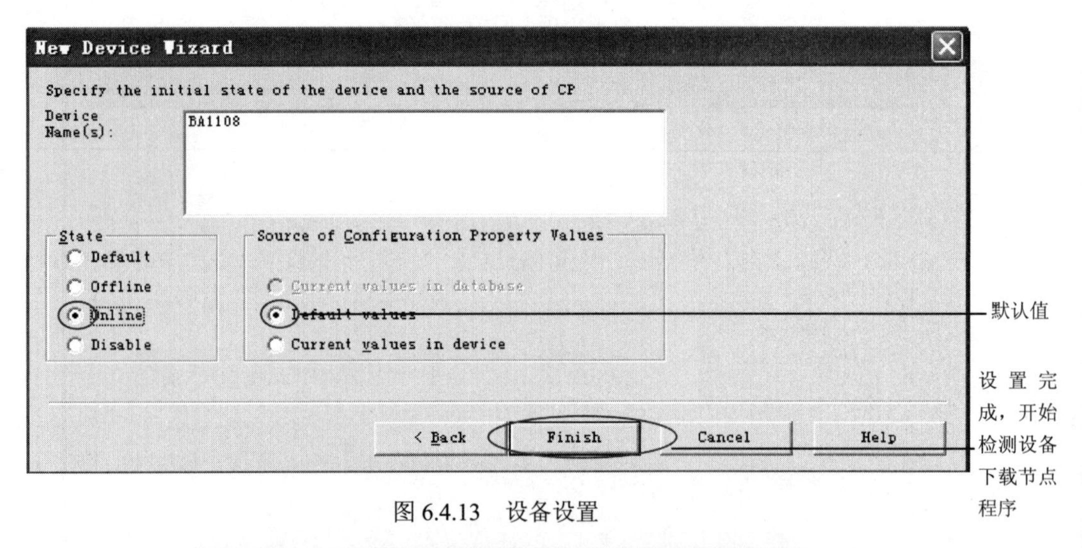

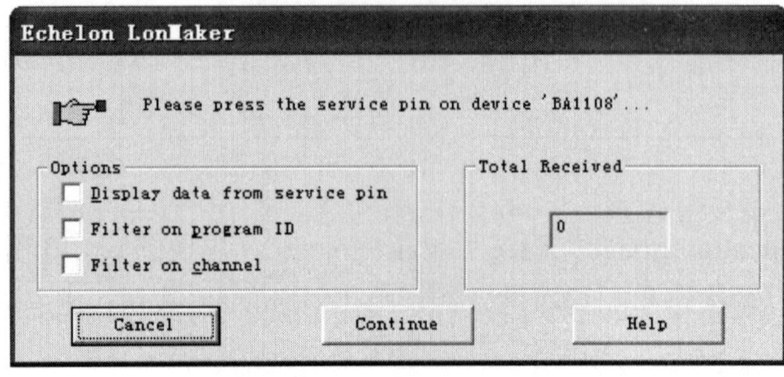

图 6.4.14　联机调试准备界面

按 DDC 设备“维护”键。节点程序下载完毕通信正常时设备图形为绿色，如图 6.4.15 所示。

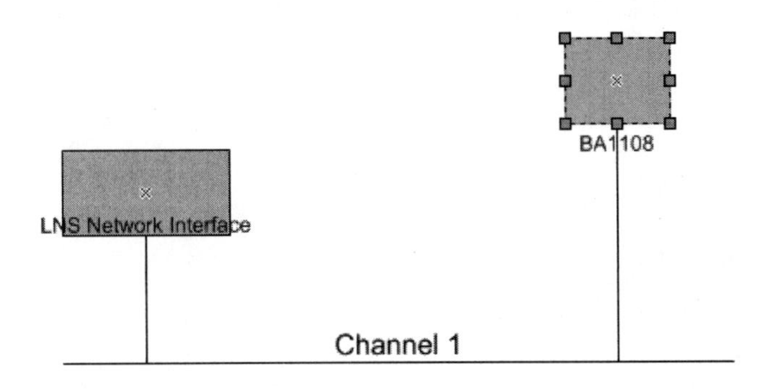

图 6.4.15　下载正常界面

然后，拖出功能模块建立节点端口，如图 6.4.16 所示。

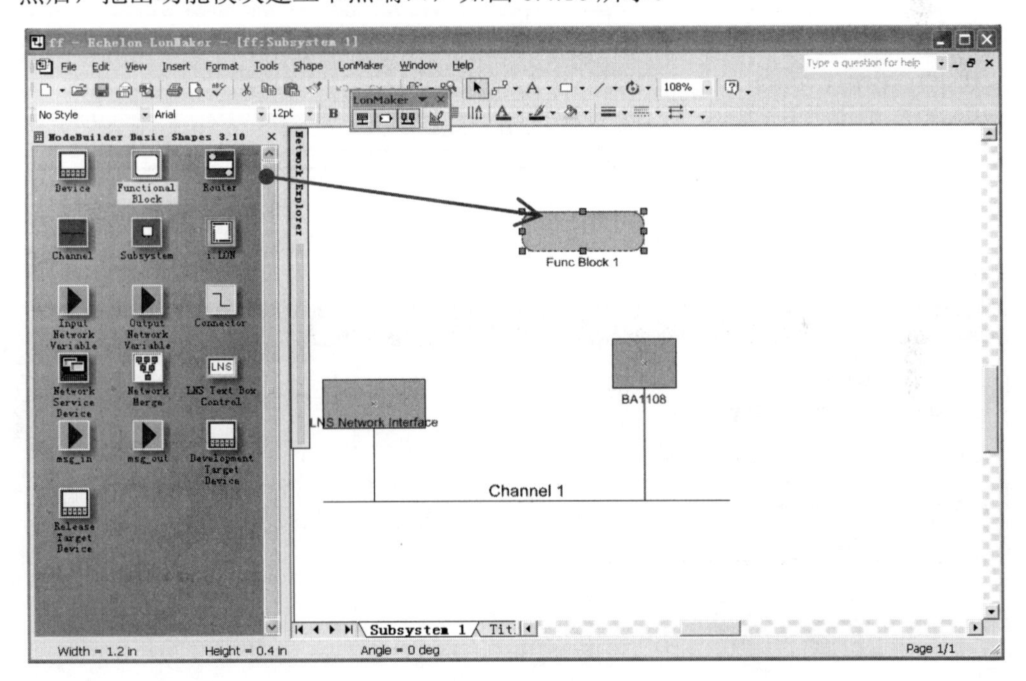

图 6.4.16　功能模块拖出

（14）建立各个节点端口，如图 6.4.17 所示。

单击“Next”按钮，在弹出窗口（见图 6.4.18）中输入节点名称并勾选“Create shapes for all network variables”，单击“Finish”　按钮完成功能模块建立。

（15）建立图 6.4.19 所示的各功能模块。

如想做出样例工程只需将新建工程命名为“KTG”，建到步骤（8）时，输入设备名称“kt”，再按步骤（7）从左侧的 LonMaker 基本图形库中拖出一个设备图形到右侧编辑区，输入设备名称“gp”，在步骤（9）选择 THDDC1108HYGS.XIF，在图下载模板时选择 THDDC1108HYGS.APB，其他操作不变。

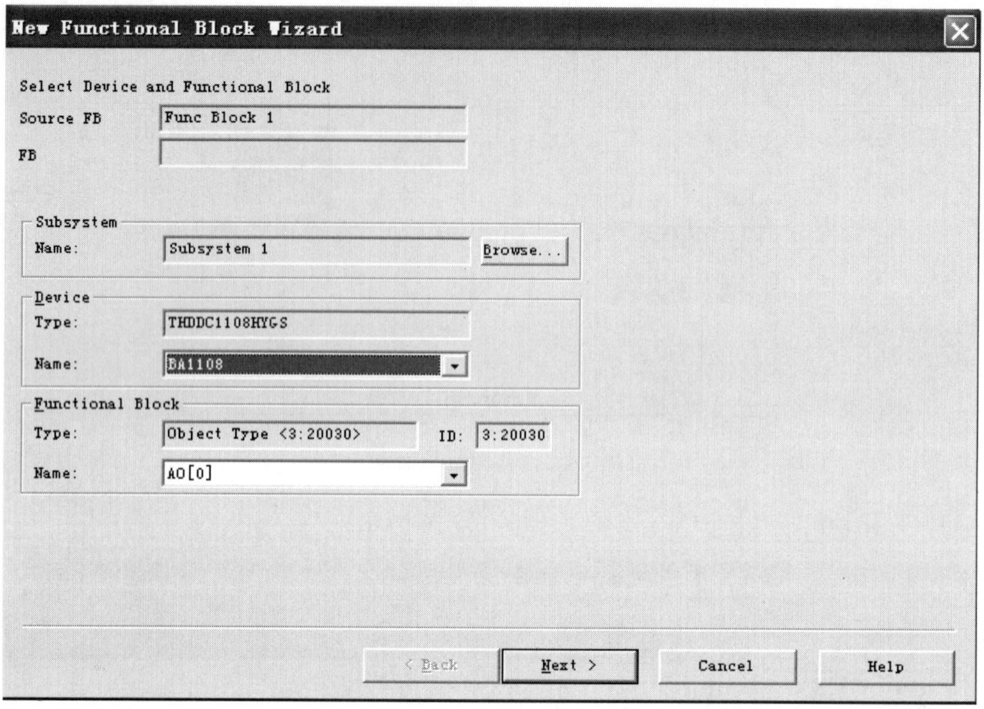

New Functional Block Wizard

Select Device and Functional Block

Source FB　Func Block 1

FB

Subsystem

Name:　Subsystem 1　Browse...

Device

Type:　THDDC1108HYGS

Name:　BA1108

Functional Block

Type:　Object Type <3:20030>　ID: 3:20030

Name:　AO[0]

< Back　Next >　Cancel　Help

图 6.4.17　节点端口类型选择

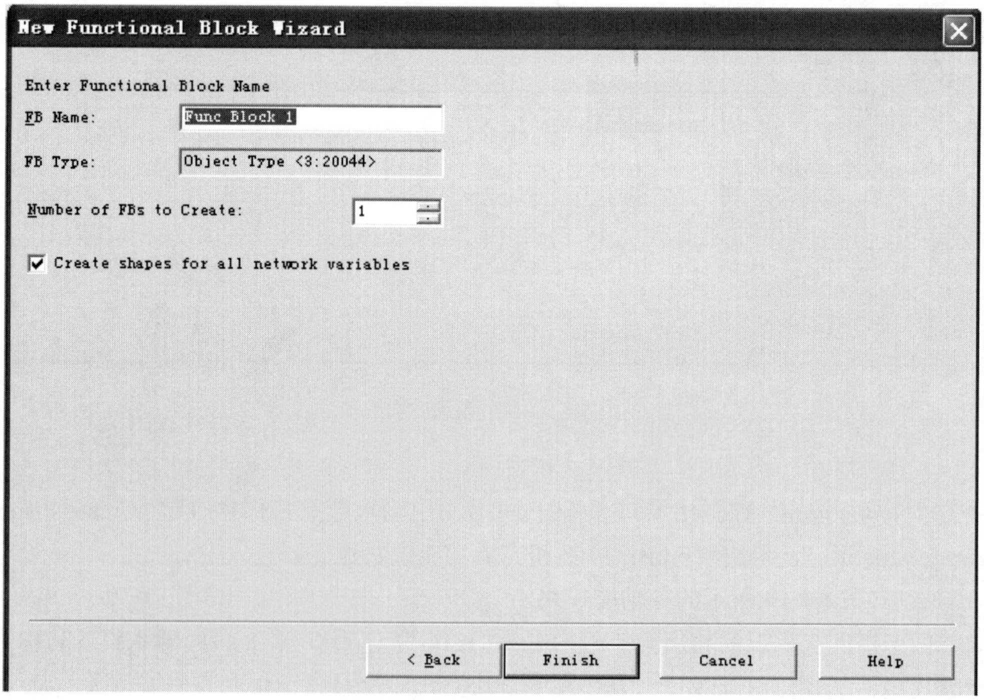

New Functional Block Wizard

Enter Functional Block Name

FB Name:　Func Block 1

FB Type:　Object Type <3:20044>

Number of FBs to Create:　1

Create shapes for all network variables

< Back　Finish　Cancel　Help

图 6.4.18　节点端口类型选择

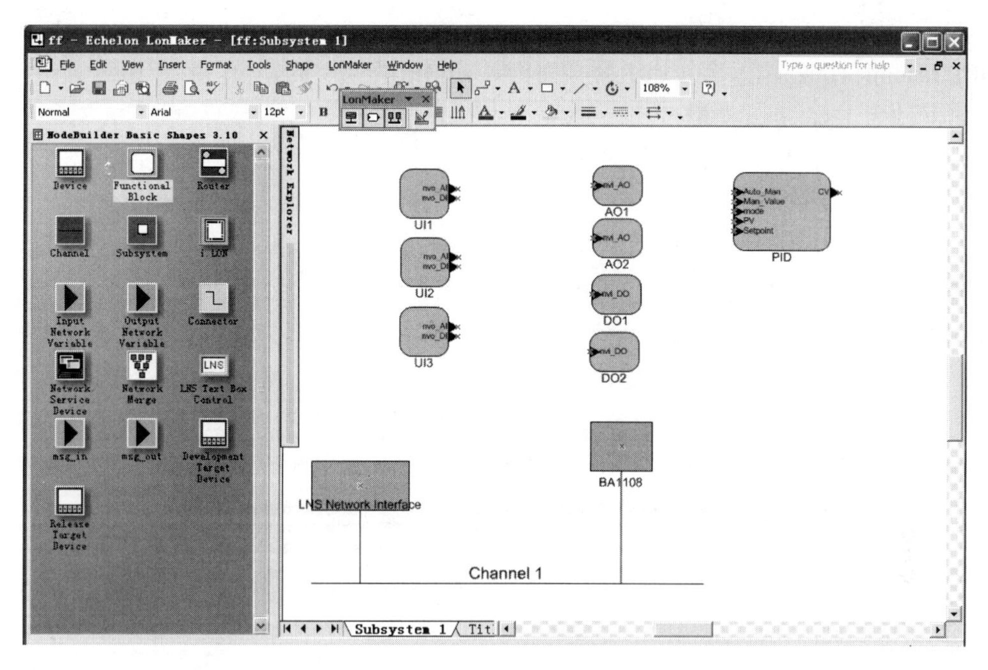

图 6.4.19　部分功能模块

（16）输入端口配置。选中端口 UI1 并右击，在弹出的菜单中选中 configure 项，打开图 6.4.20 的对话框，按改变采样时间便可以完成 UI 的配置。

TH1108UI

Device

Universal Input

nvo_AI_1:		nvo_DI_1:		UCPTsampleTime:	0 0 0 1 0
nvo_AI_2:		nvo_DI_2:		UCPTsampleTime:	0 0 0 1 0
nvo_AI_3:		nvo_DI_3:		UCPTsampleTime:	0 0 0 1 0
nvo_AI_4:		nvo_DI_4:		UCPTsampleTime:	0 0 0 1 0
nvo_AI_5:		nvo_DI_5:		UCPTsampleTime:	0 0 0 1 0
nvo_AI_6:		nvo_DI_6:		UCPTsampleTime:	0 0 0 1 0
nvo_AI_7:		nvo_DI_7:		UCPTsampleTime:	0 0 0 1 0
nvo_AI_8:		nvo_DI_8:		UCPTsampleTime:	0 0 0 0 0
nvo_AI_9:		nvo_DI_9:		UCPTsampleTime:	0 0 0 0 0
nvo_AI_10:		nvo_DI_10:		UCPTsampleTime:	0 0 0 0 0
nvo_AI_11:		nvo_DI_11:		UCPTsampleTime:	0 0 0 0 0

UCPTsampleTime:

通道采样时间，其数据格式为天 时 分 秒 毫秒。

Cancel　Apply

Device 1　?　NodeObject

图 6.4.20　输入端口配置

在 Universal Input 选项卡中：

UCPTsampleTime 输入信号通道采样时间，其格式为天、时、分、秒、毫秒。将应用通道采样时间改为 1 s。单击“Apply”。

（17）PID 功能模块配置。选中 PID 功能模块右击，在弹出的菜单中选中 configure 项。打开图 6.4.21 所示对话框。

在 PID 选项卡中设置 PID 参数，实现对输出进行自动控制时，就根据采集到的过程值，通过 PID 控制算法对水阀开度进行自动调节，从而使环境温度达到或接近设定值。

如图 6.3.21 所示，设置参数按反比例调节，即当“过程值”高于“设定值”时，控制输出值增加，当“过程值”低于“设定值”时，控制输出值降低，如将 PID 参数设置中 P 值设为正值，如 P：1，I：5 s，D：0.25 s，PID 按正比例调节，即当“过程值”高于“设定值”时，控制输出值减小，当“过程值”低于“设定值”时，控制输出值增加。

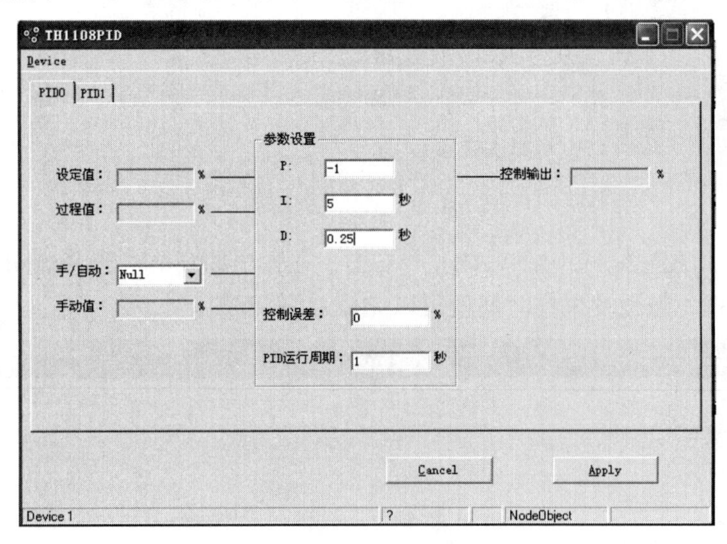

图 6.4.21　PID 配置

2. Forcecontrol6.1 组态软件建上位监控工程

1）编程前准备

（1）设计控制器输入输出点对照表，如表 6.4.1 所示。

（2）使用 TP/FT-10 网卡连接 DDC 控制器 LON 总线和计算机的 USB 接口。

表 6.4.1　中央空调一次回风系统控制器对照表

输入端口	类　型	定　　义	点　　名	输出端口	类　型	定　　义	点　　名
UI1	AI	送风温度	windvalve	AO2	AO	新风阀调节	newair
UI2	AI	回风温度	returnT	AO1	AO	回风阀调节	returnair
UI3	AI	回风湿度	returnH	UO2	AO	水阀开度	watervalve1
UI4	DI	压差开关	differentP1	UO1	AO	加湿阀调节	damp1
UI5	DI	防冻开关	freezeproofing1	DO4	DO	风机启停	fan1
UI6	DI	故障报警	fanfault1			设定温度	windT1
UI7	DI	风机运行状态	fanstatus1			设定湿度	humset

2）组态

登录力控 Forcecontrol 软件，单击“新建”，出现图 6.4.22 所示对话框，新建工程“中央空调一次回风 DDC 控制系统”单击“确定”，选中新建的工程应用，单击“开发”进入开发系统。

在工程项目导航栏中双击“I/O 设备组态”项出现图 6.4.23 所示的对话框，在展开项目中选择“FCS”项并双击使其展开，然后选择“ECHELON(埃施朗)”并双击使其展开后，选择项目“LNS”，如图 6.4.23 所示。

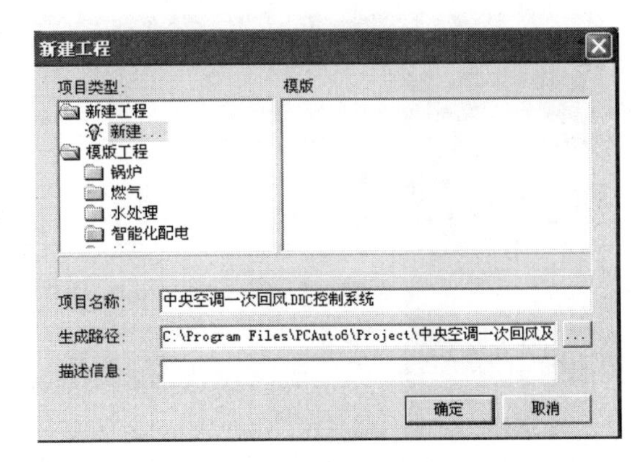

图 6.4.22 新建工程对话框

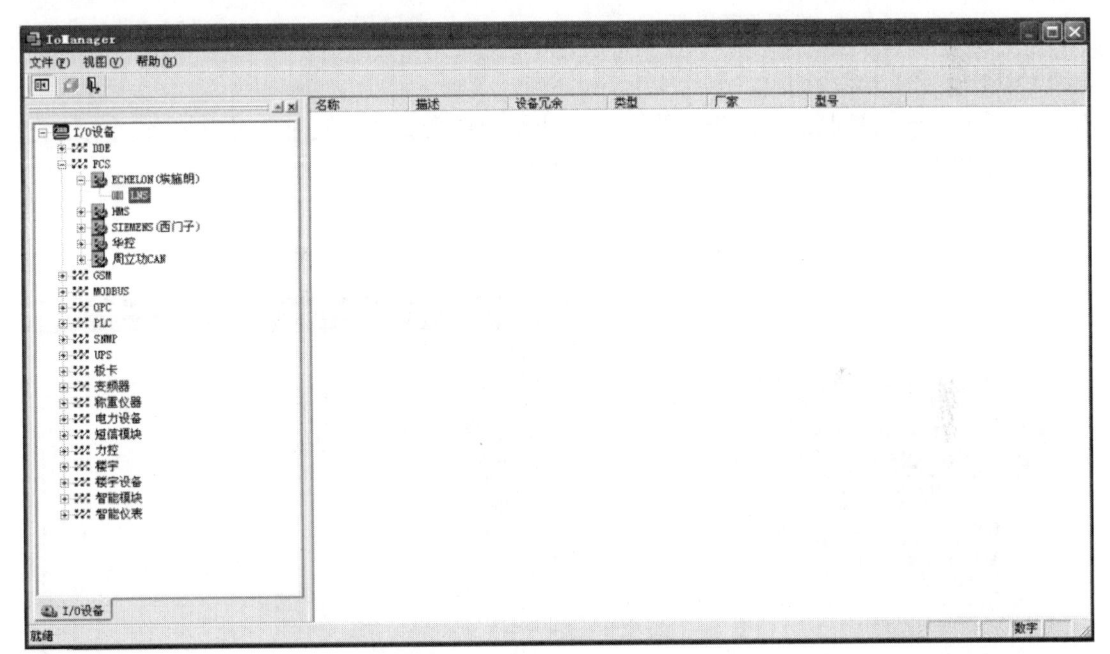

图 6.4.23 工程项目导航栏展开图

双击“LNS”出现如下图所示的“I/O 设备定义”对话框，在“设备名称”输入框内键入一个人为定义的名称，为了便于记忆，可输入“one”(大小写都可以)。然后，设置名称为“one”的 DDC 设备的采集参数，即“更新周期”和“超时时间”。在“更新周期”输入框内键入 2000 ms，如图 6.4.24 所示。

单击“下一步”按钮，弹出图 6.4.25 所示对话框，选择接口和网络，勾选上“启动时重建 LNS 监控点集”。

单击“确认”按钮返回，在设备组态画面的右侧增加了一项“one”，如果要对 I/O 设备“one”的配置进行修改，双击项目“one”，会再次出现“one”的“I/O 设备配置”对话框。若要删除 I/O 设备“one”，右击项目“one”，在弹出的右键菜单中选择“删除”。

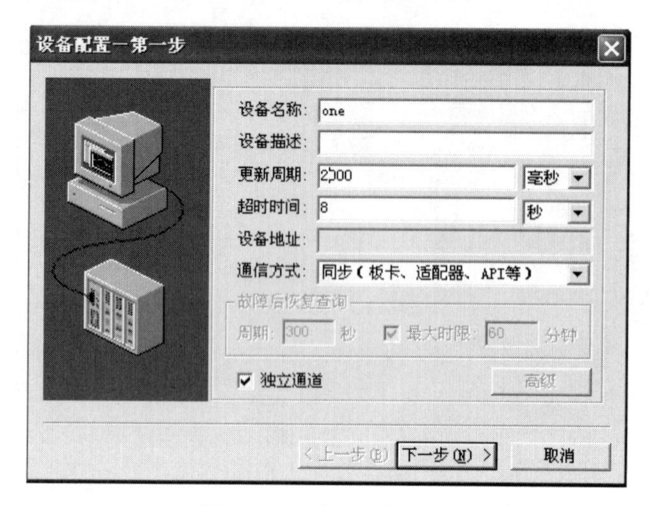

图 6.4.24　数据更新周期

图 6.4.25　启动时重建 LNS 监控点集

3）建点

所谓建点，即将控制器内部工程的输入/输出端口或变量与控制对象对应起来。例如，建立 1 个数字输入（DI）点，如压差开关，操作步骤如下：

（1）打开工程项目中数据库组态，如图 6.4.26 所示。

（2）进入组态，双击实时数据库（Db Manager）右侧表格进入图 6.4.27 所示栏。

图 6.4.26　工程项目栏

图 6.4.27　数据库点类型选择对话框

（3）双击数字 I/O 点，进入图 6.4.28 所示的对话框。

（4）在数据库中创建名为“differentP1”数字型数据，然后，在“数据连接”中，左侧选中“DESC”右侧设备选中连接的 I/O 设备名“one”，如图 6.4.29 所示。

（5）“连接项”选项中单击“增加”。添加相应工程内网络变量，对照表 6.3.1 中的对应关系找到 KTG/Subsystem 1/kt/nvo_DI_4 单击“确定”使 DDC 控制器中变量与力控工程中的变量建立关联，在实时数据库（Db Manager）右侧表格“I/O 连接”中可以看到 DESC=one:KTG/Subsystem 1/kt/nvo_DI_4|FMT;Poll。

图 6.4.28　数字 I/O 点配置

图 6.4.29　数字 I/O 数据连接配置

4）画面组态

右键单击工程项目“窗口”，选择“新建窗口”，如图 6.4.30 所示。

在“窗口属性”内填入窗口名称、窗口风格、位置大小，背景色等画面信息，如图 6.4.31 所示。

在窗口上画出两个方框，分别用绿色和黄色填充，作为压差开关的画面元件故障和正常两种状态，绿色代表“正常”，黄色代表“故障”。将两张位图叠放到一处并添加文字说明。

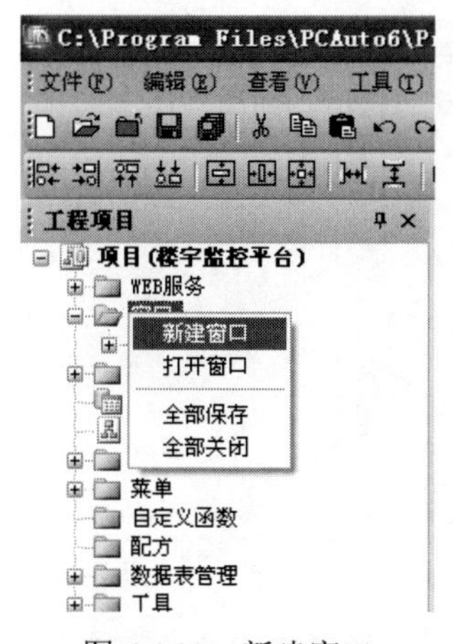

图 6.4.30　新建窗口

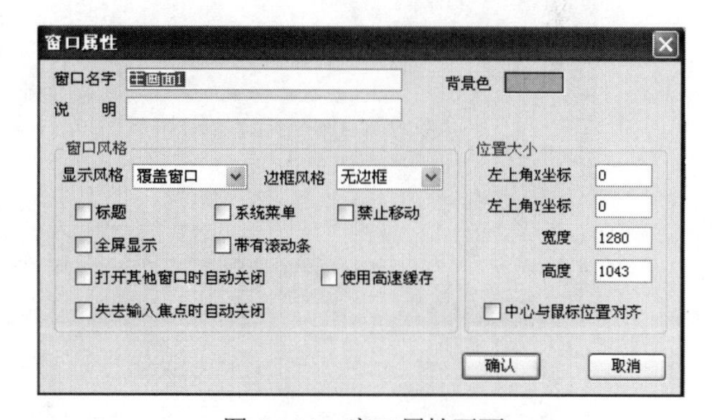

图 6.4.31　窗口属性画面

双击压差开关画面元件，选择“隐藏”，在“表达式”输入要关联的“变量”，如图 6.4.32 所示。

同理，对功能按钮进行设置。双击功能按钮，选择“数值输出”中的“开关”。在开关量输出中输入要关联的“表达式”，differentP1.DESC= =“100.0 1”（表达式必须使用英文格式）更改输出信息，如图 6.4.33 所示。

在图 6.3.33 所示对话框中，“输出信息”即“压差开关”显示的文本内容为表达式真假对应的“故障”和“正常”。

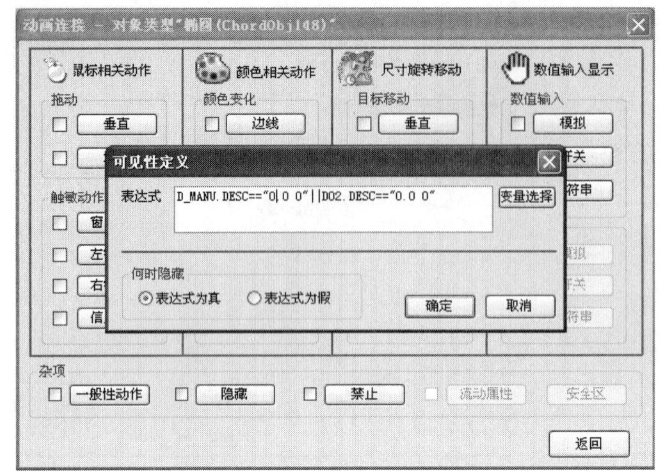

图 6.4.32　压差开关连接画面

图 6.4.33　文本输出连接对话框

单击“文件-进入运行”则显示运行画面，如图 6.4.34 所示。当 DDC 控制器中 UI4 被触发，则变量 differentP1 被触发，则正常状态图元隐藏，显示故障状态图元，输出信息显示为故障，其他的“DI”“DO”“AI”“AO”点与此类似。

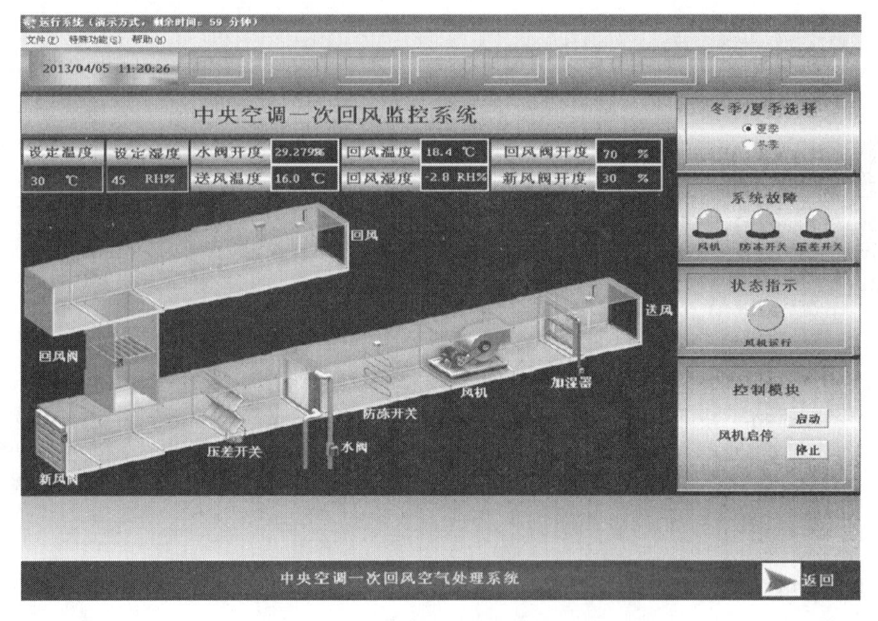

图 6.4.34　中央空调上位监控界面

5）系统运行

单击运行，系统进入运行模式，打开“中央空调一次回风空气处理系统”组态工程画面。通过组态界面上的“风机启停”按钮可强制启动或停止风机。设定新风系统的运行工况（默认为夏季），单击冬/夏季选择开关，选择“冬季”或“夏季”。单击组态画面上的“温度设定”，输入所需温度值如 25，调节模块上“回风温度”和“回风湿度”电位器，观察组态界面上“水阀开度值”“加湿器”值的变化情况。默认状态下，当“回风温度”高于“设定温度”时，水阀开度值增加，回风湿度高于设定湿度时，加湿器输出降低。选择“冬季”时，将 PID 参数设置设为正比例调节，使“回风温度”高于“设定温度”时，水阀开度值减小。

6）系统调试及排故

按下中央空调一次回风空气处理系统模块面板上的“压差开关状态”按钮，组态界面上压差开关显示红色报警。

按下中央空调一次回风空气处理系统模块面板上的“防冻开关状态”按钮，组态界面上的防冻开关结冰报警。如果风机处于运行状态则关闭风机，回风阀和新风阀开度置零。

按下中央空调一次回风空气处理系统模块面板上的“故障报警”按钮，组态界面上的风机故障显示报警，回风阀和新风阀开度置零。

如果风机运行，按下中央空调一次回风空气处理系统模块面板上的“风机运行状态”按钮，组态界面上的风机运行状态指示灯变为绿色。

单击组态界面的“风机启停”按钮，可强制启动或停止组态界面上风机，当选择“停止”时，中央空调一次回风空气处理系统模块面板上的“启停控制”灯灭。

思 考 题

1. 什么是直接数字控制（DDC）系统？它们有何特点？
2. 在 PID 控制系统中，参数 P、I 和 D 各代表什么含义？
3. 试叙述 DDC 的模拟量和数字量的区别。
4. 什么是中央空调的一次回风系统？
5. 在 LONWORK 中，DDC 的节点程序有什么作用？
6. 试简述 LONWORK 的通信协议。
7. 试叙述如何利用 LONWORK 软件新建一个 5208 的小状态机功能模块。
8. 试叙述什么是有源输入节点和无源输入节点？
9. 什么是 DDC 的内部网络变量和外部网络变量？
10. 现有一个 DDC 控制的照明系统，要求周一至周五 8:00 开灯，17:00 关灯，周六周日 24 小时开灯。试按要求为 5210 的 EventScheduler 功能模块设计一组网络变量值。

参 考 文 献

[1] 吕景泉．楼宇智能化系统安装与调试 [M]．北京：中国铁道业出版社，2011.

[2] 郑瑞文．消防安全技术 [M]．北京：化学工业出版社，2011.

[3] 北京三维力控科技．力控快速指南 [J]．www.sunwayland.com.cn，2010.

[4] 天煌教仪．THBAES-3 型 使用手册 [J]．www.tianhuang.cn，2012.

[5] 中华人民共和国建设部．GB 50116—2013 火灾自动报警系统设计规范[S].北京：中国计划出版社，1998.